Python
大模型应用开发
核心技术与项目实战

宿永杰 ◎著

机械工业出版社
CHINA MACHINE PRESS

图书在版编目（CIP）数据

Python 大模型应用开发：核心技术与项目实战 / 宿永杰著 . -- 北京：机械工业出版社，2025.5. -- （智能系统与技术丛书）. -- ISBN 978-7-111-78563-7

Ⅰ . TP391

中国国家版本馆 CIP 数据核字第 20254490DY 号

机械工业出版社（北京市百万庄大街 22 号　邮政编码 100037）
策划编辑：李梦娜　　　　　　　　　责任编辑：李梦娜
责任校对：高凯月　李可意　景　飞　责任印制：李　昂
涿州市京南印刷厂印刷
2025 年 8 月第 1 版第 1 次印刷
186mm×240mm・18.5 印张・420 千字
标准书号：ISBN 978-7-111-78563-7
定价：99.00 元

电话服务　　　　　　　　　网络服务
客服电话：010-88361066　　机　工　官　网：www.cmpbook.com
　　　　　010-88379833　　机　工　官　博：weibo.com/cmp1952
　　　　　010-68326294　　金　　书　　网：www.golden-book.com
封底无防伪标均为盗版　机工教育服务网：www.cmpedu.com

前 言

大语言模型的崛起是人工智能发展史上的一个重要里程碑。早期的自然语言处理（NLP）依赖经验规则和简单的统计方法，随后逐步发展为基于机器学习的模型。然而，这些模型在应对复杂的语言理解和生成任务时表现平平。随着深度学习和大规模数据的结合，特别是Transformer架构的引入，诞生了像GPT系列这样的大语言模型。大语言模型的进步不仅反映了人工智能技术的历史演变，也预示着未来人工智能在更复杂任务中发挥更大作用的可能性。

近年来，随着模型的规模不断扩大，参数量从百万级跃升到千亿级，模型在复杂语言任务中的表现有了显著提升。在企业中，大语言模型已被广泛应用于提升生产力，如自动生成文案、编写代码、处理客户服务请求和进行复杂的数据分析等。除此之外，大语言模型在跨领域学习、增强推理能力和理解多模态数据等方面也展现出巨大潜力，它在金融、医疗、法律、科学研究等领域的应用，加快了这些领域的创新进程，进而推动了社会的整体进步。

总结来说，大语言模型不仅是人工智能技术发展的重要里程碑，还通过提升工作效率、推动技术创新以及促进人类进步，展现了其广阔的发展前景。随着技术的进一步发展，大语言模型将继续在各个领域产生深远的影响。

在我的实践中，大语言模型作为一项突破性的技术，展现出了诸多不可否认的优势。然而，在实际的开发和使用过程中，仍然需要对许多地方进行微调和优化，以确保大语言模型在各种应用场景中的有效性和可靠性。

例如：提示词的编写质量直接影响到最终生成结果的准确性和相关性；大语言模型的解释性较差，并且可能出现"幻觉"现象，生成虚假或不准确的信息；在资源有限的情况下，量化技术的应用显得尤为重要，它能够有效降低计算资源的消耗。此外，在特定领域的应用中，大语言模型往往需要进行微调，以适应具体需求；在检索增强生成（RAG）应用中，多个环节需要不断优化，以提升系统的准确度和召回率。

本书将重点总结和探讨这些问题，旨在帮助读者充分利用大语言模型，最大限度地发挥其价值。

本书特色

本书尽量避免纯理论知识的讲述，重点突出实战入门，内容通俗易懂，案例丰富且实用性强。

本书具有以下特色：
- **由浅入深**：本书各章节环环相扣，由浅入深，形成完整的知识体系。
- **注重实践**：本书注重动手实践，引导读者在解决实际项目问题的过程中掌握知识。
- **内容新颖**：本书涉及的技术和工具大多处于前沿领域，具有较强的新颖性。
- **经验总结**：本书内容是对作者近 10 年工作经验的总结，对初学者具有极高的参考价值。

如何阅读本书

本书从大语言模型开发的基础知识入手，逐步深入探讨大语言模型的常用开发工具，并在最后介绍当前备受关注的数字人电商直播项目中的大语言模型 AI 实战案例。通过阅读本书，读者不仅可以系统地学习大语言模型开发的相关知识，还能对数字人直播应用的开发有更为深入的理解。

全书分为三篇，共 15 章，具体内容如下：
- **第一篇：基础知识（第 1 章和第 2 章）**。本篇介绍大语言模型及其应用开发的基础知识，为后续章节的学习奠定坚实的基础。
- **第二篇：开发技术（第 3~10 章）**。本篇涵盖分词技术、词嵌入技术、向量数据库、提示词工程与优化、Hugging Face 入门与开发、LangChain 入门与开发、大语言模型微调，以及大语言模型的部署等内容。这些主题构成了大语言模型应用开发的核心技术体系，掌握这些技术对于深入开发大语言模型至关重要。
- **第三篇：项目实战（第 11~15 章）**。本篇聚焦数字人电商直播应用，包括数字人口播台词生成、直播间问答分类、直播间互动问答，以及直播间数据分析 Text2SQL 等实战项目。这些内容基于当前热门的数字人应用开发，具有很高的实践价值和参考意义。

读者如果在阅读本书的过程中遇到问题，可以通过邮件与我联系，地址为 soyoger@gmail.com。

读者对象

本书适合以下读者阅读：

- ❏ 对大语言模型开发感兴趣的人。
- ❏ 对电商数字人项目感兴趣的人。
- ❏ 大语言模型应用初、中级开发工程师。
- ❏ 想系统学习大语言模型开发的工程师。

致谢

首先,我要特别感谢我的家人,感谢他们在我写书期间给予的悉心照顾,让我能够全身心地专注于本书的撰写。

其次,我要感谢我曾经任职的公司为我提供宝贵的工作机会,同时也感谢领导、同事们在工作中提供的学习和交流机会,让我得以在职业生涯中不断成长和进步。

最后,我要衷心感谢罗雨露老师。她不仅是我写作道路上的伯乐,还在我撰写本书的过程中给予了大量指导。本书的顺利出版,离不开她的专业能力和对工作的严谨态度。

目 录

前言

第一篇　基础知识

第1章　大语言模型 … 2
- 1.1 大语言模型概述 … 2
  - 1.1.1 大语言模型的定义 … 2
  - 1.1.2 大语言模型的分类 … 3
  - 1.1.3 大语言模型的应用场景 … 3
- 1.2 大语言模型的演变与发展 … 4
  - 1.2.1 大语言模型的网络架构演变 … 4
  - 1.2.2 大语言模型发展的关键事件 … 6
- 1.3 大语言模型的基础知识 … 7
  - 1.3.1 什么是算力 … 7
  - 1.3.2 显卡的基础知识 … 7
  - 1.3.3 大语言模型的参数数量与精度 … 9
  - 1.3.4 大语言模型的基本单位 … 10
  - 1.3.5 通用人工智能 … 11
- 1.4 小结 … 12

第2章　Python大语言模型应用开发 … 13
- 2.1 Python大语言模型应用开发的基础知识 … 13
  - 2.1.1 Python编程的基础知识 … 13
  - 2.1.2 接口的设计与优化 … 21
  - 2.1.3 大语言模型接口开发实战 … 24
- 2.2 Docker容器的基础知识 … 30
  - 2.2.1 Docker基础命令 … 30
  - 2.2.2 Docker构建镜像 … 32
  - 2.2.3 Docker容器编排 … 33
- 2.3 大语言模型与NLP … 34
  - 2.3.1 NLP的研究任务 … 34
  - 2.3.2 传统NLP的技术实现路径 … 35
  - 2.3.3 大语言模型对传统NLP的影响 … 36
- 2.4 小结 … 36

第二篇　开发技术

第3章　分词技术 … 38
- 3.1 分词 … 38
  - 3.1.1 什么是分词 … 38
  - 3.1.2 英文分词 … 39
  - 3.1.3 中文分词 … 41
  - 3.1.4 制作词云图 … 44
- 3.2 常见的分词算法 … 45

3.2.1　基于规则的分词算法 ········ 46
　　　3.2.2　基于统计的分词算法 ········ 48
　　　3.2.3　基于深度学习的分词算法 ··· 50
　　　3.2.4　基于预训练语言模型的分
　　　　　　词算法 ······················· 51
　3.3　使用大语言模型进行分词 ············ 51
　　　3.3.1　基于 ChatGPT 服务的
　　　　　　分词 ·························· 51
　　　3.3.2　基于本地大语言模型的
　　　　　　分词 ·························· 52
　3.4　小结 ···································· 53

第 4 章　词嵌入技术 ························ 54

　4.1　词袋模型 ······························· 54
　　　4.1.1　词袋模型的基本概念和
　　　　　　原理 ·························· 54
　　　4.1.2　词袋模型的构建 ············ 55
　4.2　词向量模型 ···························· 57
　　　4.2.1　One-Hot 编码 ··············· 58
　　　4.2.2　Word2Vec 模型 ············· 59
　4.3　大语言模型生成 Embedding ········· 61
　　　4.3.1　使用 ChatGPT 生成
　　　　　　Embedding ·················· 61
　　　4.3.2　使用 Text2Vec 生成
　　　　　　Embedding ·················· 63
　　　4.3.3　使用 sentence-transformers
　　　　　　生成 Embedding ············ 64
　　　4.3.4　使用 Transformers 库生成
　　　　　　Embedding ·················· 64
　　　4.3.5　统计输入文本的 Token 数 ··· 65
　4.4　大语言模型的 Embedding 应用 ····· 66
　　　4.4.1　Embedding 数据集准备 ····· 67
　　　4.4.2　Embedding 数据 2D 可
　　　　　　视化 ·························· 68

　　　4.4.3　Embedding 中文相似度
　　　　　　计算 ·························· 68
　4.5　小结 ···································· 70

第 5 章　向量数据库 ························· 71

　5.1　向量数据库简介 ······················· 71
　　　5.1.1　向量数据库的缘起 ·········· 71
　　　5.1.2　向量数据库的特点 ·········· 72
　　　5.1.3　与传统数据库的比较 ······· 72
　　　5.1.4　向量数据库的应用场景 ····· 73
　5.2　向量数据库的原理 ···················· 73
　　　5.2.1　向量距离的度量 ············ 74
　　　5.2.2　相似度搜索算法 ············ 75
　5.3　向量数据库的应用 ···················· 76
　　　5.3.1　FAISS 向量数据库入门 ····· 76
　　　5.3.2　FAISS 的相似度度量 ······· 78
　　　5.3.3　FAISS 的索引分类 ·········· 78
　　　5.3.4　FAISS 的索引创建与操作 ··· 79
　　　5.3.5　FAISS 的优化 ··············· 80
　5.4　小结 ···································· 80

第 6 章　提示词工程与优化 ················· 81

　6.1　认识提示词工程 ······················· 81
　　　6.1.1　人机交互的演进 ············ 81
　　　6.1.2　什么是提示词 ··············· 82
　　　6.1.3　提示词工程 ················· 82
　6.2　提示词工程的使用技巧 ··············· 83
　　　6.2.1　使用文本分隔符 ············ 83
　　　6.2.2　赋予模型角色 ··············· 84
　　　6.2.3　将过程分步拆解 ············ 85
　　　6.2.4　尽可能量化需求 ············ 85
　　　6.2.5　提供正反示例 ··············· 85
　　　6.2.6　要求结构化输出 ············ 86
　　　6.2.7　合理进行限制 ··············· 86
　　　6.2.8　使用链式思维 ··············· 87

6.3 使用提示词完成 NLP 任务 ……… 88
    6.3.1 使用提示词进行分词 ……… 89
    6.3.2 使用提示词提取关键词 …… 90
    6.3.3 使用提示词进行文本分类 … 90
    6.3.4 使用提示词进行情感分析 … 91
    6.3.5 使用提示词进行文本摘要 … 92
    6.3.6 使用提示词进行中英文
          翻译 ………………………… 93
6.4 小结 ……………………………… 93

第 7 章 Hugging Face 入门与开发 … 95

7.1 Hugging Face 简介 ……………… 95
    7.1.1 什么是 Hugging Face ……… 95
    7.1.2 Hugging Face Hub 客户
          端库 …………………………… 96
7.2 Hugging Face 数据集工具 ……… 99
    7.2.1 数据集工具简介 …………… 99
    7.2.2 数据集工具的基本操作 … 100
7.3 Hugging Face 模型工具 ……… 106
    7.3.1 Transformers 简介 ……… 106
    7.3.2 数据预处理 ……………… 112
    7.3.3 模型微调 ………………… 114
    7.3.4 模型评价指标 …………… 118
7.4 小结 …………………………… 120

第 8 章 LangChain 入门与开发 …… 121

8.1 初识 LangChain ………………… 121
    8.1.1 LangChain 简介 ………… 121
    8.1.2 LangChain 的开发生态 … 122
8.2 模型 I/O …………………………… 124
    8.2.1 模型 I/O 简介 …………… 124
    8.2.2 提示词模板 ……………… 125
    8.2.3 模型包装器 ……………… 128
    8.2.4 输出解析器 ……………… 133

8.3 数据增强 ……………………… 134
    8.3.1 文档加载器 ……………… 135
    8.3.2 文档转换器 ……………… 136
    8.3.3 文本嵌入 ………………… 137
    8.3.4 向量存储库 ……………… 138
    8.3.5 检索器 …………………… 140
8.4 链 ……………………………… 141
8.5 小结 …………………………… 142

第 9 章 大语言模型微调 …………… 144

9.1 大语言模型微调概述 ………… 144
    9.1.1 为什么需要微调 ………… 145
    9.1.2 少样本提示与微调 ……… 145
    9.1.3 微调的基本流程 ………… 146
9.2 大语言模型的微调策略 ………… 147
    9.2.1 全面微调 ………………… 147
    9.2.2 参数高效微调 …………… 148
9.3 基于 ChatGPT 的微调 ………… 149
    9.3.1 使用 Fine-Tuning UI 微调 … 150
    9.3.2 使用 CLI 命令微调 ……… 151
    9.3.3 使用 API 微调 …………… 153
9.4 基于 Hugging Face 的开源大
    模型微调 ………………………… 154
    9.4.1 Accelerate 介绍 ………… 154
    9.4.2 PEFT 介绍 ……………… 159
9.5 小结 …………………………… 160

第 10 章 大语言模型的部署 ……… 161

10.1 MLOps 与 LLMOps …………… 161
    10.1.1 DevOps 简介 …………… 161
    10.1.2 MLOps 简介 …………… 162
    10.1.3 LLMOps 简介 …………… 164
10.2 大语言模型量化部署 ………… 164
    10.2.1 Qwen2-0.5B 简介 ……… 165

10.2.2　ChatGLM3-6B 简介………165
10.2.3　基于 Qwen2-0.5B 的 CPU 推理……………166
10.2.4　基于 ChatGLM3-6B 的 GPU 量化推理………167
10.3　大语言模型部署实战…………169
10.3.1　基于 Gradio 框架的网页部署………………169
10.3.2　基于 FastAPI 框架的接口部署……………171
10.4　小结………………………………173

第三篇　项目实战

第 11 章　数字人电商直播……………176
11.1　数字人直播概述………………176
11.1.1　数字人简介……………176
11.1.2　品牌虚拟代言人………177
11.1.3　数字人与"人货场"……178
11.2　2D 数字人核心技术……………179
11.2.1　AI 生成文案……………179
11.2.2　AI 语音合成……………184
11.2.3　2D 数字人口型驱动……186
11.2.4　2D 数字人直播推流……187
11.3　2D 数字人电商直播项目实战…190
11.3.1　数字人直播流程简介……190
11.3.2　大语言模型生成商品台词…………………191
11.3.3　TTS 将商品台词转成音频……………………192
11.3.4　口型驱动生成 2D 数字人…………………192
11.3.5　2D 数字人推流到直播间………………………194
11.4　小结………………………………196

第 12 章　数字人口播台词生成………197
12.1　数字人口播台词生成概述……197
12.1.1　数字人直播的台词特点…197
12.1.2　数字人直播的台词编排…200
12.1.3　数字人直播的防封策略…201
12.2　数字人口播台词提示词模板…203
12.2.1　整段式商品台词提示词模板………………203
12.2.2　分段式商品台词提示词模板………………204
12.2.3　商品互动问答台词提示词模板……………206
12.3　数字人口播台词生成项目实战…208
12.3.1　使用提示词模板生成口播台词…………………208
12.3.2　品牌知识库和提示词模板结合生成口播台词…211
12.4　小结………………………………215

第 13 章　数字人直播间问答分类……216
13.1　文本分类简介…………………216
13.1.1　文本分类的方法………216
13.1.2　文本分类的模型及特点…218
13.1.3　文本分类的发展与挑战…219
13.2　文本分类器的训练过程………221
13.2.1　传统分类器的训练………221
13.2.2　提示词少样本学习………224
13.2.3　定制化微调预训练模型……………………226
13.3　数字人直播间问答分类项目实战……………………………229
13.3.1　直播间问答分类简介……229
13.3.2　直播间问答分类流程……230
13.3.3　直播间问答分类实战……231
13.4　小结………………………………234

第 14 章　数字人直播间互动问答 235

14.1 RAG 知识库构建 235
14.1.1 RAG 知识库基本概念 235
14.1.2 RAG 知识库构建流程 236
14.1.3 RAG 知识库的发展与挑战 241

14.2 RAG 知识库的优化策略 243
14.2.1 非结构化文档解析优化 243
14.2.2 文档分块策略优化 243
14.2.3 中文 Embedding 优化 246
14.2.4 Rewrite 优化 246
14.2.5 Rerank 优化 247
14.2.6 混合技术优化信息检索 249

14.3 数字人直播间互动问答项目实战 250
14.3.1 数字人直播间互动问答简介 250
14.3.2 基于关键词检索的互动问答实现 252
14.3.3 基于 RAG 向量库检索的互动问答实现 254
14.3.4 基于 RAG 混合检索的互动问答实现 255
14.3.5 基于大语言模型微调的互动问答实现 257

14.4 小结 257

第 15 章　数字人直播间数据分析 Text2SQL 258

15.1 数据分析的本质 258
15.2 数据分析的思维和方法论 259
15.2.1 费米估计 259
15.2.2 辛普森悖论 261
15.2.3 必知必会的两个原则 262
15.2.4 三种思考模型 263
15.2.5 四大战略分析工具 265
15.2.6 五大生命周期理论 266
15.2.7 数字化营销的"六脉神剑" 270

15.3 数字人直播间数据分析 Text2SQL 项目实战 273
15.3.1 Text2SQL 概述 273
15.3.2 Text2SQL 开源项目简介 276
15.3.3 Text2SQL 项目实战 277

15.4 小结 283

PART 1

第一篇

基础知识

本篇介绍大语言模型及其应用开发的基础知识,为后续章节的学习奠定坚实的基础。

CHAPTER 1

第 1 章

大语言模型

大语言模型的横空出世，开启了人工智能的新纪元。这些模型通过庞大的参数和复杂的算法，实现了前所未有的语言理解和生成能力，推动了自然语言处理、对话系统和内容生成等领域的技术突破。随着技术的不断进步，大语言模型正在重塑我们的生活和工作方式，引领我们进入一个全新的智能化时代。

本章主要涉及的知识点有：

- ❑ 大语言模型概述：了解大语言模型的定义、分类和应用场景等。
- ❑ 大语言模型的演变与发展：了解大语言模型的网络架构演变和发展的关键事件。
- ❑ 大语言模型的基础知识：掌握大语言模型的相关常识，包括算力、显卡、模型的参数数量、模型的参数精度、模型的基本单位和通用人工智能的等级划分等。

1.1 大语言模型概述

我们通常提到的大模型主要分为语言大模型、视觉大模型和多模态大模型这三类。大语言模型（语言大模型）作为其中之一，专注于处理和生成自然语言的任务。大语言模型如同一座巨大的桥梁，连接着人类的智慧和机器的计算力量。它们不仅能够以惊人的速度处理和理解文本，还能够创造出令人惊叹的语言艺术品。随着算法、数据和算力的协同发展，大语言模型正以更加精准、可靠的方式渗透至各行各业，深深地影响着我们的生活和工作方式。

1.1.1 大语言模型的定义

大语言模型（Large Language Model，LLM）是指使用大量文本数据进行训练的深度学习模型，旨在处理和生成自然语言。通过在大规模的文本数据上进行预训练，模型的参数动辄数十亿、百亿甚至千亿，能够有效捕捉语言的复杂语法、语义和上下文关系。

大语言模型不仅能够理解文本的语义，还能生成连贯且有意义的文本内容。它们在多种自然语言处理任务中表现出色，包括文本分类、情感分析、机器翻译、文本摘要、问答系统和对话生成等。现阶段，国内外比较著名的大语言模型包括但不限于 GPT 系列、Gemini 系列、Claude 系列、Llama 系列、文心系列、千问系列和 DeepSeek 等。

1.1.2 大语言模型的分类

大语言模型可以根据模型结构和应用领域进行分类。

1. 按照模型结构分类

按照模型结构，大语言模型可以分为自回归模型和自编码模型。

（1）自回归模型

自回归模型是一种生成式模型，能按照顺序生成文本。其核心思想是在生成每个词或标记时，模型都考虑到前面已生成的部分，以保持生成文本的连贯性和语义一致性。例如，OpenAI 的 GPT 系列就是典型的自回归模型。

（2）自编码模型

自编码模型是一种神经网络结构，旨在学习数据的有效表示，同时尽可能地减少输入数据的重构误差。它由编码器和解码器两部分组成，编码器将输入数据映射为潜在空间中的表示，解码器则将该表示映射回原始输入空间，重建原始数据。例如，谷歌的 BERT 和 T5 就是自编码模型。

2. 按照应用领域分类

按照应用领域，大语言模型可以分为通用、行业和垂直大语言模型。

（1）通用大语言模型

通用大语言模型指能够广泛应用于多个领域和任务的大语言模型。这些模型通过在大规模文本数据上进行预训练，学习到了语言的通用规律和语义表示，因此在各种自然语言处理任务中表现出色，如 OpenAI 的 GPT 系列。

（2）行业大语言模型

行业大语言模型指针对特定行业和领域进行预训练或微调的大语言模型。这些模型通过在特定行业的相关文本数据上进行深度学习，以适应或满足该行业的专业术语、上下文和需求。与通用大语言模型相比，行业大语言模型能够更精确地理解和生成与特定行业相关的文本，提供定制化的解决方案。

（3）垂直大语言模型

垂直大语言模型指针对特定任务或场景进行预训练和微调的大语言模型。与通用大语言模型相比，垂直大语言模型更加专注于特定领域或任务的语言处理需求。

1.1.3 大语言模型的应用场景

大语言模型在各种领域和应用场景中展示了广泛的应用潜力，包括但不限于：

- 自然语言处理：用于文本分类、情感分析、语义理解、文本摘要等任务。
- 对话系统：用于智能助手、聊天机器人等，能够进行自然对话生成和交互。

- 信息检索与问答：用于搜索引擎的查询理解和答案生成。
- 机器翻译：用于翻译自然语言，并提升翻译质量和速度。
- 文档生成和内容创作：用于生成新闻报道、科技文章、小说等。
- 医疗保健：用于医学文献、病历记录的理解和生成，支持临床决策和健康管理。
- 金融领域：用于市场预测、金融报告的生成和分析，帮助投资决策和风险管理。
- 教育和培训：提供个性化学习内容和教育支持，如定制化的教育助手和在线学习平台的智能化辅助工具。

上述应用场景展示了大语言模型在不同领域中的多样化应用。然而，虽然大语言模型确实能够生成连贯、有意义的文本，但在某些情况下，它们也可能生成一些看似真实但实际上不合理或无意义的内容，这种情况被称为"幻觉"。这种现象通常源于模型在生成文本时语言统计规律和训练数据中的奇怪或不寻常的模式匹配，而非真正的理解或逻辑推理。

因此，在使用大语言模型时，特别是在重要或敏感的应用中，需要谨慎确认生成文本的真实性和逻辑一致性，以确保模型的输出符合预期并具有实际意义。

1.2 大语言模型的演变与发展

当前，大语言模型正在如火如荼地发展和不断升级迭代，其功能和性能都有大幅度的提升，基于大语言模型的应用也如雨后春笋般冒出来。在国际上，OpenAI 的 GPT 系列等大语言模型持续引领潮流，推动技术的前沿发展。在国内，像百度、阿里巴巴、腾讯和月之暗面等科技公司都在积极研发自己的大语言模型，不断推出具有竞争力的产品。

未来，随着计算资源的增加、算法的优化和技术的进一步成熟与普及，大语言模型的应用范围会越来越广泛，有望在更多领域实现更深入的应用，为人类社会的发展做出更大的贡献。

1.2.1 大语言模型的网络架构演变

大语言模型的网络架构一直在经历创新式发展，从早期的简单架构到如今的复杂多层次设计，每一步都推动了自然语言处理技术的进步。下面介绍促进大语言模型发展的一些关键网络架构。

1. RNN 和 LSTM

循环神经网络（RNN）和长短时记忆（LSTM）是用于处理序列数据的主要方法。它们通过记住先前的信息来处理时间序列数据，适用于语音识别和文本生成等任务。然而，由于梯度消失和梯度爆炸问题，RNN 和 LSTM 在处理长序列数据时表现不佳。

2. Transformer

2017 年 12 月，谷歌研究人员提出的 Transformer 架构成为自然语言处理领域的革命性突破。Transformer 通过自注意力机制（Self-Attention）突破了 RNN 和 LSTM 的局限性。它能够同时关注序列中的所有位置，大大提升了模型的并行处理能力和效果。

3. BERT

2018年10月,谷歌推出双向Transformer模型BERT(Bidirectional Encoder Representations from Transformers)。与之前的模型有所不同,BERT能够从左到右和从右到左同时进行训练,从而更好地理解上下文。这使得BERT在各种自然语言处理任务中表现出色,如问答系统、文本分类和机器阅读理解。

4. GPT系列

OpenAI的GPT(Generative Pre-trained Transformer)系列是大语言模型网络架构的另一大方向。GPT-1和GPT-2通过单向Transformer进行训练,专注于文本生成任务。2020年推出的GPT-3进一步扩大了模型规模,拥有1750亿参数,显著提高了生成文本的质量和多样性。随着GPT-3.5、GPT-4和GPT-4o的陆续推出,GPT系列的大模型应用也在不断扩展,对我们的生活产生了广泛而深远的影响。

5. T5

T5(Text-to-Text Transfer Transformer)是由谷歌于2019年提出的一种大语言模型。这个模型的特点是其庞大的参数规模,大约有110亿参数,通常用于文本编码任务。T5模型的设计理念是通过将各种自然语言处理任务转化为文本到文本的形式,简化模型的训练和推理过程。这种设计使T5模型能够适应不同的NLP任务,通过简单地修改输入和输出文本即可适应新任务,而无须对整个模型进行重新训练,从而大大加快模型的迭代速度。

6. Mamba

2024年3月28日,AI21 Labs首次推出基于Mamba的生产级新模型Jamba,它提供了256K的上下文窗口,在吞吐量和效率方面表现出显著提升。Mamba的问世旨在打破Transformer在大模型领域的一家独大,推动更多基于Mamba的大模型发展。通过将传统Transformer架构的元素与Mamba的结构化状态空间模型(SSM)技术相结合,Mamba克服了纯SSM模型的固有局限性。Mamba的发布标志着大语言模型创新的两个重要里程碑:成功地将Mamba与Transformer架构相结合,并将混合SSM-Transformer模型的规模和质量推进到生产级。

7. TTT

2024年7月,Yu Sun等人设计了一种新的序列建模层——测试时训练(Test Time Training,TTT)层,旨在解决现有RNN在处理长文本时表达能力受限的问题。TTT受自监督学习的启发,其核心思想是将隐藏状态设计成一个机器学习模型,并在每次处理新数据时,通过自监督学习的方式更新这个模型。这样,隐藏状态就能不断学习和进步,就像人类在学习新知识一样。这一创新有望显著提升RNN在处理长文本任务中的性能。

总之,大语言模型的网络架构经历了从早期的RNN和LSTM到如今的Transformer、Mamba和TTT等的巨大演变,见证了自然语言处理领域的显著进步。未来,随着技术的不断创新和优化，大语言模型将在更多应用场景中拥有更卓越的表现。

1.2.2 大语言模型发展的关键事件

2022 年 11 月 30 日，OpenAI 首次向公众发布了基于 GPT-3.5 微调的大语言模型 ChatGPT。这款通用聊天机器人的出现标志着大语言模型走向全人类的新纪元的开启。

1. 国外大语言模型的发展

2022 年 11 月 30 日，ChatGPT 首次面向公众推出。短短 2 个月内，ChatGPT 的用户数量便突破了 2 亿。

2023 年 3 月 14 日，OpenAI 推出了强大的图像和文本理解大语言模型 GPT-4。初期，GPT-4 仅供付费的 ChatGPT Plus 用户和在等待名单上注册的开发者通过 API 访问。

2023 年 7 月 6 日，OpenAI 宣布全面推出 GPT-4，所有拥有成功付款历史记录的 OpenAI 开发者都将可以访问 GPT-4。

2024 年 5 月 14 日，在 OpenAI 春季新品发布会上，GPT-4o 携手全新设计的桌面应用软件共同开启了交互模式的新篇章。作为 GPT-4 级智能的集大成者，GPT-4o 凭借无与伦比的性能和多模态交互能力，标志着 AI 技术已经超越了单纯的文字理解与生成，迈向了能够理解、回应乃至预测用户多维度需求的新阶段，真正实现了智能服务的全民触达。它不仅超越了现有技术，还为全球科技企业树立了一个难以企及的产品标准，引领着技术进步的方向。

在全球主流的大语言模型中，除了 OpenAI 的 GPT 系列大语言模型，还有其他一些备受瞩目的优秀模型，其中包括 Meta 推出的 Llama 系列模型、谷歌推出的 Gemini 系列模型和 Auto-GPT 团队开发的 Auto-GPT 模型等。

2. 国内大语言模型的发展

国外大语言模型迅速发展，国内大语言模型的发展也如火如荼。尽管起步较晚，但国内科技巨头凭借多年的技术积累，迅速展开了大语言模型的技术攻关和产品布局，并逐步追赶上国际水平。

2023 年 3 月 16 日，百度率先推出了大语言模型文心一言，展示了文心一言在多个使用场景中的综合能力，包括文学创作、商业文案创作、数理推算、中文理解和多模态生成。

2023 年 4 月 7 日，阿里巴巴发布了大语言模型通义千问。它不仅可以在自然语言处理、问答系统、文本创作与协作以及观点表述等领域或场景中为用户提供帮助和支持，还可以针对不同场景和应用进行扩展与定制，提供更加个性化的服务和解决方案。

2023 年 10 月 9 日，月之暗面公司推出了智能助手 Kimi。Kimi 主要应用于翻译和理解专业学术论文、辅助分析法律问题、快速理解 API 开发文档等，是全球首个支持输入 20 万汉字的智能助手产品。而到 2024 年 3 月 18 日，这一能力得到了显著提升，达到了 200 万字的无损上下文输入长度，使得 Kimi 在处理大量文本数据时表现出色，几乎达到了初级专家的水平。

2025 年 1 月 20 日，深度求索公司正式发布 DeepSeek-R1 模型，其成本低廉性能优异，在各种任务上都展现出惊人的实力。DeepSeek-R1 模型的出现，进一步降低了 AI 应用的门槛，极大地赋能了整个开源社区。

此外，许多知名企业，如腾讯、华为、360、智谱和科大讯飞等也纷纷推出了各自的大语言模型。尽管各家大语言模型的效果有所不同，但国内大语言模型的繁荣发展显而易见，而这也推动了国内大语言模型应用的蓬勃发展。

1.3 大语言模型的基础知识

现在，我们已经对大语言模型有了基本的了解。在开始动手开发大语言模型应用之前，还需要对下列基础知识进行梳理。这将帮助我们更好地理解和利用这些先进的技术，为实际应用打下坚实的基础。

1.3.1 什么是算力

算力即计算能力。从狭义上讲，算力通常指计算机实现特定计算的能力；从广义上讲，算力是数字经济时代的新质生产力，是计算机处理各种信息的能力，涉及数据存储、网络传输、信息计算等内容。

《中国算力发展指数白皮书（2022年）》指出："算力作为数字经济时代新的生产力，对推动科技进步、行业数字化转型以及经济社会发展发挥重要作用。"

2023年10月，工业和信息化部等六部门联合印发的《算力基础设施高质量发展行动计划》指出："算力是集信息计算力、网络运载力、数据存储力于一体的新型生产力。"

算力在各种应用场景中起着关键作用，算力的高低直接影响任务的完成速度和结果的精确度。在人工智能领域，算力的需求尤为突出。例如，训练一个大语言模型（如GPT-3或GPT-4）需要大量的计算资源，涉及数百亿甚至数万亿个参数的调整和优化。高算力可以大幅缩短训练时间，提高模型的性能和准确性。随着科技的不断发展，算力的应用范围将持续扩大，为人类的未来发展带来更多可能性。

1.3.2 显卡的基础知识

1. 什么是显卡

显卡（video card、display card、graphics card或video adapter），全称显示接口卡，是计算机的重要组成部分之一，专门用于处理图像和视频数据。

显卡可以分为独立显卡和集成显卡两种类型。独立显卡是指安装在主板插槽上的独立设备，拥有独立的显存和图形处理器（GPU），性能强大，适用于需要处理大量图像和视频数据的场景，如游戏、3D建模、视频剪辑以及人工智能模型训练等。集成显卡则是将显卡芯片集成在主板或处理器内部，共享系统内存，性能相对较弱，但价格更加亲民，适用于对图像处理要求不高的场景，如日常办公、上网浏览等。

目前，主流的显卡供应商包括NVIDIA和AMD。NVIDIA的显卡通常被称为"N卡"，而AMD的显卡则被称为"A卡"或"ATi显卡"。NVIDIA和AMD在显卡市场上竞争激烈，各自拥有独特的技术和产品线，以满足不同用户的需求。

2. 显卡的组成部分

显卡的主要组成部分包括：图形处理器（GPU）、显存（VRAM）、印制电路板（PCB）、BIOS/固件、显示输出接口、散热系统、驱动程序等。

其中，GPU 负责执行大量的并行计算任务，处理图形和视频数据。现代 GPU 通常拥有数百到数千个小型处理核心，能够同时处理大量数据，提升图形渲染和计算的速度。显存用于存储图形数据和渲染过程中产生的临时数据。显存的容量和读写速度直接影响显卡的性能，常见的显存类型包括 GDDR5、GDDR6 等。

3. 为什么 GPU 很重要

大语言模型的成功和普及在很大程度上依赖于 GPU 的强大计算能力。GPU 提供的高并行处理能力和优化工具，使训练和推理大语言模型变得更加高效与可行。

在训练阶段，由于 GPU 拥有大量的小型计算核心，可以高效地执行并行计算任务，许多计算步骤（如前向传播、反向传播和梯度更新）都可以并行化；通过将不同的数据批次分配到不同的 GPU 上，可以同时进行多个训练步骤，从而大幅加快训练速度，显著缩短训练时间。在推理阶段，GPU 的并行处理能力使其可以快速执行模型的推理计算，提供低延迟的响应。

未来，随着 GPU 硬件和相关技术的不断进步，大语言模型的性能将会进一步提升。

4. 并行运算库 CUDA

CUDA（Compute Unified Device Architecture）是由 NVIDIA 开发的一种并行计算平台和编程模型，旨在利用 NVIDIA 的 GPU 进行通用计算任务。CUDA 允许开发者直接编程和控制 NVIDIA 的 GPU，利用其数千个并行处理核心来加速计算任务，并提供管理 GPU 内存的 API，包括内存分配、释放、数据传输等功能。开发者需要显式地在主机（CPU）和设备（GPU）之间传输数据。

CUDA 应用逻辑架构如图 1-1 所示。

CUDA 运行时库通过调用操作系统中的 GPU 驱动来让 GPU 执行计算任务。

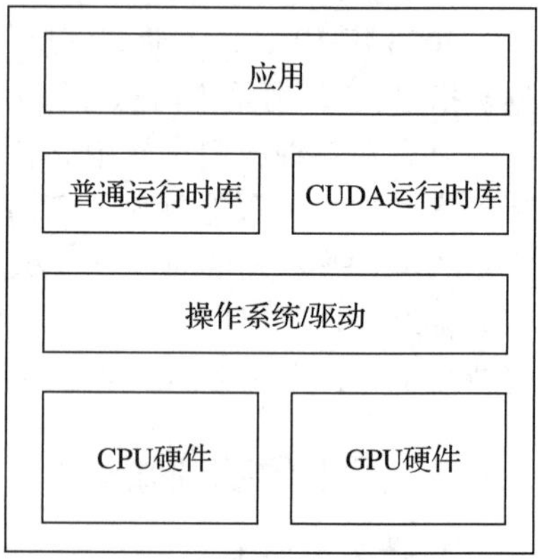

图 1-1 CUDA 应用逻辑架构

5. NVIDIA 命令行工具

在日常开发和生产阶段，经常需要对 GPU 的运行情况进行监控，以确保系统的稳定性和性能。通过合理监控 GPU，可以及时发现和解决潜在问题，优化资源分配，确保任务顺利执行。

nvidia-smi(NVIDIA System Management Interface) 是 NVIDIA 提供的一个命令行工具，用于管理和监控 NVIDIA GPU，下面是一些 nvidia-smi 的常用命令及其用途。

- 显示当前系统中所有 NVIDIA GPU 的基本信息，包括温度、功耗、内存使用情况、负载等。

```
nvidia-smi
```

- 实时监控 GPU 状态,每秒刷新 1 次 GPU 状态信息。

  ```
  nvidia-smi -l 1
  ```
- 监控 GPU 状态,只显示指定 GPU(这里是 GPU 0)的信息。

  ```
  nvidia-smi -i 0
  ```
- 持续显示 GPU 使用率、内存使用率、功耗等实时动态信息。

  ```
  nvidia-smi dmon
  ```
- 显示指定 GPU(这里是 GPU 0)上运行的所有进程。

  ```
  nvidia-smi pmon -i 0
  ```
- 终止在指定 GPU(这里是 GPU 0)上运行的 PID 为 1234 的进程。

  ```
  nvidia-smi -i 0 -p 1234
  ```
- 更多有关 nvidia-smi 命令的详细说明和使用指南,可以通过显示帮助信息来了解。

  ```
  nvidia-smi --help
  ```

1.3.3 大语言模型的参数数量与精度

当我们使用开源大语言模型时,经常会遇到诸如"0.5B""1B""6B""7B""13B""70B"和"130B"等术语。那么,这些数字在数学上有什么意义呢?

通常,这些数字代表神经网络模型的参数数量,其中的"B"代表"billion",即十亿。参数用于存储模型的权重和偏差等信息。

- 0.5B 意味着模型有大约 5 亿个参数。
- 1B 意味着模型有大约 10 亿个参数。
- 6B 意味着模型有大约 60 亿个参数。
- 7B 意味着模型有大约 70 亿个参数。
- 13B 意味着模型有大约 130 亿个参数。
- 70B 意味着模型有大约 700 亿个参数。
- 130B 意味着模型有大约 1300 亿个参数。

参数的数量直接影响模型的容量和性能,参数越多,模型通常越复杂、越强大,但也需要更多的计算资源和时间来训练。

将大语言模型设计成不同的参数档次,是对性能、计算资源、应用场景、训练调优、市场需求和研究实验等多方面综合考虑的结果。这种设计方法不仅满足了多样化的需求,还促进了技术的进步和市场的竞争。

模型参数精度通常指的是模型参数的数据类型,它决定了模型在内存中存储和计算参数时的大小与精度。近年来,研究人员在对大模型进行压缩和加速优化时,开始采用量化(quantization)技术,使用更低位数的整数来表示模型参数,例如 INT4 和 INT8。

下面是一些常见的模型参数精度及其含义。

- INT4：4位整数，是一种激进的量化精度。在量化过程中，将模型的权重和激活值量化为4位整数。由于表示范围小，精度也较低，INT4量化通常会导致较大的精度损失。
- INT8：8位整数，是目前常用的量化精度。在量化过程中，将模型的权重和激活值量化为8位整数。虽然INT8表示的数值范围较小，精度较低，但它可以显著减少存储和计算的需求。
- FP16：16位浮点数（float16），简称half。相比于32位浮点数（float32），FP16的内存占用减少了一半，这在大规模深度学习应用中具有显著优势。FP16格式允许在相同的GPU内存限制下加载规模更大的模型或处理更多数据。FP16格式也有其固有的缺点，即较低的精度，可能导致在某些情况下出现数值不稳定或精度损失的情况。
- FP32：32位浮点数（float32），能够准确表示大范围的数值。在进行复杂的数学运算或需要高精度结果的场景中，FP32格式是首选。然而，高精度也意味着更多的内存占用和更长的计算时间。特别是当模型参数众多、数据量巨大时，FP32格式可能会导致GPU内存不足或推理速度下降。

此外，INT16、INT32和INT64用于表示离散的数值，可以是有符号或无符号的；FP64（双精度浮点数）提供更高的精度，适用于需要更高数值精度的应用，但会占用更多的内存。

可见，选择模型参数的精度通常需要在多种因素之间权衡。更高精度的数据类型能够提供更高的数值精度，但会消耗更多的内存，并可能降低计算速度。相比之下，较低精度的数据类型可以节省内存并提高计算速度，但可能会牺牲一些数值精度。在实际应用中，精度选择应根据具体任务、硬件条件和性能需求进行综合考虑，以达到最佳效果。

1.3.4 大语言模型的基本单位

Token是大模型中最基础、最常见的概念，它既可以是一个完整的单词，也可以是一个单词的一部分，甚至是标点符号或空格。它的中文翻译目前尚无定论，有"标记""词""令牌"等多种译法。

众所周知，大语言模型的训练语料数量、上下文的限制、生成速度等都以Token作为基本单位进行衡量。在训练过程中，Token的数量直接影响模型的表现和泛化能力；在推理过程中，上下文中的Token数量会限制模型的记忆和理解范围；生成速度则通常通过每秒生成的Token数量来衡量。

Token也是大语言模型的商用计价单位。对于大多数从事大语言模型工作的专业人士来说，提前估算出Token的数量非常有价值。这不仅有助于控制成本，还能优化资源配置和预算规划。

OpenAI官方文档介绍，1000个Token通常代表750个英文单词或500个汉字，1个Token大约为4个字符或0.75个单词。

OpenAI官方提供了在线Token计算工具（https://platform.openai.com/tokenizer），如图1-2所示。从图中可以看出每次输入文本占用的Token数量和字符数量。

图 1-2　OpenAI 在线 Token 计算工具

对于中文工作者而言，1 个 Token 所占用的汉字数量具体取决于分词器的设计。通常情况下，1 个 Token 平均会占用 1.5～2 个汉字。这是因为分词器在处理文本时，会根据预定义的规则和算法，将文本拆分成模型可以理解的最小单元。不同的分词器在处理汉字时可能会有不同的策略，从而影响每个汉字对应的 Token 数量。

1.3.5　通用人工智能

通用人工智能（Artificial General Intelligence，AGI），最早可以追溯到 1997 年，由 Mark Gubrud 在"Nanotechnology and International Security"中提出。Mark Gubrud 认为 AGI 可以在很多领域代替人类的大脑，应用范围广泛。

2023 年 11 月，谷歌 DeepMind 联合创始人 Shane Legg 带领的 DeepMind 研究团队发表论文"Levels of AGI：Operationalizing Progress on the Path to AGI"，提出了 6 项关于"AGI 框架"的定义原则。基于这些原则，他们进一步构建了一个涵盖表现力和通用性两个维度的 AGI 技术框架，以及一个类似于自动驾驶 L1～L5 级别的 AGI 分级分类框架。该分类分级框架包括 5 个表现力等级（初级、熟练、专家、大师和超人），并对通用性进行了详细的等级划分。

2024 年 7 月，OpenAI 举行了一次全员大会，推出了全球智能评分体系，并展示了接近人类推理能力的模型。在会上，OpenAI 高管告知员工，目前 ChatGPT 已处于第一级，即将达到第二级——推理者（Reasoner）。下面是全球智能评分体系五级评分系统的标准。

- ❑ 第一级（Level 1，ChatBot）：这类 AI 能够进行基本对话，如目前的 ChatGPT。
- ❑ 第二级（Level 2，Reasoner）：这类 AI 能够进行基本推理和问题解决，类似于拥有博士学位的人类，且不依赖外部工具。

- ❑ 第三级（Level 3，Agent）：这类 AI 能够在几天内代表用户执行任务，例如自动完成复杂工作流程。
- ❑ 第四级（Level 4，Innovation）：这类 AI 不仅能完成任务，还能提出新的解决方案或发明创新。
- ❑ 第五级（Level 5，Organization）：最高级别的 AI，可以像一个组织一样运作，处理大量复杂任务，几乎可以替代人类在某些领域的工作。

全球智能评分体系五级评分系统有助于衡量和定义人工智能系统在不同阶段的智能与能力。这不仅为研究人员和开发者提供了一个统一的评估框架，还对社会、产业和政策制定者产生了深远影响。

1.4 小结

首先，本章对大语言模型进行了全面概述，包括其定义、分类及应用场景。

接着，本章详细介绍了大语言模型的演变历程，涵盖了网络架构的关键发展及重要历史事件，展示了大语言模型网络架构从早期的 RNN 和 LSTM 到现代的 Transformer 及其变体的演变过程。

最后，本章梳理了大语言模型的基础知识，包括算力和显卡的基本概念、模型的参数数量、模型的参数精度、模型的基本单位，以及通用人工智能（AGI）的等级划分等。这些知识对理解和应用大语言模型具有重要意义。

CHAPTER 2

第 2 章

Python 大语言模型应用开发

本章主要介绍使用 Python 进行大语言模型开发的最佳实践指南和关键知识点。首先，本章将简单介绍 Python 大语言模型应用开发的基础知识，旨在帮助刚入门 Python 开发或从其他编程语言转换过来的读者快速建立对 Python 编程的基础理解。接着，本章将介绍 Docker 容器的基础知识，包括 Docker 环境的搭建、常用命令以及项目的打包、部署和运行等，旨在为项目开发部署积累一些常用技能。最后，本章将概述大语言模型与 NLP 相关的知识，为大语言模型的开发储备基础理论知识。有一定 Python 编程开发经验或者熟悉本章内容的读者，可以选择性地跳过本章内容，直接进入下一章的学习。

本章主要涉及的知识点有：

❑ Python 大语言模型应用开发的基础知识：快速建立对 Python 编程的基础理解。
❑ Docker 容器的基础知识：学会容器安装和常用命令。
❑ 大语言模型与 NLP：为大语言模型的开发实践储备理论知识。

2.1　Python 大语言模型应用开发的基础知识

本节首先介绍 Python 编程基础知识，包括 Python 环境准备、Python 语言基础和大语言模型开发常用库，帮助读者快速建立对 Python 编程的基础理解；接下来介绍在实际项目中最为常见的工作——接口的设计与优化；最后运用介绍过的知识点实际开发一个接口。学习完这些内容，读者将能够独立设计出完整的接口，并学会对接口进行必要的优化，从而为实际项目开发提供指导和参考。

2.1.1　Python 编程的基础知识

1. 为什么选择 Python

截至 2023 年 12 月，Python 仍然稳居世界编程语言排行榜的榜首。Python 之所以成为全球最受欢迎的编程语言，是因为它无处不在，广泛应用于统计科学、人工智能、脚本编写、系统测试和 Web 编程等诸多领域。Python 让人们能够轻松通过代码实现所需的功能，因此对于那些没有任何编程经验的人来说，简单而强大的 Python 是他们进入编程世界的理想选择。

总的来说，下面几个因素决定了 Python 编程语言是大语言模型开发的最佳选择之一：

- 简单易学：Python 具有非常清晰简洁的语法结构，容易上手学习。
- 跨平台性：Python 可以运行在各种操作系统上，包括 Windows、macOS 和 Linux。
- 丰富的库和框架：Python 拥有庞大的标准库和第三方库，几乎涵盖了所有领域的开发需求，可以让开发者快速构建功能强大的应用程序。
- 社区支持：Python 拥有非常活跃的开发社区，任何人都可以轻松地在社区中获得丰富的资源、文档和支持。
- 丰富的应用生态：Python 可以满足多种应用场景下的编程开发，包括数据科学、人工智能、Web 应用开发等。

但任何事物都有其双面性，Python 也不例外。除了具备上面的众多优点，Python 也有一些常常被人诟病的缺点：

- 速度慢，执行效率低。目前，Python 3.11 版本已经对执行效率做了优化。对执行效率要求特别高的部分，可以用其他语言（如 C/C++）编写。
- 代码加密困难。Python 直接运行源代码，不像编译型语言会将源代码编译成目标程序。

以上两个问题其实都不是什么大问题。随着计算机软硬件的发展，软件的运行效率不会成为瓶颈；而代码加密的问题，就更不是什么问题了，现在很多公司都由售卖软件转型为售卖服务，且社区都在提倡开源，因此不会影响 Python 的发展。

2. Python 版本之争

自 1991 年发布第一个版本至今，Python 已过了"而立之年"，成为众多编程语言中最耀眼的明星之一。在 2008 年发布了 Python 3 版本后，由于 Python 2.x 和 Python 3.x 不兼容以及语法上存在差异等，Python 官方不得不同时维护两个版本，给用户带来了一定的困扰。

然而，自 2020 年起，官方停止了对 Python 2.x 的支持和更新，使得 Python 3.x 成为编程世界的主流版本。因此，本书选择将 Python 3.x 作为后续代码演示的载体，以适应当前 Python 编程的发展趋势。

3. Python 虚拟环境准备

关于 Python 的安装与配置，本书假设读者已经自行完成，这里将介绍 Python 虚拟环境的准备。通常情况下，一台设备上安装的 Python 是一个全局环境，但在应用开发过程中，我们通常希望能够创建一个具有隔离性的环境，以避免影响他人的工作或其他应用程序的正常运行。这时，Python 虚拟环境就能派上用场。熟练掌握 Python 虚拟环境的配置，会大大提高开发效率，减少非代码因素带来的问题。

下面介绍几种常用的 Python 虚拟环境的创建方式。

（1）conda

假设当前设备已经成功安装 Anaconda，使用以下指令查看当前存在哪些虚拟环境：

```
conda env list
```

创建虚拟环境，将虚拟环境命名为 my_env_name，可以在 Anaconda 安装目录的 envs 文件夹下找到 my_env_name：

```
conda create -n my_env_name python=3.x
```

激活虚拟环境：

```
# Linux 系统
source activate my_env_name

# Windows 系统
activate my_env_name
```

在虚拟环境中安装依赖库：

```
conda install -n my_env_name [package_name]
```

在虚拟环境中卸载依赖库：

```
conda remove -n my_env_name [package_name]
```

退出虚拟环境：

```
# Linux 系统
source deactivate

# Windows 系统
deactivate
```

删除虚拟环境：

```
conda remove -n my_env_name --all
```

（2）venv

Python 3.3 版本开始自带创建虚拟环境的工具 venv。

创建虚拟环境，将虚拟环境命名为 my_env_name：

```
python -n venv my_env_name
```

激活虚拟环境：

```
# Linux 系统
source my_env_name/bin/activate

# Windows 系统
my_env_name\Scripts\activate.bat
```

退出虚拟环境：

```
deactivate
```

4. Python 开发风格

Python 程序开发的代码风格应该遵循 PEP 8 规则。PEP 是 Python Enhancement Proposals 的简称，通常翻译为"Python 增强提案"。每个 PEP 都是一份指导 Python 往更好的方向发展的技术文档，其中第 8 号增强提案（PEP 8）是针对 Python 语言编订的代码风格指南，其明确建议的编码风格如下：

- 代码缩进使用 4 个空格而不是 Tab。
- 每行最大长度为 79 个字符。
- 顶层函数和类的定义，前后用 2 个空行进行分隔。
- 同一个类中，各方法之间用 1 个空行进行分隔。
- 代码总是以 UTF-8 格式编码。
- 在用 imports 进行导入时应该分行写，而不是都写在同一行，应该避免使用通配符导入。
- 单引号字符串和双引号字符串是相同的。
- 命名约定规范见表 2-1。

表 2-1　Python 命名约定规范

类型	命名约定	举例
常量	以全大写字母书写，必要时用下画线分隔单词	MAX_LENGTH
变量	以全小写字母书写，必要时用下画线分隔单词	n、word、module_name
函数	以全小写字母书写，必要时用下画线分隔单词	create、update、delete
类	以驼峰式大小写格式书写，不用下画线分隔单词	Request、Client
模块	以全小写字母书写	upload、download
包	以全小写字母书写。下画线不应用作单独的单词	models、services

5. Python 极简知识

Python 是一门解释型的编程语言，解释型语言是指使用专门的解释器将源程序逐行解释成特定平台的机器码并立即执行的语言。因此在运行 Python 程序时，需要使用特定的解释器进行解释和执行。

通常情况下，我们使用的都是 C 语言开发的 CPython 解释器，这也是目前应用最广泛的解释器。除此之外还有 Java 开发的 JPython 解释器和基于 JIT（即时编译）技术实现的 PyPy 解释器等。

下面使用极简方式对 Python 的核心知识点做一个总结，首先创建一个名为 python_base.py 的文件。

（1）变量

在程序设计中，变量是一种存储数据的载体。它保存着数据实际的值或者存储器中存储数据的一个内存地址。程序可以对变量进行赋值操作，在 Python 中使用"="作为赋值运算符。例如，x = 20，就是把 20 赋值给变量 x。

```
# 单个变量赋值
name = "Alice"
# 多个变量赋值
name, age = "Alice", 18
```

Python 提供了多种数据类型，如整型、浮点型、字符串和布尔型等。不同的数据类型可以使用运算符进行计算，表 2-2 按照优先级从高到低列出了所有的运算符（优先级指多个运算符同时出现时，优先进行什么运算再进行什么运算的一种策略），使用运算符可以对一个或者多个变量进行操作，形成可执行语句，用来实现特定的功能。

表 2-2　运算符表

运算符	描述
[]、[:]	下标、切片
**	指数
~、+、-	按位取反、正号、负号
*、/、%、//	乘、除、模、整除
+、-	加、减
>>、<<	右移、左移
&	按位与
^、|	按位异或、按位或
<=、<、>、>=	小于或等于、小于、大于、大于或等于
==、!=	等于、不等于
is、is not	身份运算符
in、not in	成员运算符
not、or、and	逻辑运算符
=、+=、-=、*=、/=、%=、//=、**=	赋值运算符

Python 条件语句中，通过 n 条（$n \geqslant 1$）条件语句的执行结果（True 或 False）来决定要执行的代码块，将 0 或者 None 判断为 False，将非 0 和非 None 判断为 True。下面使用 if 语句来判断成绩的等级：

```
if score >= 90:
    print("优秀!")
elif score >= 80:
    print("良好!")
elif score >= 60:
    print("一般!")
else:
    print("不及格!")
```

Python 提供了两种循环语句，分别是 for 循环和 while 循环。下面分别使用 for 循环和

while 打印 0~99 之间的所有整数：

```
# for 循环 打印 0~99 之间的所有整数
for value in range(100):
    print(value)

# while 循环 打印 0~99 之间的所有整数
value = 0
while value < 100:
    print(value)
    value += 1
```

（2）数据结构

在计算机程序设计领域有这样一个公式：程序 = 算法 + 数据结构。Python 优秀的数据结构使上层应用编程变得简单和更易理解，下面简单介绍 Python 中主要的数据结构：列表（list）、元组（tuple）、字典（dict）和集合（set）。

列表是可变对象，用中括号 [] 定义。列表是有序且可以有重复元素的，可以通过索引访问和修改其中的元素，适用于需要频繁修改的场景。

元组是不可变对象，用小括号 () 定义，元组是有序且可以有重复元素的，可以通过索引访问其中的元素，适用于需要保持数据不变的场景。

字典是可变对象，用大括号 {} 定义，是用键值对表示的数据集合，不支持索引访问元素，可以通过键来添加、修改和删除元素，适用于需要通过键快速查找的场景。

集合是可变对象，用大括号 {} 或 set() 函数定义，是无序且无重复元素的集合，不支持索引访问元素，适用于去重或集合运算的场景。

（3）函数

函数是一种简单的抽象，用来定义可重复使用的代码块，实现应用的模块化和可重复利用。Python 有很多内建的函数，如打印 print()、计算长度 len() 等，用户也可以使用关键字 def 来自定义函数，自定义函数可以包含参数和返回值，返回值通过 return 语句来实现。

下面使用 def 定义一个 sum 函数，对两个整数求和：

```
# 定义一个对两个整数求和的函数
def sum(x:int, y:int) -> int:
    return x + y
print(sum(1,2))
```

（4）面向对象

在 Python 中一切皆对象，对象是程序的基本单元，具有属性和方法。在设计之初，Python 就是面向对象的编程语言，它支持面向对象编程的基本特性，如封装、继承和多态。Python 使用关键字 class 来定义类，通过类可以创建对象。对象是类的实例，具有特定的属性和行为。面向对象编程可以帮助开发者更容易地组织和管理代码，实现代码的可维护、可重用和可扩展。

下面使用 class 定义一个二叉树节点类：

```
# 定义一个二叉树节点类
```

```
class BinaryTreeNode:
    def __init__(self, value, left=None, right=None):
        self.value = value
        self.left = left
        self.right = right
```

6. 大语言模型开发常用库和框架

Python 具有非常丰富的第三方库和框架，这些库和框架可以帮助我们快速实现一些功能和应用。在大语言模型开发过程中，熟练掌握这些库和框架可以极大地提高开发效率和模型性能。下面先简单介绍几个常用的第三方库和框架，其他重要的库和框架我们将在后续章节中进行更详细的介绍。

（1）requests

requests 库是一个开源的、用来发送 HTTP 请求的第三方库，提供了简洁而强大的 API，用来处理 HTTP 请求和响应，支持 GET、POST、PUT、DELETE、HEAD、OPTIONS 等 HTTP 请求，常被用来处理 API 请求、爬虫和网络请求等。

在使用 requests 库之前，需要先激活虚拟环境并安装 requests，安装命令如下：

```
pip install requests
```

安装成功后，只需在代码中使用 import 导入 requests 库即可轻松使用。下面演示使用 requests 库进行 GET 和 POST 请求的示例，首先创建一个名为 requests_demo.py 的文件：

```
# 导入 requests 库
import requests

# 处理 GET 请求
response = requests.get('https://www.baidu.com/', timeout=3)
print(response.status_code)
print(response.text)

# 处理 POST 请求
data = {'prompt': '请告诉我中国的首都在哪儿。'}
response = requests.post('http://localhost:8088/chat', json=data, timeout=3)
print(response.status_code)
print(response.text)
```

（2）Flask

Flask 是一个轻量级的使用 Python 编写的开源 Web 应用程序框架，具有简单易懂的 API 和灵活的扩展性，适用于快速构建小型 Web 应用程序。

在使用 Flask 之前，需要先激活虚拟环境并安装 Flask，安装命令如下：

```
pip install Flask
```

安装成功后，只需导入 Flask 的相关模块即可开始开发应用程序。以下示例演示了如何使用 Flask 开发简单的应用服务，首先创建一个名为 flask_demo.py 的文件。

```
from flask import Flask
```

```python
app = Flask(__name__)

# 健康检查服务
@app.route('/health', methods=["GET"])
def health():
    return 'OK'


# 对话服务
@app.route('/chat', methods=["POST"])
def chat():
    return 'Hello World'


if __name__ == '__main__':
    app.run(host="0.0.0.0", port=8088, debug=False)
```

上述代码使用 Flask 框架创建了一个简单的 Web 服务。它定义了两个路由：/health 用于健康检查服务，支持 GET 请求；/chat 用于对话服务，支持 POST 请求。当收到对应的请求时，分别返回 OK 和 Hello World。最后，我们通过 app.run 启动该服务，并指定 8088 端口对外提供服务。

（3）Streamlit

Streamlit 是一个用于构建数据科学和机器学习应用程序的开源 Python 框架。它允许用户使用简单的 Python 脚本快速构建可交互的 Web 应用程序，而无须编写大量的前端代码。

在使用 Streamlit 之前，需要先激活虚拟环境并安装 Streamlit，安装命令如下：

```
pip install streamlit
```

安装成功后，只需导入 Streamlit 的相关模块即可开始开发应用程序。以下示例演示了如何使用 Streamlit 开发简单的应用服务，首先创建一个名为 streamlit_demo.py 的文件。

```python
import streamlit as st
import pandas as pd

# 设置测试标题
st.title('Demo')
st.text('显示一个 DataFrame:')

# 创建一个 DataFrame
data = pd.DataFrame({
    'col1': [1, 2, 3, 4],
    'col2': [5, 6, 7, 8]
})

# 在应用程序中显示 DataFrame
st.write(data)
```

编写完上述代码后，就可以运行它了。与普通 Python 脚本的启动方式不同，Streamlit 需要在本地使用命令启动：

```
streamlit run streamlit_demo.py
```
然后，在浏览器中访问 http://localhost:8501/ 即可查看结果。

2.1.2 接口的设计与优化

对于从事 Web 开发或后端开发的开发者来说，开发接口是工作的重要组成部分。近几年，在许多面试中，我经常询问候选人关于接口设计和优化的问题。我发现很多候选者虽然在接口开发方面有多年的经验，但很少总结和复盘接口开发的经验。因此，我得到的答案往往不够理想。本节将对 Web 开发中接口的设计和优化进行总结，为后面的大语言模型开发打下坚实的基础。

1. 接口的设计

设计和开发出符合标准规范的接口可以显著提高团队协作效率，降低沟通成本，并能够让接口具备更高的可维护性和可扩展性，以便开发者快速、轻松地理解和使用接口。

在日常开发中，大多数接口的开发步骤通常包括在控制层确定通信协议、定义接口访问 URL、设计接口请求入参和接口出参等，然后在服务层实现接口。然而，要设计出一个优秀的接口，还需考虑很多内容。接下来将介绍如何设计出一个完整且优秀的接口。

（1）确定通信协议

通常情况下，需要根据业务、安全和性能要求确定接口的通信协议，如 HTTP、HTTPS 和 WebSocket 等。

（2）定义接口访问 URL

接口访问 URL 应该具有能够直观地表达所提供的服务或资源的命名，还应有明确的主机信息、端口和路由 URL 信息，以便用户准确访问所需的接口。

（3）设计接口请求入参

设计接口请求入参时，需要考虑参数的命名、类型、格式以及必要性。合理的入参设计能够提高接口的易用性和可扩展性，同时也有助于减少错误和提高接口的性能。

（4）设计接口出参和状态码

设计接口出参和状态码是至关重要的。出参通常使用 JSON 格式，每个返回字段都有明确的说明，包括命名、类型、含义和示例值。通常情况下，出参数据包含 3 个键值属性：状态码（code）、响应数据（data）和响应信息描述（message）。其中，code 可以由用户自己定义，每个返回的状态码都应有明确的说明，包括含义、触发条件和建议处理等。

（5）版本管理

设计接口时，提前考虑版本管理可以避免接口升级导致旧接口无法正常工作的情况。目前常见的版本控制方式包括：使用 URL 标识版本、使用 header 标识版本以及使用 params 标识版本。这些方式可以帮助开发者更好地管理接口版本，确保新旧接口能够和谐共存，同时为用户提供平滑的升级体验。

（6）选择接口数据传输格式

常见的接口数据传输格式包括 JSON 和 XML。JSON 是一种轻量级的数据交换格式，易于阅读和编写，常用于 Web 应用程序之间的数据传输。而 XML 则是一种通用的标记语言，具有良好的扩展性和结构化特性，常用于数据的存储和传输。

（7）传输数据解压缩

接口传输数据时，有时候数据量较大，为了缩短传输时间和减少对网络带宽的占用，可以在数据传输过程中对数据进行压缩，然后在接收端进行解压缩。常见的压缩算法有 Gzip 等。

（8）参数的合法性校验

参数的合法性校验可以保证接口接收的数据符合预期的格式和取值范围，过滤无效和错误请求，有效防止恶意攻击和非法输入，提高系统的稳定性、健壮性和安全性。常见的参数校验包括参数 Schema 校验、类型校验、长度校验和 Token 校验等。

（9）安全访问认证

通过有效的安全访问认证，客户端和服务端之间建立一种信任关系，可以有效验证请求用户的身份和权限，防止未经授权的访问请求和操作，保障系统和数据的安全性。常见的接口安全访问认证包括 Token 认证、敏感数据脱敏、配置 IP 黑白名单等。

（10）异常处理和兜底

异常处理能够帮助我们识别并处理接口报错的情况，兜底机制能够保障在接口报错时，程序还能够以一种合理的方式继续运行，避免异常导致整个接口的崩溃。

（11）记录请求日志

接口开发一定要记录关键的日志信息，包括入参、出参和异常日志。这样一旦接口出现异常，可以通过日志及时跟踪查看程序的运行情况和解决异常问题，还可以帮助接口开发者做用户行为分析和性能优化，提高接口的稳定性和可靠性。

（12）性能优化

接口的开发不仅涉及功能的实现，还伴随着接口性能的优化，包括代码的优化、并发处理、减少响应时间、减少网络传输量以及增加缓存策略等。通过性能优化，可以显著提高系统的响应速度和增大系统的吞吐量，从而改善用户体验。

（13）文档编写

良好的接口文档是重要的接口开发收尾工作，无论接口设计得多么规范，开发者都需要提供一份完整的接口文档，该文档应包括接口的使用说明、参数说明以及示例代码等，以便使用者快速理解和使用接口。

2. 接口的优化

在接口开发完成后，开发者会将大部分时间用在维护和优化接口上。因此，接口优化成为程序开发中一项非常重要的工作内容。在日常面试中，我经常会根据候选人的过往项目经验提出关于接口优化的问题，并着重考查候选人在面对接口优化问题时的思考逻辑、处理过程和解决方法。举例来说，我可能会问候选人："如果一个接口在上线后响应速度逐渐变慢，该如何解决这个问题呢？"

在一个项目的初期，还未引入复杂中间件的时候，接口的请求访问流程一般包括 4 个步骤，如图2-1所示。

①客户端发起请求；
②服务端接收到请求，请求数据库操作；
③数据库向服务端返回操作结果；
④服务端向客户端响应结果。

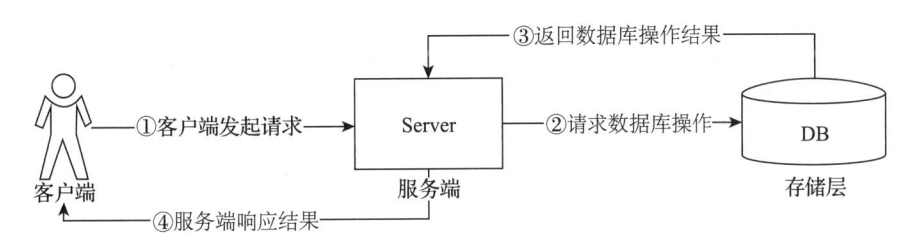

图 2-1　接口的请求访问流程

基于上述请求访问流程，先来认真思考一下：哪些环节会影响接口的性能？首先，网络通信的稳定性和带宽是影响接口性能的重要因素，但一般情况下，这些基础设施不是优先考虑的对象；其次，服务端的处理能力是一个重要的因素，如果服务端的负载过重或者存在性能瓶颈，会直接影响接口的响应速度；最后，数据库的操作效率会严重影响接口的性能，无论是读取数据还是写入数据，慢 SQL（慢查询）都会严重影响接口的性能。

当我们发现接口存在性能问题时，如何定位问题呢？一般情况下，通过性能监控工具对数据库、服务器和网络带宽进行监控，就能及时发现潜在的性能瓶颈。此外，还应该记录日志并监控接口的响应时间，对接口的响应时间分阶段地进行监控和分析，优先找出耗时比较长的环节，并采取有针对性的优化措施。

假设已经确定了接口存在的性能问题，下面将分情况来举例说明如何进行优化。

（1）网络通信与带宽优化
- 增大网络带宽：遇到网络瓶颈的问题时，增大网络带宽是一种简单有效的解决方法，但这样会增加成本。
- 压缩传输数据：在传输数据之前，可以先对请求数据进行压缩，这样可以减小传输数据的大小，加快传输速度。
- 使用缓存数据：使用缓存存储一些频繁访问的数据，可以有效减小网络传输的数据量。
- 使用 CDN 资源：考虑使用 CDN 来加速数据传输，可以将静态资源存在离用户更近的节点上，以加快资源访问速度，减小网络延迟。
- 页面静态化：把前端页面中不会发生变动但会被频繁访问的资源静态化到 HTML 页面中，这样前端浏览器可以直接访问静态页面，无须频繁请求后端，从而减轻了对后端的访问压力。

（2）服务端处理能力优化
- 减少不必要的计算和 I/O 开销：尽量使用预计算的结果，避免重复计算；减少记录日志中过于复杂或无价值的数据，可以有效降低 I/O 开销。
- 同步接口改成异步访问：将耗时严重的同步接口改成异步访问，或者利用消息队列进行异步解耦，以提高接口的响应速度，减少用户的等待时间。
- 提高并发处理能力：通过应用多进程、多线程等并发处理方法，可以同时处理多个请求，提高服务器的并发处理能力。
- 使用负载均衡技术：使用负载均衡技术将请求分发到多台服务器上进行处理，可以降低单个接口的负载，还可以有效提高服务端的整体性能和稳定性。
- 利用缓存加速读取：在高并发场景下，可以使用缓存技术来加速数据的读取。

（3）数据库操作效率优化
- 优化数据库架构：当单个数据库无法提供稳定服务时，可以使用数据库集群来提高数据库操作的稳定性和效率，如使用主从复制、读写分离和分布式数据库等。
- 使用内存数据库：当数据库遇到很大的查询压力时，可以将高频访问的数据存入本地内存或者缓存到中间件中，以提高查询的性能。
- 数据库的读优化：使用批量读取，减少单次查询；避免一次性查询过多数据，使用分页查询；避免深度分页；合理加锁等。
- 数据库的写优化：批量写入、异步写入和处理、合理加锁、使用文件保存等。
- 索引的优化：增加索引以及提高索引的利用率。

以上从网络通信、服务端和数据库 3 个大的层面总结了接口优化的常见思路。但这里只给出了解决思路，更加详细的实现方式还需要进一步深入探索。此外，还有许多其他的优化方法可以尝试。总之，接口优化是一个不断改进的过程，在实际项目中可以根据具体的需求和所遇到的问题不断尝试改进与优化。

2.1.3　大语言模型接口开发实战

我们在体验 ChatGPT 强大能力的同时，也常常苦恼于 ChatGPT 存在的一些痛点，如受地域、网络、数据安全和法律合规等限制，使用 ChatGPT 总有一种被别人"卡脖子"的感觉。大语言模型的研究需要大量的投入，而早期国内又找不到特别好的替代品，于是有一个稳定、可访问的 ChatGPT 服务是每个公司和个人所期望的。

目前，关于国内大语言模型的发展、研究和生产实践落地，主流的方向有以下 3 种。

第一种，ChatGPT 模式，即在未完全禁止国内使用 ChatGPT 的情况下，通过代理注册 OpenAI 接口，并通过代理的方式在国内落地。这种方式的优点是简单、轻量级、易操作，适用于一些轻量级互联网产品和功能；而缺点是可定制化受限、成本高、网络延迟高，存在一定的数据安全和法律风险，不太适合大规模落地，仅适合几十人的创业小团队使用。

第二种，产研结合垂直模式，即依靠大中型企业和国内顶尖学府，在强大的算力资源支持下，训练行业大语言模型，如医疗、法律大语言模型等。对于一些缺少校园资源的企业，可通过对开源组件和框架的二次开发，对开源模型的微调和有限数据的训练，达到可以应用的程度。这种方式的优点是可扩展性强、可定制、不受网络限制，可以实现本地调试开发和部署；而缺点是需要一定的开发能力，本地训练和部署的资源开销比较高。所以，这种开发模式适合有一定研发能力的中小企业使用。

第三种，通用大语言模型模式，即训练通用大语言模型，通过突破工程难题，利用摩尔定律来降低大模型的训练成本。虽然这是一个挑战，但是国内已经有大企业正在致力于解决这个问题。这种模式对经济基础和算力的要求高，不太适合创业公司和中小公司。

在本节中，我们将采用第一种模式，运用之前介绍过的知识点来设计一个可稳定调用ChatGPT服务的接口，以达到学以致用的目的。此外，我们还会在后续章节继续使用该接口。

（1）需求描述

由于目前国内访问ChatGPT存在网络限制等因素，在不考虑第三方代理的情况下，为了能在国内稳定使用ChatGPT，我们可以使用云主机自己来搭建一个接口服务。

（2）技术选型

使用Python编程语言和前面介绍过的轻量级Web框架Flask实现接口服务的开发。

（3）制定方案

首先，我们可以在阿里云、腾讯云或亚马逊云上购买一台可以公网访问的国外云主机（如美国硅谷），然后申请OpenAI的访问key，并在此基础上自己搭建一个请求服务，如图2-2所示。

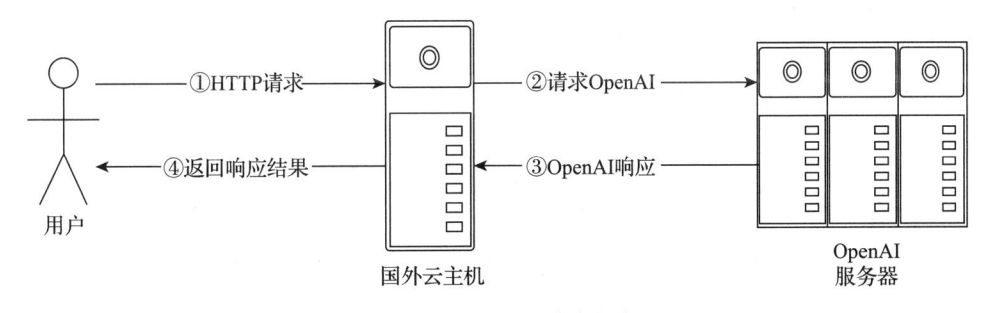

图2-2　ChatGPT请求服务

（4）设计接口

下面开始设计接口，目的是对关键信息进行组织和梳理：

- 描述：ChatGPT访问服务。
- 协议：HTTP，POST方法。
- 路由：http://host:8088/chat（其中host为主机IP地址或域名）。
- 鉴权：分发密钥（本例假设密钥为chat-gpt）。
- 请求参数：见表2-3。

表2-3　请求参数

参数位置	参数名称	是否必填	参数类型	参数含义	备注
header	Content-Type	否	str	内容类型	
params	无	否	无	params	

（续）

参数位置	参数名称	是否必填	参数类型	参数含义	备注
body	timestamp	是	int	时间戳	
	auth_token	是	str	签名 Token	
	prompt	是	str	提示词	
	role	否	str	角色名称	默认：user
	temperature	否	float	温度	默认：0.1
	model	否	str	模型名称	默认：gpt-3.5-turbo

❏ 返回参数：见表 2-4。

表 2-4 返回参数

参数名称	参数类型	参数含义	备注
code	int	状态码	
timestamp	int	时间戳	
data	str	返回结果	
message	str	返回详情说明	

参数 code 取值说明：0 表示正常；-1 表示异常；-2 表示鉴权失败。

（5）实现接口

在前文中创建的文件 flask_demo.py 的基础上，本节创建一个名为 chatgpt_server.py 的文件，开始编程实现大语言模型接口服务。

第一步，引入所依赖的 Python 包，如果包不存在，就使用 pip 进行安装：

```
import time
import hashlib
from openai import OpenAI
from loguru import logger
from flask import Flask, request
```

第二步，定义 OPENAI_API_KEY 和创建 Flask App：

```
# 定义 OPENAI_API_KEY
OPENAI_API_KEY = "sk-xxxxxx"
# 自定义密钥，在请求服务的时候，密钥需要提前安全分发给服务调用的对象
SECRET_KEY = "chat-gpt"

app = Flask(__name__)
# 设置显示中文，而非 unicode 码
app.json.ensure_ascii = False
```

第三步，对接口进行鉴权，常用的鉴权方式有 API Key、OAuth 和 JWT 等，本次使用 API Key 的验证方式，使用默认的 MD5 算法实现相关的加密函数：

```
def get_md5(plaintext: str):
```

```
"""
计算 MD5
:param plaintext:
:return:
"""
return hashlib.md5(plaintext.encode('utf-8')).hexdigest()

def get_sign(secret_key, timestamp):
    """
    接口认证的简单加密算法
    :param secret_key: 用户共享的密钥
    :param timestamp: 时间戳
    :return:
    """
    plaintext = "openai".join([secret_key, str(timestamp)])
    sign = get_md5(plaintext)
    logger.info(f"{timestamp=} {plaintext=} {sign=}")
    return sign

def verify_token(secret_key, timestamp, auth_token):
    """
    进行 auth_token 的认证
    :param secret_key: 用户共享的密钥
    :param timestamp: 时间戳
    :param auth_token: 认证
    :return: 返回认证结果，bool 类型
    """
    sign = get_sign(secret_key, timestamp)
    return sign == auth_token
```

第四步，定义 OpenAI 的 Chat Completion 示例，默认温度为 0.1，默认模型使用 gpt-3.5-turbo：

```
def send_message(messages, temperature=0.1, model='gpt-3.5-turbo'):
    client = OpenAI(
        api_key=OPENAI_API_KEY
    )
    response = client.chat.completions.create(
        model=model,
        messages=messages,
        stop=None,
        temperature=temperature,
    )
    for choice in response.choices:
        if "text" in choice:
            return choice.text
    return response.choices[0].message.content
```

第五步，实现 chat 服务并进行异常处理，如果发生异常，则返回答案"我无法回答"：

```
@app.route('/chat', methods=['POST'])
def get_chat():
    try:
```

```python
        data = request.get_json()
        timestamp = data.get('timestamp')
        auth_token = data.get('auth_token')
        is_verify = verify_token(SECRET_KEY, timestamp, auth_token)
        if not is_verify:
            return dict(code=-2, timestamp=int(time.time()), data=None,
                message=f"认证失败")
        prompt = data.get('prompt')
        temperature = data.get('temperature', 0.1)
        model = data.get('model', 'gpt-3.5-turbo')
        role = data.get('role', 'user')
        messages = [{"role": role, "content": prompt}]
        response = send_message(messages, temperature, model)
        return dict(code=0, timestamp=int(time.time()), data=response,
            message="成功")
    except Exception as e:
        logger.error(f"请求 ChatGPT 失败：{e=}")
        return dict(code=-1, timestamp=int(time.time()), data='我 无 法 回 答',
            message=f"失败，{e=}")
```

第六步，使用主机 IP 地址 0.0.0.0、端口号 8088 来启动服务：

```python
if __name__ == '__main__':
    app.run(host="0.0.0.0", port=8088, debug=False)
```

以上就是使用 Flask 开发 ChatGPT 接口服务的完整过程。接下来，我们将部署这个服务，然后就可以通过发送请求来与 ChatGPT 进行交互。

（6）服务部署

先激活虚拟环境，然后用 nohup 命令启动服务，并将脚本的标准输出和错误输出都重定向到 chatgpt_server.log 文件中：

```
nohup python3 chatgpt_server.py > chatgpt_server.log 2>&1 &
```

如果要查看相关的日志，可以执行 tail -f 命令，持续监控最新的日志：

```
tail -f chatgpt_server.log
```

（7）简单测试

创建一个名为 test_chat.py 的测试脚本，然后使用 requests 完成对接口的请求操作：

```python
import time
import requests
import hashlib
from loguru import logger

# 自定义密钥，在请求服务的时候，密钥需要提前安全分发给服务调用的对象
SECRET_KEY = "chat-gpt"

def get_md5(plaintext: str):
    """
    计算 MD5
    :param plaintext:
    :return:
```

```python
    """
    return hashlib.md5(plaintext.encode('utf-8')).hexdigest()

def get_sign(secret_key, timestamp):
    """
    接口认证的简单加密算法
    :param secret_key: 用户共享的密钥
    :param timestamp: 时间戳
    :return:
    """
    plaintext = "openai".join([secret_key, str(timestamp)])
    sign = get_md5(plaintext)
    logger.info(f"{timestamp=} {plaintext=} {sign=}")
    return sign

def do_post(url, secret_key, prompt, role='user', temperature=0.1, model='gpt-3.5-turbo'):
    timestamp = int(time.time())
    sign = get_sign(secret_key, timestamp)
    data = {
        "timestamp": timestamp,
        "auth_token": sign,
        "prompt": prompt,
        "role": role,
        "temperature": temperature,
        "model": model
    }
    try:
        response = requests.post(url, json=data, timeout=10).json()
        code = response.get('code')
        if code == 0:
            return response.get('data')
        else:
            logger.error(f"问答服务返回失败，{code=}")
    except Exception as e:
        logger.error(f"问答服务调用异常：{e=}")
    return '我无法回答'

if __name__ == "__main__":
    # host 需要替换成你的云主机 IP 地址或者域名
    url = "http://host:8088/chat"
    prompt = "中国的首都在哪儿？"
    result = do_post(url, SECRET_KEY, prompt)
    logger.info(result)
```

最后，我们得到 ChatGPT 的回答："中国的首都是北京。"

（8）优化接口

上述开发的 ChatGPT 接口服务已经可以正常访问和使用了，但它由于是一个轻量级的服务，所以在使用过程中会存在一些问题，比如网络不稳定、容易超时、响应慢等。下面简单介绍几种优化思路：

❑ 默认使用了 gpt-3.5-turbo，可以尝试使用更高版本的模型。

- 可以寻找更稳定、快速的网络代理，使服务更快、更稳定。
- 如果响应比较慢，且重复的提示词比较多，可以考虑加缓存，且加缓存还可以节省使用 ChatGPT 的成本。

2.2 Docker 容器的基础知识

在计算机的发展过程中，Docker 被认为是一次伟大的技术革命，是软件开发行业新的分水岭。Docker 采用 Client/Server 架构，包括 Client、Docker daemon、Image、Registry 和 Container 等核心组件。Docker 通过操作系统内核技术（如 namespaces、cgroups 等）为容器提供资源隔离和安全管理，实现应用的快速自动化部署。在云原生技术日渐成为主流的趋势下，Docker 和 Kubernetes 已经成为计算机基础设施的标准，作为技术开发者，我们有必要关注它们。

本节将介绍 Docker 容器基础知识，目的是让读者能够运用容器的相关知识部署服务。如果你已经熟练掌握 Docker 以及 Kubernetes 编排等知识，可以选择性地跳过本节的内容，直接学习下一节。

2.2.1 Docker 基础命令

要用好 Docker，需要掌握一些容器的基础命令，这些命令贯穿容器全生命周期的管理，如查看、创建、运行、停止、删除，以及镜像的构建和管理操作。下面我们重点介绍一些常用的命令。

1. Docker 信息查看

（1）查看 Docker 的环境信息

```
$ docker info
Client:
    Context:    default
    Debug Mode: false
Server:
    Containers: 9
        Running: 3
        Paused: 0
        Stopped: 6
    Images: 258
...
```

（2）查看 Docker 的版本信息

```
$ docker version
Client:
    Version:        20.10.12
    API version:    1.41
    Go version:     go1.16.2
...
```

```
Server:
 Engine:
  Version:          20.10.12
  API version:      1.41 (minimum version 1.12)
  Go version:       go1.16.2
  ...
```

（3）查看正在运行的所有容器

```
$ docker ps -a
```
或
```
$ docker container ls -a
```

2. 容器生命周期管理

（1）创建并运行一个容器

```
$ docker run -d -p 8088:80 --name my-nginx -v /path/to/nginx.conf:/etc/nginx/
  nginx.conf nginx
```

docker run 命令将拉取最新的 nginx 镜像，并在后台创建一个名为 my-nginx 的容器，-d 表示容器在后台运行，-p 用于指定映射端口，-v 表示挂载宿主机上的配置文件到容器中。

在运行容器的时候，还可以进行资源限制，常见的如：

❑ -m 或 --memory：设置内存的使用限额，例如 512MB、2GB。
❑ --memory-swap：设置内存 +swap 的使用限额。
❑ -c 或 --cpu-shares：设置容器使用 CPU 的权重。如果不指定，默认值为 1024。

（2）停止运行的容器

```
$ docker stop 容器ID
```

（3）启动停止的容器

```
$ docker start 容器ID
```

（4）重启容器

```
$ docker restart 容器ID
```

（5）进入容器

```
$ docker exec -it 容器ID /bin/bash
```

（6）删除一个或多个容器

```
$ docker rm 容器ID ... 容器ID
```

（7）删除所有状态为 exited 的容器

```
$ docker rm -v $(docker ps -aq -f status=exited))
```

2.2.2 Docker 构建镜像

镜像是 Docker 容器的基础组件,由 Dockerfile 构建,一个构建好的镜像包含了运行应用程序需要的所有条件,如运行时环境、库依赖文件和代码等,镜像启动之后就变成了容器实例。

1. 镜像的管理

Registry 用来保存 Docker 镜像以及镜像的层次结构和元数据,也称为镜像仓库。用户自己搭建的为私有镜像仓库,而 Docker Hub 是由 Docker 公司维护的公共镜像,可供用户下载使用。下面介绍一些常用的 Docker 镜像操作命令。

(1)查看当前的镜像

```
$ docker images
```

(2)从 Registry 下载镜像

如果 tag 为空,默认拉取 tag 为 latest 的镜像。

```
$ docker pull 镜像名称
```

(3)将镜像上传到 Registry

```
$ docker push 镜像名称
```

(4)在 Docker Hub 中搜索镜像

```
$ docker search 镜像名称
```

(5)在 Docker Host 中删除镜像

可以加 -f 参数强制删除。

```
$ docker rmi 镜像 ID
```

2. 镜像的构建

尽管可以从 Docker Hub 上下载公共镜像,但在生产环境下,需要我们动手自己构建镜像。Docker 提供了两种构建镜像的方法:Dockerfile 和 docker commit 命令。通常 Dockerfile 的使用场景更多,编写完 Dockerfile 后使用 docker build 命令即可完成镜像构建。下面介绍 Dockerfile 和镜像构建常用的命令。

(1)Dockerfile 命令介绍

Dockerfile 是一个文本文件,用于记录构建镜像的所有步骤,下面介绍 Dockerfile 的常用命令,见表 2-5。

表 2-5 Dockerfile 的常用命令

名称	描述
FROM	指定 base 镜像
MAINTAINER	设置镜像的作者,可以是任意字符

（续）

名称	描述
COPY	将文件从 build context 复制到镜像。COPY 支持两种形式：COPY src dest 与 COPY ["src", "dest"]
ADD	与 COPY 类似，从 build context 复制文件到镜像。不同的是，如果 src 是归档文件（如 tar、zip 等），文件会被自动解压到 dest
ENV	设置环境变量
EXPOSE	指定容器中的进程监听某个端口，Docker 可以将该端口暴露出来
VOLUME	将文件或目录声明为 volume
WORKDIR	为后面的 RUN、CMD、ENTRYPOINT、ADD 或 COPY 指令设置镜像中的当前工作目录
RUN	在容器中运行指定的命令
CMD	容器启动时运行指定的命令
ENTRYPOINT	设置容器启动时运行的命令

（2）查看 Docker 镜像构建历史

```
$ docker history 镜像 ID
```

（3）本地镜像构建

在项目当前目录执行下面的命令：

```
$ docker build -t 镜像名称:tag
```

（4）镜像克隆

使用 docker commit 命令可以把一个运行中的容器克隆成一个新镜像。

```
$ docker commit 容器 ID 新的容器名称: tag
```

以上简要介绍了 Dockerfile 和镜像构建常用的命令，为后续内容提供了开发基础。然而 Docker 作为一种主流的技术，还有很多其他方面的知识需要进一步探索和学习。由于篇幅有限，本节无法介绍更多与 Docker 相关的知识，如果读者感兴趣，请自行阅读其他资料。

2.2.3　Docker 容器编排

随着 B/S 端技术架构的不断演进，很多应用已经由原来的单体式架构逐渐升级为微服务架构与分布式架构等。对于个人开发者来说，使用 Docker 将应用容器化能够显著提高开发和部署效率，避免环境差异和依赖问题。但在企业生产环境中，随着越来越多的应用被容器化，管理和运维也需要面对更多的问题，如容器的创建、调度、扩展、监控和安全等，而容器编排技术的出现正好成为解决这类问题的关键。

在众多的容器编排工具中，谷歌的 Kubernetes 脱颖而出成为主流。Kubernetes 是在谷歌内部大规模集群管理工具 Borg 之上发展而来的，它实现了容器化应用的自动部署、弹性扩展和管理等，并提供了一套完整的 API 用于对外提供服务。Kubernetes 也是云原生的基石。

如今，越来越多的企业正在使用云原生，弹性可扩展、敏捷开发、持续交付、自动化运维和跨平台等优势让云原生逐渐成为企业的主流选择。数据科学领域经常面对大规模数据存储、数据计算以及模型训练等任务，云原生能够帮助更好地应对数据量变化带来的需求。因此，未来云原生也将成为数据科学领域的最佳实践，大模型应用的开发者也有必要进行关注。

2.3 大语言模型与NLP

人工智能或许是人类最美好的梦想之一。在2016年全球瞩目的围棋大战中，人类以失败告终，当时激起了各种"机器超越、控制人类"的讨论。时隔几年，当2022年11月ChatGPT3.5问世，强大的自然语言处理能力，似乎让人觉得模型在某种程度上能够"理解"人类的语言。本节先简单对自然语言处理的研究任务进行概述，之后介绍自然语言处理应用的传统技术实现路径，最后探讨下大语言模型对传统自然语言处理的影响。

2.3.1 NLP的研究任务

自然语言处理（Natural Language Processing，NLP），是计算机科学和人工智能领域的一个重要子分支，它的目标是让计算机能够像人类一样正确地处理和理解自然语言。但是人类的自然语言丰富多样，包含复杂性、歧义性和情感色彩等，这让NLP的研究常常面临许多挑战。经过众多学者和科学家的努力，如今NLP已经在某些领域取得了一定的成就，而大语言模型的出现更进一步促进了NLP的发展，使其能够在众多商业应用中变得更加简单和准确。

在当前背景下，大语言模型已经成为自然语言领域的主流，但要更好地实现NLP的商业应用落地，熟悉和了解一些NLP的研究任务与技术就显得非常有必要，这是确保NLP应用成功的关键。常见的NLP研究任务见表2-6。

表2-6 常见的NLP研究任务

研究任务	描述
分词	将文本分割成单词、标点符号或标记的过程
词性标注	赋予文本中的词对应的词性标签，如名词、动词、形容词、感叹词等
语法分析	分析文本中句子的语法结构，识别句子成分等
语义分析	分析文本中句子的含义，如情感色彩分析、消除歧义和标注角色等
信息抽取	从文本中提取关键信息，如关系抽取、命名实体识别等
文本分类	将文本标注为不同的类别，如垃圾邮件分类、新闻类别分类等
机器翻译	将一种语言的文本翻译成另一种语言，如英汉互译等
问答系统	根据用户提问可以自动从文本中找到准确答案并回答用户
文本生成	使用算法和模型自动生成文本，如文本摘要、文案润色等
知识图谱	对文本进行知识抽取、知识表示、知识融合和推理

2.3.2 传统 NLP 的技术实现路径

有机器学习相关经验的人都知道，自然语言处理的过程和机器学习过程大体一致，但又存在很多细节上的不同点，我们简单介绍一个典型自然语言处理的基本过程，如图 2-3 所示。

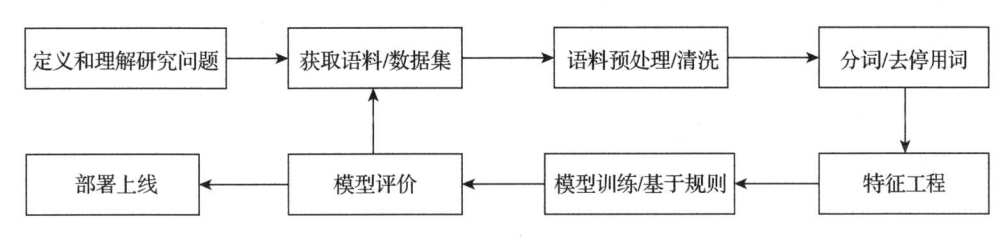

图 2-3 典型自然语言处理的基本过程

（1）定义和理解研究问题

首先深入理解业务，确定研究主题、目标和范围，找到具体要解决的问题，然后再把业务问题转换成一个或者多个自然语言处理可操作的技术问题。

（2）获取语料 / 数据集

语料，即语言材料，是自然语言研究的基本内容，通常把语料的集合称为语料库。按照来源，语料包括已有语料（如企业在业务中积累的大量数据）和网上下载、爬取语料（如下载国内外标准开放数据集，或者使用爬虫定向抓取一些新闻等信息）。

（3）语料预处理 / 清洗

语料预处理，即对语料提前做一些加工、处理和清洗等，也就是在语料中找到我们感兴趣的内容，删除不感兴趣的、被视为噪声的内容，包括对原始文本提取标题、摘要、正文等信息，对爬取的网页内容去除广告、标签、HTML、JS 代码和注释等。

常见的语料预处理方式有：人工去重、对齐、删除、标注、基于规则提取内容、正则表达式匹配、根据词性和命名实体提取、编写脚本或者代码批处理等。

（4）分词 / 去停用词

在进行自然语言处理时，我们希望文本的最小粒度是词或者词语，所以这个时候就需要使用分词工具对文本进行分词。

停用词，一般指对文本特征没有任何作用和意义的字词，比如标点符号、语气、人称等。在一般性的文本处理中，分词接下来的一步就是去停用词。但是对于中文来说，去停用词操作不是一成不变的，停用词词典是由具体场景来决定的，比如在情感分析中，语气词、感叹号是应该保留的，因为它们对表示语气程度、感情色彩有一定的作用和意义。

（5）特征工程

特征工程的目的是考虑如何把分词之后的字和词语表示成计算机能够计算的类型。常见的比如词袋模型、One-hot 编码、Word2Vec 和 Embedding 等。在实际问题中，构造好的特征向量还需要做特征选择，挑选出合适的、表达能力强的特征。

（6）模型训练 / 基于规则

选择好特征向量之后，接下来通常要做的事情就是训练模型，对于不同的应用需求，我们选择不同的模型。传统的机器学习模型包括 KNN、SVM、Naive Bayes、决策树、GBDT、K-means 等模型；深度学习模型包括 CNN、RNN、LSTM 和 Seq2Seq 等模型。

（7）模型评价

模型上线之前要进行必要的评估，目的是让模型对语料具备较好的泛化能力。常用的指标有错误率、精度、准确率、精确度、召回率、F1 衡量等。

（8）部署上线

关于模型部署上线，目前主流的方式是线下训练模型，然后将模型做线上部署，发布成接口服务以供业务系统使用。

以上就是传统 NLP 的技术实现路径。

2.3.3 大语言模型对传统 NLP 的影响

现如今，大语言模型可以在零样本或者少样本的场景下，通过提示词工程轻松完成大部分传统 NLP 的研究任务，且具有较强的泛化能力，这对传统 NLP 的技术实现路径产生了较大的冲击和影响。但大语言模型在使用过程中还是存在一些限制和挑战，由于模型的结构复杂、参数庞大，导致训练时间长、成本高，且生成过程难以理解，可解释性差，以及可能存在幻觉、伦理、安全合规等问题。

所以，使用大语言模型无法解决所有的 NLP 研究任务，传统 NLP 技术在某些特定的领域仍然具有非常重要的作用。未来，我们可以期待传统 NLP 技术和大语言模型相结合，共同推动 NLP 领域的发展。

2.4 小结

本章旨在为读者讲解大语言模型开发所需的基础知识和工程实践经验。首先，本章简要介绍了 Python 编程的基础知识和接口设计与优化的工程实践，并展示了如何使用 Python 构建基于 GPT-3.5 的大模型服务。

接下来，本章介绍了 Docker 容器的常用基础命令，为后面章节使用 Docker 打下基础，并引导读者关注 Docker 和云原生技术的发展趋势。

最后，本章介绍了传统 NLP 的研究任务和技术实现路径，并探讨了大语言模型对传统 NLP 的影响。

PART 2

第二篇

开发技术

本篇涵盖分词技术、词嵌入技术、向量数据库、提示词工程与优化、Hugging Face 入门与开发、LangChain 入门与开发、大语言模型微调，以及大语言模型的部署等内容。这些主题构成了大语言模型应用开发的核心技术体系，掌握这些技术对于深入开发大语言模型至关重要。

CHAPTER 3

第 3 章

分词技术

本章将介绍 NLP 中的分词技术,首先简单介绍分词的基本概念、中英文分词的区别;然后介绍常见的分词算法及原理;最后使用大语言模型进行分词,读者将体验到大语言模型在分词上的优势,为大语言模型在 NLP 中的应用奠定基础。

本章主要涉及的知识点有:
- ❏ 分词:介绍分词的基本概念、中英文分词的区别,以及如何制作词云图。
- ❏ 常见的分词算法:介绍常见的分词算法及原理。
- ❏ 使用大语言模型进行分词:介绍使用大语言模型进行分词的过程。

3.1 分词

本节首先介绍分词的基本概念,然后介绍中英文分词的区别以及常用分词工具,最后展示在数据可视化领域中使用分词制作词云图的案例。

3.1.1 什么是分词

分词,顾名思义就是把一段文本或一句话,分割成一个个有含义的词(Token)或者符号,但这需要一个很重要的前提:分词算法至少能够在文本分割的计算中给每个词一个精确的边界。

在 NLP 中,通过分词可以把文本内容用词袋模型或者词向量表示,进而通过数学计算进行分析和理解,以完成文本分类、情感分析和机器翻译等任务。故分词的准确与否对 NLP 的结果有很大影响,准确的分词能够提供更准确的输入信息,帮助模型更好地理解语义,提高模型的准确性。

过去很多年,网络上大部分与 NLP 相关的内容和资料都是英文的,大多数人接触 NLP 都是先学习了英文的处理方式,然后再应用到中文的处理上。但在实践中却发现,中英文的处理有很大的不同，中文的处理比英文更加复杂。

到目前为止，分词过程中还存在一些难点，比如词是否定义清楚、词的歧义问题、新词的发现问题、方言口语问题以及中英文混合等问题，这些问题严重制约着 NLP 技术的发展。未来 NLP 领域将会从多个角度进行突破，包括更深入的自然语言学研究、更准确的算法建模以及更大规模的语料库资源等。同时，还将结合大语言模型，为 NLP 技术的发展提供更加高效和准确的支持。

3.1.2 英文分词

英文分词，即主要针对英文的分词技术。由于英文天然有空格作为分割符，所以英文分割起来比较简单。但英文单词存在丰富的形态变换，如单复数、动词时态等问题，因此又需要在分词时进行词性还原等操作。

在不考虑标点符号和英文单词形态变化的情况下，使用 Python 的字符串函数 split 就可以简单地进行分词，如下：

```
simple_example = "Tokenization is a crucial step in natural language processing."
simple_tokens = simple_example.split(" ")
print(simple_tokens)
```

输出结果为：

```
['Tokenization', 'is', 'a', 'crucial', 'step', 'in', 'natural', 'language',
    'processing.']
```

但大多数情况下，上面简单的英文单词分割并不能满足工作的需要，这就需要更专业的分词工具。NLTK 是一个专门处理英文文本数据的自然语言处理工具包，包括语料库、词典、训练模型等。下面我们重点介绍下 NLTK 的分词能力。

要使用 NLTK（官网：https://www.nltk.org/api/nltk.html），首先需要进行安装，让我们激活 Python 虚拟环境，并执行下面的命令进行安装：

```
pip install nltk
```

安装完 NLTK 之后，需要使用 NLTK 的数据下载器，除了下载单个数据包之外，还可以下载整个集合（使用"all"），或者仅下载书中示例和练习所需的数据（使用"book"），或者仅下载语料库，而不下载语法或经过训练的模型（使用"全语料库"）。

如果使用交互式安装方式，就需要打开控制台，执行下面的命令：

```
import nltk
nltk.download()
```

此时打开了一个新的窗口，显示 NLTK 下载程序界面，在界面中选择 Models 标签里面的 punkt 进行安装，如图 3-1 所示。

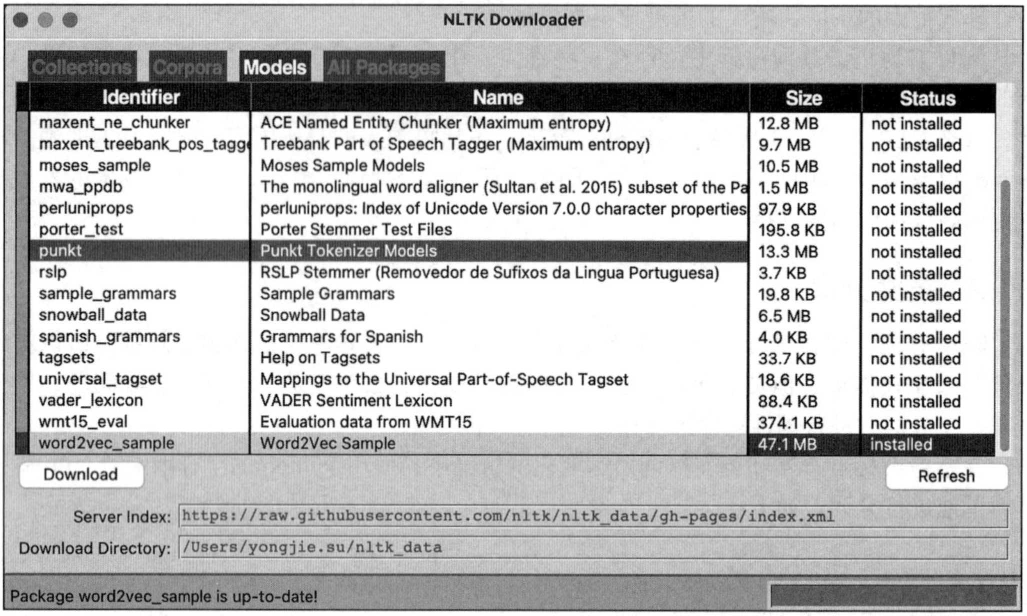

图 3-1 NLTK 下载程序界面

我们还可以直接在交互窗口或者代码中，使用下面的命令进行安装：

```
import nltk
nltk.download('punkt')
nltk.download('stopwords')
```

安装成功之后，我们就可以进行分词了，代码如下：

```
from nltk.tokenize import word_tokenize

nltk_example = "Tokenization is a crucial step in natural language processing."
nltk_tokens = word_tokenize(nltk_example)
print(nltk_tokens)
```

执行分词后，结果如下：

```
['Tokenization', 'is', 'a', 'crucial', 'step', 'in', 'natural', 'language', 'processing', '.']
```

从分词结果可以看出，标点符号也被单独分割出来了。接下来在此基础上过滤停用词，代码如下：

```
from nltk.corpus import stopwords

# 过滤停用词
filtered_tokens = [token for token in nltk_tokens if token not in stopwords.words('english')]
print(filtered_tokens)
```

停用词过滤完成后，结果如下：

```
['Tokenization', 'crucial', 'step', 'natural', 'language', 'processing', '.']
```

从结果来看，is、a 和 in 是停用词，被过滤了，但标点符号却还在。

以上简单介绍了英语分词的特点以及常用的英文分词工具 NLTK。NLTK 是一个功能强大的 NLP 工具包，除了可以进行分词，还支持词性标注、命名实体识别、词干提取以及情感分析等更多文本数据方面的操作，更多详情可以阅读官网上的文档和教程，限于篇幅，本节不再赘述。

3.1.3 中文分词

中文分词是信息检索、搜索引擎和中文 NLP 中使用比较广泛的技术。与英文分词相比，由于中文自身的特殊性和复杂性，中文分词更加复杂和具有挑战性，具体表现在以下几个方面。

- ❑ 没有明确的分隔边界：由于中文的词与词之间没有空格分隔符，因此中文的词与词之间没有明确的边界。
- ❑ 很多词具有歧义性：由于中文的很多词具有一词多义的特点，以及很多字有多个读音，因此当多个字或多个词语组合成句子时，不同的组合常常有不同的含义，这就导致分词具有歧义，增加了分词的困难程度。
- ❑ 中文新词发现问题：随着社会的进步，中文经常出现一些新词或者新网红词，很多文献中也称未登录词。常规的分词如果不补充更多信息或者做特殊处理，常常识别不出来这些新词，导致分词不准确。
- ❑ 方言口语不一致问题：由于中国人口在地域和民族上的多样性，不同地方的人使用不同的方言和口语，这给中文处理带来更大的挑战。
- ❑ 中文词长度不固定：现代汉语里面的字和词是有区别的，单个字不代表一个词，词通常以两个字以及两个字以上的多字词为主，这使得中文分词时需要考虑词的长度。

近些年，中文分词技术已经取得了长足的进步与发展，研究方向从传统的字符匹配法、统计分词方法等逐渐转向基于深度学习、预训练语言模型的方向。一些优秀的第三方分词工具已经被应用在生产实践中，如 Jieba、HanLP、THULAC、IkAnalyzer 和预训练模型等，下面先重点介绍下常用的 Jieba 分词工具。

Jieba 是一个受欢迎程度非常高的 Python 中文分词工具，其开发团队的愿景是：做最好的 Python 中文分词组件。

要使用 Jieba（GitHub：https://github.com/fxsjy/jieba/tree/jieba3k），首先需要进行安装，让我们激活 Python 虚拟环境，并执行下面的命令进行安装：

```
pip install jieba
```

Jieba 可支持 5 种分词模式：

- ❑ 精确模式：精确模式试图将句子最精确地分割开，精确模式也是默认的分词模式。

代码如下：

```
import jieba

sentence = "2023年度十大新词语是：生成式人工智能、全球文明倡议、村超、新质生产力、全国生态日、消费提振年、特种兵式旅游、显眼包、百模大战、墨子巡天。"

accurate_mode_segments = jieba.cut(sentence, cut_all=False, HMM=True)
print(list(accurate_mode_segments))
```

其中，HMM 参数的默认值是 True，表示使用隐马尔可夫模型自动识别新词。结果如下：

['2023', '年度', '十大', '新词语', '是', '：', '生成式', '人工智能', '、', '全球', '文明', '倡议', '、', '村超', '、', '新质', '生产力', '、', '全国', '生态', '日', '、', '消费', '提振年', '、', '特种兵', '式', '旅游', '、', '显眼', '包', '、', '百模', '大战', '、', '墨子', '巡天', '。']

若 HMM 为 False，则执行下面的代码：

```
accurate_mode_segments = jieba.cut(sentence, cut_all=False, HMM=False)
print(list(accurate_mode_segments))
```

结果如下，有些新词被分割成了单字：

['2023', '年度', '十大', '新词语', '是', '：', '生成式', '人工智能', '、', '全球', '文明', '倡议', '、', '村', '超', '、', '新', '质', '生产力', '、', '全国', '生态', '日', '、', '消费', '提', '振', '年', '、', '特种兵', '式', '旅游', '、', '显眼', '包', '、', '百', '模', '大战', '、', '墨子', '巡天', '。']

❑ 全模式：全模式会快速把句子中所有可以成词的词语都扫描出来，但可能存在歧义。代码如下：

```
cut_all_mode_segments = jieba.cut(sentence, cut_all=True)
print(list(cut_all_mode_segments))
```

结果如下：

['2023', '年度', '十大', '新词', '新词语', '词语', '是', '：', '生成', '生成式', '人工', '人工智能', '智能', '、', '全球', '文明', '倡议', '、', '村', '超', '、', '新', '质', '生产', '生产力', '、', '全国', '生态', '日', '、', '消费', '提', '振', '年', '、', '特种', '特种兵', '式', '旅游', '、', '显眼', '包', '、', '百', '模', '大战', '、', '墨子', '巡天', '。']

可以看出，全模式返回了所有可能成词的词语，但会存在重复的字和词语，cut_all 参数的默认值是 False，表示非全模式。

❑ 搜索引擎模式：该模式能够在精确模式的基础上，继续对长词进行分割，提高召回率，非常适用于搜索引擎分词场景。代码如下：

```
search_mode_segments = jieba.cut_for_search(sentence)
print(list(search_mode_segments))
```

结果如下：

['2023', '年度', '十大', '新词', '词语', '新词语', '是', '：', '生成', '生成式', '人工', '智能', '人工智能', '、', '全球', '文明', '倡议', '、', '村超', '、', '新质', '生产', '生产力', '、', '全国', '生态', '日', '、', '消费', '提振年', '、', '特种', '特种兵', '式', '旅游', '、', '显眼', '包', '、', '百模', '大战', '、', '墨子', '巡天', '。']

- 并行模式：并行的原理是将文本按行分隔后，分配到多个进程中进行分词，最后归并结果。代码如下：

```
jieba.enable_parallel(2)
sentence = "2023年度十大新词语是：生成式人工智能、全球文明倡议、村超、新质生产力、全国生态日、消费提振年、" + "\n" + "特种兵式旅游、显眼包、百模大战、墨子巡天。"
accurate_mode_segments = jieba.cut(sentence, cut_all=False)
print(list(accurate_mode_segments))
```

结果如下：

['2023', '年度', '十大', '新词语', '是', '：', '生成式', '人工智能', '、', '全球', '文明', '倡议', '、', '村超', '、', '新质', '生产力', '、', '全国', '生态', '日', '、', '消费', '提振年', '、', '\n', '特种兵', '式', '旅游', '、', '显眼', '包', '、', '百模', '大战', '、', '墨子', '巡天', '。']

- paddle 模式：利用 PaddlePaddle 深度学习框架，训练序列标注（双向 GRU）网络模型实现分词。Jieba 默认会安装 paddlepaddle-tiny。如果要使用 paddle 模式，需要调用 enable_paddle 函数，代码如下：

```
jieba.enable_paddle()
```

Jieba 还支持添加词到词典，这样分词的时候就会把添加的词保留下来，如下：

```
jieba.add_word('生成式人工智能')
jieba.add_word('新质生产力')
```

上面逐个添加词的效率不够高，可以把要添加的词写入一个文件，命名为 user_dict.txt。

Jieba 支持通过 load_userdict() 函数加载自定义词典，代码如下：

```
jieba.load_userdict('user_dict.txt')
```

以上就是关于 Jieba 分词的简要介绍，cut 以及 cut_for_search 返回的结构都是一个可迭代的 Generator，可以使用 for 循环来获得分词后得到的每一个词语。lcut 对 cut 的结果做了封装，l 代表 list，即返回的结果是一个 list 集合。同样地，用 lcut_for_search 也会直接返回 list 集合。

考虑到 Jieba 库代码已经有 4 年多时间未更新了，另一个常用的中文分词库是 cutword，其字典文件根据最新的数据统计得到，且提供两种词典库，一种是基本词库，默认加载；另一种是升级词库，升级词库的总体长度会比基本词库更长一点，如需要加载升级词库，将参数 want_long_word 设为 True 即可。除此之外，cutword 的词频也更加合理，还可以进行命名实体识别，分词速度也比 Jieba 快。

要使用 cutword（GitHub：https://github.com/liwenju0/cutword），首先需要进行安装，让我们激活 Python 虚拟环境，并执行下面的命令进行安装：

```
pip install cutword
```

接下来使用 cutword 配合自定义词典进行分词，代码如下：

```
from cutword import Cutter

if __name__ == '__main__':
    sentence = "2023年度十大新词语是：生成式人工智能、全球文明倡议、村超、新质生产力、全
        国生态日、消费提振年、特种兵式旅游、显眼包、百模大战、墨子巡天。"
    custom_dict_path = "custom_dict.txt"
    """
    用户自定义词典格式：词 \t 词频 \t 词性
    """
    cutter = Cutter(want_long_word=True, custom_dict_path=custom_dict_path)
    segments = cutter.cutword(sentence)
    print(segments)
```

3.1.4 制作词云图

除了在 NLP 中广泛应用外，分词还在数据可视化领域中扮演着重要的角色。其中，利用分词制作词云图也是一种常见的应用场景。

词云图是一种以词频为基础的可视化工具，通过词出现频率的高低排列，与字的大小和颜色搭配，形成一个有视觉冲击力的效果。通过词云图可以快速直观地看到最常用的词语，从而快速捕捉文本的关键信息。这在文本分析、热点话题分析和市场调研中都有广泛的应用。

制作词云图的一般步骤为：文本预处理、分词、去停用词、词频统计、词云图展示。下面我们就来演示，对《生成式大模型安全与隐私白皮书》进行词云图展示。

WordCloud 是在 Python 制作词云图中使用最广泛的工具，使用之前需要先进行安装：

```
pip install wordcloud
```

接下来，按照步骤进行词云图绘制，代码如下：

```
import jieba
from PIL import Image
import numpy as np
from collections import Counter
from wordcloud import WordCloud


def read_text_file(file_path):
    with open(file_path, 'r', encoding='utf-8') as f:
        lines = f.readlines()
        return lines


if __name__ == "__main__":
    # 加载停用词
    stop_words_path = "stopwords.txt"
    stop_words = read_text_file(stop_words_path)
```

```python
stop_words = [stop_word.replace("\n", '') for stop_word in stop_words]
# 加载文档
text_file_path = '生成式大模型安全与隐私白皮书.txt'
lines = read_text_file(text_file_path)
# 分词 并去停用词
segments = []
for line in lines:
    if line == '\n':
        continue
    if len(str(line).strip()) <= 1:
        continue
    line = line.replace('\n', '')
    segs = jieba.lcut(line, cut_all=False)
    # 去停用词
    segs = list(set(segs) - set(stop_words))
    segments.extend(segs)
# 统计，获取分词结果中词列表的 top n
segments = [segment for segment in segments if segment.strip() != '']
result = dict(Counter(segments))
# 绘图
# 加载背景图片
img = Image.open('background.png')
# 将图片变为数组，便于用作词云图形状
img_array = np.array(img)
wordcloud = WordCloud(
    # mask=img_array,  # 设置背景图，上面已经加载
    # 设置字体和大小，这里使用黑体
    font_path="SimHei.ttf",
    # 词云图中词语字号最大值
    max_font_size=80,
    # 词云图中词语字号最小值
    min_font_size=7,
    # 设置词语数量
    max_words=100,
    # 当 max_words 超过总词数，是否使用重复的词语代替
    repeat=True,
    # 设置背景颜色为白色
    background_color="white",
    # 设置宽和高
    width=500,
    height=400
).generate_from_frequencies(result)
# 将词云图保存到
wordcloud.to_file('wordcloud.png')
```

最后，把结果保存在 wordcloud.png 文件中，文件内容如图 3-2 所示。

3.2 常见的分词算法

受分词算法的限制，分词结果的质量直接影响

图 3-2　词云图

自然语言处理的结果。然而，在近些年的技术发展中，分词技术已经取得了长足的发展，开始从基于规则和统计的分词转向基于深度学习和预训练模型的分词，下面介绍一些分词技术的主要发展趋势。

3.2.1 基于规则的分词算法

基于规则的分词算法是早期比较经典的分词算法，其核心思想是建立一个词典，通过字符串匹配规则来确定最终的分词结果，这种方法相对来说比较简单。

所以，在使用基于规则的分词算法进行分词时，需要事先准备一个较大的词典，以尽可能涵盖更多的词，从而减少未登录词的出现。然后，使用一种字符串切分的方法，将待分词的句子与字典中的词进行匹配。如果句子中的某个词与词典中的某个词完全相符，就将该字符串成功匹配出来，形成一个分词结果。

对句子进行切分匹配时，可以选择使用正向或者逆向的切分方向，使用最大匹配或最小匹配的方法来进行切分匹配。这样，可以根据不同的切分方向和匹配方法，得到不同的分词结果。下面介绍几种常见的基于规则的分词算法。

1. 最大匹配法

最大匹配，即按照长度优先的原则与词典中长度尽可能大的词进行匹配。按照切分字符串的方向，最大匹配法又分为正向最大匹配法和逆向最大匹配法。

- 正向最大匹配法（FMM）：从头到尾进行扫描，在切词时，优先与词典中最长的词进行匹配，使得切分结果中的词长度尽可能大而数量尽可能少。正向最大匹配法的优势是切分简单，易于实现，但如果最大长度选取不当，就容易降低分词的准确率。
- 逆向最大匹配法（RMM）：与 FMM 正好相反，每次切分的时候都是从待切分字符串的末尾开始，如果匹配不成功，则去掉最前面的字继续匹配，直到匹配成功。

2. 最小匹配法

最小匹配，也有正向和逆向两种方式。但是在匹配时，会优先与词典中长度最小的词进行匹配，如果匹配失败，再增加字进行匹配。在中文自然语言处理中，由于中文中的一个字也可以作为词，故最小匹配法使用得比较少。

3. 双向匹配法

双向匹配，就是同时执行正向和逆向最长匹配，结合两种算法的优势，来提高分词的准确率。

下面实现一个基于词典的简单分词，代码如下：

```
class SegmentByDictionary:
    def __init__(self):
        self.dictionary = set()
        self.max_length = self.max_word_length()
```

```python
    def max_word_length(self):
        """
        获取词典中最长的词的长度
        :return:
        """
        if len(self.dictionary) < 1:
            return 0
        return max(len(word) for word in self.dictionary)

    def add_word(self, word):
        self.dictionary.add(word)
        self.max_length = self.max_length if self.max_length > len(word) else \
            len(word)

    def union_words(self, words: set):
        temp_max_length = max(len(word) for word in words)
        self.dictionary.update(words)
        self.max_length = self.max_length if self.max_length > temp_max_\
            length else temp_max_length

    def cut_by_ffm(self, text):
        """
        正向最大匹配法
        :param text:
        :return:
        """
        # 结果集
        result = []
        # 定义起始位置
        index = 0
        length = len(text)
        while index < length:
            # 尝试匹配最长的词
            for size in range(self.max_length, 0, -1):
                word = text[index:index + size]
                # print(word)
                if word not in self.dictionary:
                    continue
                result.append(word)
                index += size
        return result

if __name__ == '__main__':
    sbd = SegmentByDictionary()
    sbd.add_word('基于')
    sbd.add_word('中文')
    sbd.union_words({'的', '自然语言处理', '分词', '技术'})
    # 打印词典
    print(sbd.dictionary)
    result = sbd.cut_by_ffm("基于中文的自然语言处理分词技术")
    # 打印分词结果
    print(result)
```

上面基于词典的分词算法代码中，词典支持添加单个词和多个词，并且能够计算出词典中最长的词的长度，最后使用正向最大匹配法进行分词，分词结果如下：

['基于', '中文', '的', '自然语言处理', '分词', '技术']

3.2.2 基于统计的分词算法

在统计机器学习范式下，主流的分词算法有两种，分别是语言模型和序列标注模型。语言模型是一种基于统计的分词算法，可以根据句子的上下文信息，预测出最合理的分词，如被广泛使用的 N-gram 语言模型。序列标注模型是把分词问题转化成一个序列标注问题，通过给每个字打标签，来标注该字是单独的字，还是属于词的某一个位置。常用的序列标注模型有隐马尔可夫模型、最大熵模型和条件随机场模型等。

1. N-gram 语言模型

在统计语言模型中，假设自然语言是一个随机过程，那么构成自然语言的字、词、句子、段落和篇章等都被视为按某种概率随机分布的变量。

假设一个句子 S，由若干个词 $w_1, w_2, \cdots, w_n$ 组成，若它的概率值为 $P(S)$，则可以得到公式：

$$P(S) = P(w_1, w_2, \cdots, w_n) = \prod_{i=1}^{n} P(w_i \mid h_i)$$

其中，$h_i \stackrel{\text{def}}{=} \{w_1, w_2, \cdots, w_{i-1}, w_i, \cdots, w_{n-1}, w_n\}$ 成为 w_i 的上下文。由于考虑所有的上下文信息会导致数据稀疏问题，所以通常只考虑一定范围内的上下文。

在 N-gram 模型中，假设当前词出现的概率只与前面的 $n-1$ 个词相关，与更远的上下文无关。在计算中，通常会引入马尔可夫假设来简化语言模型：

$$P(w_i \mid h_i) = P(w_i \mid w_{i-n+1}, \cdots, w_{i-1})$$

在实际应用中，N-gram 模型有一定局限性。如果 n 过大，模型的参数会随着 n 值的增加呈指数型增长；如果 n 过小，又会导致模型缺少长距离词的上下文信息等问题。所以，目前常用的 N-gram 模型是二元的 Bi-gram 模型和三元的 Tri-gram 模型。

在 Python 中，我们可以自定义创建一个 N-gram 函数，包括 3 个参数，第一个是 num 值，第二个是接收的文本，第三个是支持的语言，最后返回一个包含 n-gram 的列表，代码如下：

```
def n_grams(num, text, language='english'):
    if num < 1:
        raise ValueError(" 不合法的 n 值！ ")
    if text is None or text == '':
        return []
    if language != 'english':
        raise ValueError(' 暂不支持该语言！ ')
    inputs = text.split(' ')
    result = [inputs[i: i + num] for i in range(len(inputs) - num + 1)]
```

```
    return result
```

除了上述的自定义函数，前面讲过的 NLTK 自然语言处理工具包中也提供了现成的方法，代码如下：

```
# nltk 工具包
import nltk
tokens = nltk.word_tokenize(sentence)
bi_grams = nltk.bigrams(tokens)
print(list(bi_grams))
tri_grams = nltk.trigrams(tokens)
print(list(tri_grams))
```

最后结果如下：

```
[('Tokenization', 'is'), ('is', 'a'), ('a', 'crucial'), ('crucial', 'step'),
    ('step', 'in'), ('in', 'natural'), ('natural', 'language'), ('language',
    'processing'), ('processing', '.')]

[('Tokenization', 'is', 'a'), ('is', 'a', 'crucial'), ('a', 'crucial',
    'step'), ('crucial', 'step', 'in'), ('step', 'in', 'natural'), ('in',
    'natural', 'language'), ('natural', 'language', 'processing'), ('language',
    'processing', '.')]
```

2. 隐马尔可夫模型

在 NLP 中，隐马尔可夫模型（HMM）是一种重要的统计学模型。它是一种产生式模型，包含两个随机过程，分别是状态序列和观测序列。状态序列是一个不可观测的随机过程，表示系统内部的状态变化。观测序列是可观测到的随机过程，表示与状态序列相关的观测结果。

隐马尔可夫模型的基本假设是，观测序列的生成过程依赖于对应的状态序列。在使用 HMM 进行序列标注任务时，可以借助 Viterbi 算法，在给定观测序列和模型参数的情况下，寻找最可能的状态序列。

假设 X 和 Y 分别表示观测序列和标记序列，在给定观测序列 X 的条件下，将最可能的状态序列记为 P^*，则：

$$P^* = \arg\max P(Y \mid X) = \arg\max \frac{P(X,Y)}{P(X)}$$

在实际应用中，隐马尔可夫模型被应用在分词、词性标注和语音识别等领域。尽管隐马尔可夫模型因效率高、训练方便而被广泛使用，但其独立假设的前提在利用上下文特征方面仍然有一定的局限性。比如，有监督的隐马尔可夫模型需要大量的人工标注。

在中文分词工具 Jieba 中，默认使用 HMM：

```
jieba.cut(sentence, cut_all=False, HMM=True)
```

hmmlearn 是 Python 实现无监督隐马尔可夫模型的另一个工具，hmmlearn 曾经是 scikit-learn 项目的一部分，现在已独立成单独的 Python 包，可通过 pip 进行安装使用：

```
pip install hmmlearn
```

使用 hmmlearn 可实现的模型包括 CategoricalHMM、GaussianHMM、GMMHMM、MultinomialHMM、PoissonHMM、VariationalCategoricalHMM 和 VariationalGaussianHMM 等。

3. 最大熵模型

由于生成式模型具有一定的局限性，因此条件模型逐渐受到关注，如最大熵模型（MEMM）。最大熵模型是一种常用的序列标注模型，它把标注问题转化成一个条件概率估计问题，并通过最大化熵来选择最优的标注序列。

假设 X 和 Y 分别表示观测序列和输出序列，MEMM 每次计算出最优的 Y_i，然后依次迭代，最后求出最优序列 Y^*。求解最优序列 Y_i^* 的方法如下：

$$Y_i^* = \arg\max P(Y_i | Y_{i-1}, X_i)$$

可以看出，它通过求解局部最优的条件概率来获得最终的条件概率。虽然 MEMM 弥补了 HMM 独立性假设的缺陷，但其自身也存在着标记偏置问题，仍然不能很好地解决本文中的地理名词识别问题。

4. 条件随机场模型

条件随机场模型（CRF）是一个无向图模型，它计算的是全局最优解的条件概率。条件随机场的优势在于，既不需要类似 HMM 的强独立性假设，还克服了 MEMM 标记偏置的缺点，在 NLP 的不同领域都得到了广泛的应用。

3.2.3 基于深度学习的分词算法

传统的机器学习分词算法大部分都依赖人工设计词典和特征工程，需要大量的工作来验证这些特征的有效性，效率比较低。随着深度学习技术的发展，基于神经网络的深度学习算法越来越受欢迎，并被广泛应用在 NLP 中。

常见的基于深度学习的分词算法有以下几种。

1. 基于全卷积神经网络的模型

全卷积神经网络（FCNN）是一种用来处理变长序列数据的深度学习模型。在处理自然语言分词过程中，FCNN 可以将句子中的每个字符作为输入，输出每个字符所属的词语类别，从而完成分词任务。但是该模型的缺点也很明显，它需要大量人工标注的语料数据，且语料的质量严重影响训练的结果。

2. 基于循环神经网络的模型

循环神经网络（RNN）是一种用于处理序列数据的深度学习模型，由于在处理序列数据时具有记忆功能，它可以自适应地提取序列中的特征。尽管循环神经网络可以较好地处理长文本序列，但是其训练过程中可能存在梯度消失或梯度爆炸问题，对模型有一定的影响。

3. 基于长短期记忆的循环神经网络模型

长短期记忆（LSTM）网络是一种循环神经网络，适用于处理和预测时间序列中间隔和延迟相对较长的重要事件，该模型有效解决了循环神经网络（RNN）难以较长时间保持记忆、梯度消失和梯度爆炸的问题。

使用 LSTM 模型处理分词任务时，需要对文本进行向量化处理作为特征表示，常见的文本向量化方法有 One-Hot 编码或者 Embedding 等，LSTM 模型能够有效利用序列的上下文信息和长距离信息进行精准分词。

3.2.4 基于预训练语言模型的分词算法

基于预训练语言模型的分词算法是最近几年发展起来的一种技术，它利用在大规模语料库上预训练的模型来理解和处理文本数据。

一般情况下，预训练语言模型的分词过程包括以下 3 个步骤。

1. 模型预训练

使用大量未标注的文本数据进行模型预训练，目的是学习语言的通用特征，如分布表示和语法结构等。常见的预训练语言模型（BERT、GPT 和 XLNet 等），通常使用 Transformer 架构来学习上下文信息。

2. 分词策略

对于英文等天然具有空格分隔的语言，预训练语言模型通常采用 WordPiece 或 Byte Pair Encoding（BPE）等子词分词机制来处理未知词或罕见词。

对于中文这种没有明显的单词分隔符的语言，分词通常是字符级别的，模型会把每个汉字作为基本单位进行处理，并通过上下文理解其语义。

3. 微调

在预训练完成之后，模型可以在特定任务的标注数据上进行微调（Fine-tuning），使模型满足特定的任务需求，如问答系统、机器翻译、文本分类和情感分析等。

3.3 使用大语言模型进行分词

3.3.1 基于 ChatGPT 服务的分词

借助 2.1.3 节开发的 ChatGPT 服务，下面直接利用 ChatGPT 进行分词，其本质就是提示词的编写，代码如下：

```
url = "http://host:8088/chat"
prompt = "假如你是一个中文自然语言处理的专家，请帮我把下面这段话进行分词，然后返回一个分词结
    果集，需要分词的这段话是：人工智能是最近几年非常热门的计算机技术。"
result = do_post(url, SECRET_KEY, prompt)
logger.info(result)
```

得到用 / 分隔的分词结果：

人工智能 / 是 / 最近 / 几年 / 非常 / 热门 / 的 / 计算机 / 技术 /。

3.3.2 基于本地大语言模型的分词

下面使用基于 BERT 的预训练模型进行分词,我们需要预先安装 HuggingFace 的 Transformers 库(如果对 HuggingFace 的使用不太熟悉,建议先看看第 7 章的内容)。

首先,激活虚拟开发环境,安装 Transformers 库:

```
pip install transformers
```

在 HuggingFace 的模型库中,下载 BERT 模型。BERT 有两个主要的预训练版本,即 BERT-Base-Uncased 和 BERT-Base-Cased。两者之间的区别在于:Uncased 版本是对文本进行小写处理的,而 Cased 版本保留了原始文本的大小写信息。

通常情况下,可以使用 BertTokenizer 构建一个基于 WordPiece 的 BERT 分词器,也可以选择使用通用的分词器 AutoTokenizer,然后通过 from_pretrained 函数加载指定路径的分词器。

```
from loguru import logger
from transformers import BertTokenizer

tokenizer = BertTokenizer.from_pretrained("bert-base-cased")
```

获取分词结果:

```
sentence = "This model is case-sensitive: it makes a difference between english
    and English."
logger.info(f"原始句子: {sentence}")

# 获取分词 Tokens
tokens = tokenizer.tokenize(sentence)
logger.info(f"分词 Tokens: {tokens}")
```

接下来进行编码操作,对分词的结果进行编码,使用 convert_tokens_to_ids 函数将 Token 转换成词典中的 ID 并返回:

```
# 编码: 将 Token 映射为 ID
ids = tokenizer.convert_tokens_to_ids(tokens)
logger.info(f"Tokens 映射为 Ids 的结果: {ids}")
```

同样,可以使用 convert_ids_to_tokens 函数将 ID 转换成词典中的 Token 并返回:

```
# 将 ID 映射为 Token
tokens = tokenizer.convert_ids_to_tokens(ids)
logger.info(f"Ids 映射为 Tokens 的结果: {tokens}")
```

然后进行解码操作,通过 ID 或者 Token 转换成原始的输入:

```
# 解码还原原始句子
new_sentence = tokenizer.decode(ids)
logger.info(f"解码还原原始句子: {new_sentence}")
# 解码还原原始句子
new_sentence = tokenizer.convert_tokens_to_string(tokens)
logger.info(f"解码还原原始句子: {new_sentence}")
```

得到的结果如下:

原始句子: This model is case-sensitive: it makes a difference between english and English.
分词Tokens: ['This', 'model', 'is', 'case', '-', 'sensitive', ':', 'it', 'makes', 'a', 'difference', 'between', 'en', '##gli', '##sh', 'and', 'English', '.']
Tokens映射为Ids的结果: [1188, 2235, 1110, 1692, 118, 7246, 131, 1122, 2228, 170, 3719, 1206, 4035, 23655, 2737, 1105, 1483, 119]
Ids映射为Tokens的结果: ['This', 'model', 'is', 'case', '-', 'sensitive', ':', 'it', 'makes', 'a', 'difference', 'between', 'en', '##gli', '##sh', 'and', 'English', '.']
通过Ids解码还原原始句子: This model is case - sensitive : it makes a difference between english and English.
通过Tokens解码还原原始句子: This model is case - sensitive : it makes a difference between english and English .

对于中文的 BERT 预训练模型,我们下载使用 BERT-Base-Chinese 模型即可,使用方式和 BERT-Base-Cased 一样。虽然 BERT 模型可以用于中文文本处理,但是它通常将中文文本中的每个字符当作一个单独的"词"来处理。

3.4 小结

本章旨在为读者讲解 NLP 中分词的基础知识和工程实践经验。首先,简要介绍了传统中英文分词工具,并利用分词完成词云图的绘制;接下来,简要介绍了分词算法的发展和演变路径,引导读者关注近几年关于预训练模型的分词算法;最后,通过代码实现基于大语言模型的分词,包括基于 ChatGPT 服务的分词和基于本地大语言模型的分词。

CHAPTER 4

第 4 章

词嵌入技术

众所周知，计算机是通过逻辑门电路和数字电路来处理二进制数据的。但在计算机的上层，我们可以使用高级编程语言和软件来以更高级的方式进行数据处理，这使得计算机能够快速、高效地处理各种类型的数据，如文字、图片和音视频等。

在自然语言领域，词嵌入就是一种高级工具，通过词嵌入的方式把自然语言转换成计算机能够计算的数字或向量，从而让计算机理解并进行后续的操作。

本章主要涉及的知识点有：
- 词袋模型：学会构建词袋模型。
- 词向量模型：掌握 2 种常见的词向量模型 One-Hot 和 Word2Vec。
- 大语言模型生成 Embedding：学会使用不同的方式生成 Embedding。
- 大语言模型的 Embedding 应用：通过本章最后的示例，演示 Embedding 的多种使用场景。

4.1 词袋模型

本节首先介绍词袋模型的基本概念和原理，然后介绍如何利用 Python 构建词袋模型，从而从原理和实践上同时掌握词袋模型。

4.1.1 词袋模型的基本概念和原理

词袋模型（Bag of Words，BoW）是一种在自然语言处理和信息检索领域常用的文本表示方法，它将文本转换成一个无序的词汇集合，忽略词之间的语法结构和词序，仅关注每个词在文本中出现的频率（Term Frequency，TF）。

词袋模型的基本原理可以解释为以下几点：
- 对文本进行预处理，包括分词、去除停用词、词干提取或词形还原，将词归一化。

- 统计所有文本中出现的唯一单词，构建词汇表（Vocabulary），词汇表的大小就是特征向量的维度。
- 将每个文本表示为一个向量，其中每个维度对应一个词汇表中的单词。常见的文本向量化方法包括词频（TF）、独热编码（One-Hot）和TF-IDF等。

4.1.2 词袋模型的构建

词袋模型看起来好像一个把所有词都装进去的口袋，但不完全如此。在自然语言处理和信息检索中作为一种简单假设，词袋模型把文本（段落或者文档）看作无序的词汇集合，忽略语法甚至是单词的顺序，直接统计每一个单词，同时计算每个单词出现的次数。它常常被用在文本分类中，如贝叶斯算法、LDA和LSA等。

下面我们分别使用Jieba和Gensim构建词袋模型。

1. Jieba构建词袋模型

首先，引入Jieba分词器、语料和停用词，代码如下：

```
import jieba

def read_text_file(file_path):
    with open(file_path, 'r', encoding='utf-8') as f:
        lines = f.readlines()
        return lines
def get_stop_words(file_path):
    lines = read_text_file(file_path)
    stop_words = [line.replace("\n", '') for line in lines]
    return stop_words
```

接下来，对语料进行分词操作，这里用到lcut()方法：

```
stop_words_path = "stopwords.txt"
stop_words = get_stop_words(stop_words_path)
content = [
    "机器学习推动人工智能的飞速发展。",
    "深度学习使人工智能变得更加强大。",
    "大语言模型让人工智能更加得智能。"
]
# 分词
jieba.add_word('大语言模型')
segments = [jieba.lcut(con) for con in content]
print(segments)
```

得到的分词结果如下：

[['机器', '学习', '推动', '人工智能', '的', '飞速发展', '。'], ['深度', '学习', '使', '人工智能', '变得', '更加', '强大', '。'], ['大语言模型', '让', '人工智能', '更加', '得', '智能', '。']]

因为中文语料里面带有停用词和标点符号，所以要先去除停用词和标点符号：

```
tokenizeds = [[word for word in segment if word not in stop_words] for segment
    in segments]
```

```
print(tokenizeds)
```

去除停用词和标点符号之后，得到结果如下：

```
[['机器', '学习', '推动', '人工智能', '飞速发展'], ['深度', '学习', '人工智能',
'变得', '强大'], ['大语言模型', '人工智能', '智能']]
```

接下来的操作就是把所有的分词结果放到一个袋子里面，取并集，去重，最后得到对应的特征词。

```
bag_of_words = list(set([word for words in tokenizeds for word in words]))
print(bag_of_words)
```

得到的特征词结果如下：

```
['深度', '飞速发展', '变得', '强大', '人工智能', '学习', '推动', '大语言模型',
'智能', '机器']
```

接着按照特征词的顺序，构建词袋向量：

```
bag_of_word2vec = [[1 if token in tokenized else 0 for token in bag_of_words]
                    for tokenized in tokenizeds]
print(bag_of_word2vec)
```

得到的词袋向量如下：

```
[[0, 1, 0, 0, 1, 1, 1, 0, 0, 1], [1, 0, 1, 1, 1, 1, 0, 0, 0, 0], [0, 0, 0, 0,
1, 0, 0, 1, 1, 0]]
```

以上就是利用 Jieba 模拟构建词袋模型的过程，代码中多次用到列表推导式，在 Python 中列表推导式的效率比 for 循环要高很多，尤其在数据量大的时候效果更明显，建议多使用列表推导式。

2. Gensim 构建词袋模型

Gensim（Generate Similar）是一个开源的、专门用于自然语言处理的 Python 库，内置了很多算法（包括 Word2Vec、FastText 和 LDA 等），这些算法都是无监督的。

Gensim 在学术界和工业界都有广泛应用，包括主题建模、文档相似度计算和词嵌入等，下面介绍使用 Gensim 的 bag-of-words 向量模型。

在使用 Gensim 之前，先要进行安装：

```
pip install gensim
```

然后载入原始文本，使用 Jieba 进行分词，并去停用词：

```
import jieba
from gensim import corpora

stop_words_path = "stopwords.txt"
stop_words = get_stop_words(stop_words_path)
content = [
    "机器学习推动人工智能的飞速发展。",
```

```
            "深度学习使人工智能变得更加强大。",
            "大语言模型让人工智能更加得智能。"
]
# 分词
jieba.add_word('大语言模型')
segments = [jieba.lcut(con) for con in content]
print(segments)
# 去停用词
tokenizeds = [[word for word in segment if word not in stop_words] for
    segment in segments]
print(tokenizeds)
```

接下来,使用 Gensim 中的 Corpus 的 Dictionary 把单词和 ID 进行映射,并保存词典为 result.dict 文件。其中,Corpus 是 Gensim 中用于存储文本语料的数据结构。

```
# 映射 ID
dictionary = corpora.Dictionary(tokenizeds)
# 保存词典
dictionary.save('result.dict')
print(dictionary)
```

这时我们得到的结果不全,但通过提示信息可知共有 10 个独立的词:

```
Dictionary<10 unique tokens: ['人工智能', '学习', '推动', '机器', '飞速发
    展']...>
```

那我们如何查看所有词呢?通过下面的方法,可以查看到所有词和对应的下标:

```
# 查看词典和下标 ID 的映射
print(dictionary.token2id)
```

得到的结果如下:

```
{'人工智能': 0, '学习': 1, '推动': 2, '机器': 3, '飞速发展': 4, '变得': 5, '强
    大': 6, '深度': 7, '大语言模型': 8, '智能': 9}
```

根据结果,我们同样可以得到词袋模型的特征向量。这里顺带提一下函数 doc2bow(),它的作用是计算每个不同单词的出现次数,将单词转换为其整数单词的 ID 并将结果作为稀疏向量返回。

```
corpus = [dictionary.doc2bow(segment) for segment in segments]
print(corpus)
```

得到的稀疏向量结果如下:

```
[[(0, 1), (1, 1), (2, 1), (3, 1), (4, 1)], [(0, 1), (1, 1), (5, 1), (6, 1), (7,
    1)], [(0, 1), (8, 1), (9, 1)]]
```

4.2 词向量模型

深度学习带给 NLP 最令人兴奋的突破是词向量(Word Embedding)技术。在 NLP 应用中,词向量技术将词语转化成稠密向量,然后作为机器学习、深度学习模型的特征进行输

入。因此，最终模型的效果很大程度上取决于词向量的效果。

随着深度学习技术的发展，Embedding 技术得到了广泛的应用和长足的发展，涌现出一批重要的嵌入算法，如 One-Hot、Word2Vec 等。

4.2.1 One-Hot 编码

One-Hot 编码，也称为独热编码，是一种在数据科学和机器学习中常见的算法，目的是把类别型变量转换成一种算法可以进行计算的格式。通常类别型变量都被转换成一个二进制的向量，只有一个位置是 1，其余位置都是 0。

在 NLP 中经常对字词进行独热编码。比如，在下面的例子中，大数据、云计算、机器学习、深度学习和大语言模型各对应一个向量，向量中只有一个值为 1，其余都为 0。

```
大  数  据    [1,0,0,0,0]
云  计  算    [0,1,0,0,0]
机 器 学习    [0,0,1,0,0]
深 度 学习    [0,0,0,1,0]
大语言模型    [0,0,0,0,1]
```

要生成 One-Hot 编码有很多种方式，下面我们介绍几种常用的 One-Hot 编码的生成方法，先准备数据集：

```
# 准备数据集
data = ['大数据', '云技术', '机器学习', '深度学习', '大语言模型']
df = pd.DataFrame({'人工智能技术': data})
```

第一种方法：使用 Pandas 里面的 get_dummies 函数，该函数默认返回的是布尔类型的值，即 True 或 Flase。如果想返回 int 类型的 0 或 1，需要将参数 dtype 设置为 int。

```
import pandas as pd
def get_dummies(dataframe: pd.DataFrame):
    dummies = pd.get_dummies(dataframe['人工智能技术'], prefix='人工智能技术',
        dtype=int)
    return dummies
```

第二种方法：利用 Pandas 创建的 Dataframe 的 apply 函数，自定义生成 One-Hot 编码。

```
import pandas as pd
def get_one_hot_by_apply(dataframe: pd.DataFrame):
    one_hot_df = pd.DataFrame()
    col_name = '人工智能技术'
    for value in dataframe[col_name].unique():
        new_col = f'{col_name}_{value}'
        one_hot_df[new_col] = dataframe['人工智能技术'].apply(lambda x: 1 if x
            == value else 0)
    return one_hot_df
```

第三种方法：利用 Pytorch 的 functional 函数生成 One-Hot 编码。

```
import torch
from torch.nn import functional
```

```python
def get_one_hot_by_pytorch(items: list):
    # 为每个类别创建一个唯一的索引（整数）
    item_to_index = {item: index for index, item in enumerate(items)}
    # 将标签字符串转换为对应的整数索引
    labels_indices = torch.tensor([item_to_index[item] for item in items])
    # 使用 PyTorch 的 functional.one_hot 生成 One-Hot 编码
    one_hot = functional.one_hot(labels_indices, num_classes=len(data))
    # 默认返回 LongTensor 类型
    # 返回 ndarray 类型: one_hot.numpy()
    # 返回 list 类型: one_hot.numpy().tolist()
    return one_hot
```

在 NLP 的实际应用中，One-Hot 编码由于具有可以消除词语的数值意义、保持词语的独立性等优点而被广泛应用。

然而，One-Hot 编码也存在一些潜在的问题和局限性：

❑ 词语编码是随机的，向量之间相互独立，看不出词语之间可能存在的关联关系，可能会造成一些信息的丢失。

❑ 向量维度的大小取决于语料库中词语的多少，如果将语料库包含的所有词语对应的向量合为一个矩阵的话，那这个矩阵就过于稀疏，并且会造成维度灾难。

为了解决这些问题，可以考虑使用其他类型的编码策略，比如 Word2Vec 可以将 One-Hot 编码转化为低维度的连续值，也就是稠密向量，并且其中意思相近的词也将被映射到向量空间中相近的位置。经过降维后，在二维空间中，相似的单词在空间中的距离也很接近。

4.2.2 Word2Vec 模型

Word2Vec 是谷歌团队于 2013 年推出的一种基于神经网络的技术，使用稠密向量来表示每一个词，自提出后被广泛应用在 NLP 任务中，并且受到它的启发，后续出现了更多形式的词向量模型，如 Doc2Vec 等。

Word2Vec 主要包含两种模型：Skip-Gram 和 CBOW。值得一提的是，Word2Vec 的词向量可以较好地表达不同词之间的相似和类比关系。

下面我们使用 Gensim 库来创建 Word2Vec 模型。在开始之前，先通过下面的命令来安装 Gensim 库：

```
pip install gensim
```

首先，我们抓取一些关于黄河和长江的语料，然后借助 Jieba 工具进行分词和去停用词：

```
import jieba

stop_words_path = "stopwords.txt"
stop_words = get_stop_words(stop_words_path)
sentences = [
    "这部电影非常精彩，剧情好看，演员非常出色。"
]
# 分词
```

```
segments = [jieba.lcut(sentence) for sentence in sentences]
# 去停用词
tokenizeds = [[word for word in segment if word not in stop_words] for segment
    in segments]
```

然后就可以使用 gensim.models 库中的 Word2Vec 对象来创建 Word2Vec 模型了。

```
model = Word2Vec(
    tokenizeds,
    sg=1,
    vector_size=20,
    window=5,
    min_count=1,
    hs=1
)
```

对 Word2Vec 中的部分参数解释如下：
- sg = 1 表示使用 Skip-Gram 算法，其他值表示使用 CBOW 算法，默认 sg = 0。
- vector_size 表示词向量的维度。
- window 表示句子中当前词和预测词之间的最大距离。
- min_count 表示总频率小于此值的所有词会被忽略。
- hs = 1 表示模型训练将使用分层 softmax，否则模型将不使用分层 softmax。

关于 Word2Vec 更多参数的解释可查看源代码注释。

使用 save 方法可以将模型保存在本地，使用 load 方法可以将模型从本地加载。

```
# 保存模型
model.save('word2vec.model')
# 加载模型
model = Word2Vec.load('word2vec.model')
```

如果要查看某一个特定词的词向量，可以使用如下方式：

```
embedding = model.wv['精彩']
print(embedding)
```

得到一个大小为 20 的词向量：

```
[-0.00428278  0.01413282  0.02700714  0.03526328 -0.02851561  0.0092941
  0.03044432 -0.02399025 -0.0155363   0.03398815  0.00815738  0.00094959
  0.01736819  0.00108889  0.04809413  0.02530302 -0.04458695 -0.0352078
  0.00450728  0.03196267]
```

如果要计算和某一个词最相似的前 n 个词，可以使用 wv.most_similar 方法：

```
most_similar = model.wv.most_similar("精彩", topn=3)
print(most_similar)
```

得到与"精彩"最相似的前 3 个词分别是"好看""出色"和"这部"：

```
[('好看', -0.0071847583167254925), ('出色', -0.06502574682235718), ('这部',
    -0.070211715599626541)]
```

如果要计算某两个词的相似度，可以使用 wv.similarity 方法：

```
similarity = model.wv.similarity('精彩', '精彩')
print(f"相似度是: {similarity}")
```

计算"精彩"与"精彩"的相似度，结果是 1.0：

```
相似度是: 1.0
```

4.3 大语言模型生成 Embedding

　　Embedding 是把自然语言或代码等内容表示成数字序列的过程。Embedding 使机器学习模型和其他算法可以轻松理解内容之间的关系并执行聚类或检索等任务。

　　在大语言模型快速发展的背景下，Embedding 也得到了进一步的改进和发展，BERT 和 GPT 等大语言模型可以生成上下文相关的 Embedding 表示，这些 Embedding 可以更好地捕捉单词的语义和上下文，它们为 ChatGPT 和 Assistants API 中的知识检索等应用程序以及许多检索增强生成（RAG）开发工具提供支持。Embedding 示意如图 4-1 所示。

图 4-1　Embedding 示意图

　　大语言模型生成 Embedding 有很多种方式，下面介绍工程中常用的几种方式。

4.3.1 使用 ChatGPT 生成 Embedding

　　根据 OpenAI 官网的介绍，2022 年 12 月，OpenAI 推出 text-embedding-ada-002 取代了之前用于文本搜索、文本相似性计算的独立模型，并且在大多数任务上，新模型的效果都优于之前最强大的模型"Davinci"，同时价格也降低了 99.8%。

　　text-embedding-ada-002 模型的改进，主要有以下几点优势：

- ❑ 更强的性能：在文本搜索、代码搜索和句子相似性计算任务上的表现优于所有旧的模型。
- ❑ 模型的统一：把 text-similarity、text-search-query、text-search-doc、code-search-text、code-search-code 5 个独立的模型合并成了一个新的模型。
- ❑ 支持更长的上下文：支持的上下文从 2048 扩大到 8192，增长了 4 倍，使得处理长文档更加方便。
- ❑ 较小的嵌入尺寸：现在的嵌入尺寸是原来嵌入尺寸的 12.5%，只有 1536 个维度，使用向量数据库更加具有成本优势。

　　text-embedding-ada-002 对于 NLP 和代码任务来说是一个非常强大的工具，但是也存在一些局限性，如在一些线性探测分类任务上的表现并不出色。

　　下面使用 ChatGPT 的 text-embedding-ada-002 模型创建输入文本的 Embedding 向量。

首先需要安装 openai 库，激活虚拟环境后，执行如下命令：

```
pip install openai
```

使用 OpenAI 对象创建客户端 client，使用 embeddings.create 方法创建词向量，代码如下：

```python
from openai import OpenAI

OPENAI_API_BASE = ""
OPENAI_API_KEY = "sk-xxx"
if OPENAI_API_BASE is None or OPENAI_API_BASE == "":
    OPENAI_API_BASE = f"https://api.openai.com/v1"
client = OpenAI(
    base_url=OPENAI_API_BASE,
    api_key=OPENAI_API_KEY
)

if __name__ == "__main__":
    response = client.embeddings.create(
        input="输入的文本内容",
        model="text-embedding-ada-002"
    )
    # print(response.model_dump_json())
    embedding = response.data[0].embedding
    print(embedding)
```

根据返回值 response 可以看出，response 的 data 中包含了 Embedding 结果、模型信息和提示词使用的 Token 个数，结果如下：

```
{
    "data": [
        {
            "embedding": [
                -0.010814209468662739,
                -0.0034831895027309656,
                0.0016322025330737233,
                ...
                0.011710184626281261,
                -0.01625256985425949
            ],
            "index": 0,
            "object": "embedding"
        }
    ],
    "model": "text-embedding-ada-002",
    "object": "list",
    "usage": {
        "prompt_tokens": 5,
        "total_tokens": 5
    }
}
```

2024 年 1 月 26 日，OpenAI 宣布引入两种新的嵌入模型：一个更小、更高效的 text-embedding-3-small 模型，以及一个更大、更强的 text-embedding-3-large 模型。

text-embedding-3-small 模型具有以下优势：
- 性能更强：模型在英语和多语言检索任务中的平均得分均有一定程度的提升。
- 减价：text-embedding-3-small 比上一代模型 text-embedding-ada-002 更加高效。因此，text-embedding-3-small 的价格也降低了 80%，从 $0.0001/1000 个 Token 降至 $0.00002/ 1000 个 Token。

text-embedding-3-large 模型具有以下优势：
- text-embedding-3-large 是性能最佳的新模型。相比 text-embedding-ada-002，text-embedding-3-large 在 MIRACL 上的平均得分从 31.4% 提高到 54.9%，而在 MTEB 上，平均得分从 61.0% 提高到 64.6%。
- text-embedding-3-large 的定价为 $0.00013/1000 个 Token，比原模型的价格更低。

4.3.2 使用 Text2Vec 生成 Embedding

在 HuggingFace 网站上下载 shibing624/text2vec-base-chinese 模型，接下来我们使用本地模型生成 Embedding。

Text2Vec（Text to Vector）是一种文本向量化工具，能把文本（包括词、句子、段落）表征为向量矩阵。它实现了 Word2Vec、RankBM25、BERT、Sentence-BERT、CoSENT 等多种文本表征、文本相似度计算模型，并在文本语义匹配（相似度计算）任务上比较了各模型的效果。

使用 Text2Vec 之前，先用下面的命令进行安装：

```
pip install -U text2vec
```

然后生成 Embedding，代码如下：

```python
from text2vec import SentenceModel, EncoderType

def get_embedding_by_text2vec(
        model_name_or_path, encoder_type=EncoderType.MEAN, max_seq_length=256,
            device="cpu"):
    model = SentenceModel(
        model_name_or_path=model_name_or_path,
        encoder_type=encoder_type,
        max_seq_length=max_seq_length,
        device=device
    )
    return model

if __name__ == '__main__':
    model_name = "shibing624_text2vec-base-chinese"
    model = get_embedding_by_text2vec(model_name)
    embedding = model.encode("这是单条文本的例子。")
    print(embedding)
```

```
embeddings = model.encode(["这是多文本例子的第一条。", "这是多文本例子的第二条。"])
print(embeddings)
```

4.3.3 使用 sentence-transformers 生成 Embedding

sentence-transformers 提供了一种简单的方法来计算句子、段落和图像的密集向量表示，可以完成句子词向量计算、文本相似度计算、语义搜索和文本摘要等多种任务。

使用 sentence-transformers 之前，先用下面的命令进行安装：

```
pip install -U sentence-transformers
```

然后生成 Embedding，代码如下：

```
from sentence_transformers import SentenceTransformer

def get_embedding_by_sentence_transformers(model_name):
    model = SentenceTransformer(model_name_or_path=model_name)
    return model

if __name__ == '__main__':
    model_name = "shibing624_text2vec-base-chinese"
    model = get_embedding_by_sentence_transformers(model_name)
    embedding = model.encode("这是单条文本的例子。")
    print(embedding)
    embeddings = model.encode(["这是多文本例子的第一条。", "这是多文本例子的第二条。"])
    print(embeddings)
```

4.3.4 使用 Transformers 库生成 Embedding

HuggingFace 的 Transformers 库是围绕 HuggingFace Hub 构建的项目，提供了数千个预训练模型来执行不同模式（如文本、音频和视觉）的任务，可以应用在文本分类、信息提取、文本摘要、翻译、文本生成、图片识别、语音识别和音频分类等任务中。

使用 sentence-transformers 之前，先用下面的命令进行安装：

```
pip install -U transformers
```

然后生成 Embedding，代码如下：

```
import torch
from transformers import BertTokenizer, BertModel

# 计算平均池化函数。这个函数将模型输出和注意力掩码作为输入，使用平均池化的方式计算句子的嵌入
#   向量。
def mean_pooling(model_output, attention_mask):
    # model_output 的第一个元素包含所有的标记嵌入向量
    token_embeddings = model_output[0]
    input_mask_expanded = attention_mask.unsqueeze(-1).expand(token_
        embeddings.size()).float()
    return torch.sum(token_embeddings * input_mask_expanded, 1) / torch.
        clamp(
```

```
        input_mask_expanded.sum(1), min=1e-9)

if __name__ == "__main__":
    # 从 HuggingFace Hub 下载到本地的模型路径
    model_name = "shibing624_text2vec-base-chinese"
    # 使用 BertTokenizer 加载预训练的 BERT 分词器,用于对输入的句子进行分词。
    tokenizer = BertTokenizer.from_pretrained(model_name)
    # 然后使用 BertModel 加载预训练的 BERT 模型。
    model = BertModel.from_pretrained(model_name)
    # 准备输入的句子
    sentences = ['这是多文本例子的第一条。', '这是多文本例子的第二条。']

    # 使用分词器对句子进行分词处理,并进行填充和截断等预处理,返回编码后的输入。
    encoded_input = tokenizer(sentences, padding=True, truncation=True,
        return_tensors='pt')
    print(encoded_input)
    # 生成嵌入向量
    with torch.no_grad():
        model_output = model(**encoded_input)
    # 使用 mean_pooling 函数,将模型输出和注意力掩码作为输入,计算句子的嵌入向量。
    sentence_embeddings = mean_pooling(model_output, encoded_input['attention_
        mask'])
    print(sentence_embeddings)
```

4.3.5 统计输入文本的 Token 数

tiktoken 是 OpenAI 开源的一个快速分词工具,它可以将一个文本字符串和一个编码(如 cl100k_base)作为输入,然后将字符串拆分为标记列表。

由于 ChatGPT 使用 Token 表示文本和进行计价,了解文本字符串中有多少 Token 可以帮助我们判断输入的字符串是否超过大语言模型的限制,以及可以统计调用 ChatGPT 的费用。

先使用 tiktoken 之前,先用下面的命令进行安装:

```
pip install -U tiktoken
```

先使用 tiktoken.encoding_for_model() 方法,自动加载给定模型名称对应的正确编码,然后使用 encode() 方法将文本字符串转换为标记整数列表:

```
import tiktoken

def encoding_for_model(text: str, model_name="gpt-3.5-turbo"):
    """
    使用 tiktoken.encoding_for_model() 方法,自动加载给定模型名称对应的正确编码。
    :param text:
    :param model_name:
    :return:
    """
    encoding = tiktoken.encoding_for_model(model_name)
    return encoding.encode(text)
```

使用 decode() 方法将标记整数列表转换为字符串：

```
def decoding_for_model(ids: list, model_name="gpt-3.5-turbo"):
    encoding = tiktoken.encoding_for_model(model_name)
    return encoding.decode(ids)
```

Token 的个数可以通过 encode() 方法返回的列表长度计算得到：

```
def num_tokens_from_string(text: str, encoding_name="cl100k_base") -> int:
    """
    返回输入文本的 Token 个数
    第二代嵌入模型，如 text-embedding-ad-002，请使用 cl100k_base 编码。
    :param text: 输入的文本内容
    :param encoding_name: 默认编码器：cl100k_base
    :return:
    """
    encoding = tiktoken.get_encoding(encoding_name)
    return len(encoding.encode(text))
```

下面进行测试，代码如下：

```
if __name__ == '__main__':
    # 文本字符串转换为标记整数列表
    text = "Hello OpenAI"
    ids = encoding_for_model(text)
    print(ids)
    # 标记整数列表转换成文本
    text = decoding_for_model(ids)
    print(text)
    # 统计 Token 的个数
    num_tokens = num_tokens_from_string(text)
    print(num_tokens)
```

测试结果如下：

```
[9906, 5377, 15836]
Hello OpenAI
3
```

4.4 大语言模型的 Embedding 应用

大语言模型的 Embedding 通常在许多场景中被广泛使用。Embedding 是将词语或其他形式的输入转换为向量表示的技术，它在 NLP 任务和其他机器学习任务中发挥着重要作用。以下是一些常见的应用场景。

- ❑ 文本分类：在文本分类任务中，Embedding 可以将文本数据转换为密集的向量表示，从而提供更好的特征表示，有助于分类器更好地理解文本内容。
- ❑ 文本生成：在文本生成任务中，Embedding 可以将输入的文本序列转换为连续的向量表示，使得模型能够更好地预测下一个词或字符，从而生成连贯的文本。
- ❑ 语义相似度计算：Embedding 可以捕捉词语之间的语义关系，使得模型能够计算词语或文本之间的相似度，从而用于搜索引擎、推荐系统等领域。
- 命名实体识别：Embedding 可以帮助模型更好地识别文本中的命名实体，如人名、地名、组织机构等，提高实体识别的准确性。
- 机器翻译：在机器翻译任务中，Embedding 可以将源语言和目标语言的词语进行向量化表示，有助于模型学习语言之间的对应关系，从而实现准确的翻译。

4.4.1 Embedding 数据集准备

下面将以亚马逊美食评论数据集为例，介绍一些常用的案例。该数据集包含截至 2012 年 10 月亚马逊用户留下的总共 568 454 条食品评论。

首先从 Kaggle 网站上下载数据集 Reviews.csv，然后获取其中的前 1000 条数据，并保存在文件 Reviews_head_1000.csv 中。

```
import pandas as pd
file_name = "Reviews.csv"
df = pd.read_csv(file_name)
df_sub = df.head(1000)
df_sub.to_csv('Reviews_head_1000.csv', index=False, header=True)
```

从 HuggingFace 下载 jina-embeddings-v2-base-en 作为英文的向量模型，并自定义一个 EnglishEmbeddingLoader 类用来生成英文评论的 Embedding，向量大小为 768。

```
from transformers import AutoModel

class EnglishEmbeddingLoader:
    def __init__(self, model_name):
        self._model_name = model_name
        self.model = self.load_model()

    def load_model(self):
        return AutoModel.from_pretrained(self._model_name, trust_remote_
            code=True)

    def get_embedding(self, sentence, max_length=768):
        sentence = sentence.strip().replace("\n", "")
        embedding = self.model.encode(sentence, max_length=max_length)
        return list(embedding)
```

加载 Reviews_head_1000.csv 文件，并生成句子的 Embedding，最后把结果保存在 Reviews_embeddings.csv 文件中。

```
import pandas as pd

# Reviews_head_1000.csv 文件是 Reviews.csv 的前 1000 行小数据集
file_name = "Reviews_head_1000.csv"
# 载入数据
df = pd.read_csv(file_name)
model_name = 'jinaai:jina-embeddings-v2-base-en'
en_embd_loader = EnglishEmbeddingLoader(model_name)
```

```
df['ada_embedding'] = df['Text'].apply(lambda line: en_embd_loader.get_
    embedding(line))
df.to_csv('Reviews_embeddings.csv', index=False, header=True)
```

以上，我们就完成了前 1000 行评论数据的 Embedding 生成。

4.4.2 Embedding 数据 2D 可视化

首先引入需要的依赖库。

```
import pandas as pd
import numpy as np
from sklearn.manifold import TSNE
import matplotlib.pyplot as plt
import matplotlib
```

使用 Pandas 加载 Reviews_embeddings.csv 文件，并转换成一个大小为 [1000,768] 的矩阵。

```
df = pd.read_csv('Reviews_embeddings.csv')
matrix = np.array(df.ada_embedding.apply(eval).to_list())
```

由于生成的向量是 768 维的，如果要进行 2D 可视化，需要先进行降维操作，使用 t-SNE 模型把数据转化成 2 维，生成一个大小为 [1000,2] 的矩阵。

```
model=TSNE(n_components=2, perplexity=15, random_state=42, init='random',
    learning_rate=200)
vis_dims = model.fit_transform(matrix)
```

由于评论数据的得分为 1～5 分，因此将评论数据定义为 5 类，然后绘制可视化散点图。

```
colors = ["red", "darkorange", "gold", "blue", "darkgreen"]
x = [x for x, _ in vis_dims]
y = [y for _, y in vis_dims]
color_indices = df.Score.values - 1
colormap = matplotlib.colors.ListedColormap(colors)
plt.scatter(x, y, c=color_indices, cmap=colormap, alpha=0.3)
plt.savefig("2D 结果 .png")
plt.show()
```

4.4.3 Embedding 中文相似度计算

相似度计算是 NLP 场景中的一种任务方式，而生成中文的 Embedding 需要中文向量模型。

从 HuggingFace 下载 bge/bge-base-zh 作为中文的向量模型，并自定义一个名称为 ChineseEmbeddingLoader 的类用来生成中文的 Embedding。

```
import torch
from numpy.linalg import norm
from transformers import BertTokenizer, AutoModel
```

```python
# 计算平均池化函数。这个函数将模型输出和注意力掩码作为输入，使用平均池化的方式计算句子的嵌入向量。
def mean_pooling(model_output, attention_mask):
    # model_output 的第一个元素包含所有的标记嵌入向量
    token_embeddings = model_output[0]
    input_mask_expanded = attention_mask.unsqueeze(-1).expand(token_
        embeddings.size()).float()
    return torch.sum(token_embeddings * input_mask_expanded, 1) / torch.
        clamp(
        input_mask_expanded.sum(1), min=1e-9)

class ChineseEmbeddingLoader:
    def __init__(self, model_name):
        self._model_name = model_name
        self.model = self.load_model()
        self.tokenizer = self.load_tokenizer()

    def load_model(self):
        return AutoModel.from_pretrained(self._model_name, trust_remote_
            code=True)

    def load_tokenizer(self):
        return BertTokenizer.from_pretrained(self._model_name)

    def get_embedding(self, sentence):
        sentence = sentence.strip().replace("\n", "")
        encoded_input = self.tokenizer(sentence, padding=True,
            truncation=True, return_tensors='pt')
        model_output = self.model(**encoded_input)
        embedding = mean_pooling(model_output, encoded_input['attention_
            mask'])
        return embedding
```

想进行相似度的计算，需要先进行相似度的度量，通常选择余弦相似度。

```python
def cos_sim_distance(a, b):
    cos_sim = (a @ b.T) / (norm(a) * norm(b))
    return cos_sim
```

"这部电影故事情节很精彩。"和"这部电影制作得非常专业。"两个句子的相似度值是0.8631524。

```python
model_name = 'bge/bge-base-zh'
chinese_embd_loader = ChineseEmbeddingLoader(model_name)
a = chinese_embd_loader.get_embedding("这部电影故事情节很精彩。")
b = chinese_embd_loader.get_embedding("这部电影制作得非常专业。")
a = a.detach().numpy()
b = b.detach().numpy()
cos_sim = cos_sim_distance(a, b)
print(cos_sim)
```

4.5 小结

本章旨在为读者介绍自然语言处理中词嵌入技术的基础知识和工程实践经验。首先，简要介绍了词袋模型的基本概念和原理、传统中英文词袋模型的构建，并介绍了两种词向量模型 One-Hot 编码和 Word2Vec 模型；接下来，通过案例演示大语言模型通过多种方式生成 Embedding 的过程；最后，通过案例介绍几个 Embedding 的常见应用场景。

CHAPTER 5

第 5 章

向量数据库

随着 ChatGPT 的发展，向量数据库也逐渐成为大语言模型开发的主流中间件。向量数据库具备数据读写能力，同时具备向量检索的能力，被广泛应用在各种场景中。本节将深入讨论如何有效地使用向量数据库。

本章主要涉及的知识点有：

❑ 向量数据库简介：了解向量数据库的缘起、特点、与传统数据库的区别，以及应用场景。
❑ 向量数据库的原理：介绍了向量距离的几种度量方式和常见的相似度搜索算法。
❑ 向量数据库的应用：以矢量数据库 FAISS 为例简单介绍向量数据库的应用。

5.1 向量数据库简介

本节首先简单介绍向量数据库的缘起，然后介绍向量数据库的特点，以及向量数据库与传统数据库的异同点，最后介绍向量数据库的常见应用场景。

5.1.1 向量数据库的缘起

随着互联网的快速发展，人们对数据存储的需求日益增加，数据库技术也在不断演进。由于非结构化数据的爆炸式出现，很多场景下，仅仅依靠传统的关系型数据库已经不能满足日益复杂的数据处理需求，因此新型数据库技术，如 NoSQL、图数据库和向量数据库应运而生。

尽管 NoSQL、图数据库等的出现在一定程度上填补了关系型数据库无法满足的领域，但是在机器学习和人工智能飞速发展的今天，在高维向量计算和检索等场景下，向量数据库具有更明显的优势。

向量数据库并不是最近两年才出现的新鲜事物，而是随着 ChatGPT 的出现，人们对

ChatGPT 感到震撼的同时，也日渐认识到一个问题，那就是以 ChatGPT 为代表的 LLM 的 Token 是有限制的，为了突破这个限制，向量数据库成为解决方案的重要组成部分，从而使得向量数据库从幕后正式走向了台前。

那什么是向量数据库呢？简单点说，就是存储和查询向量的一种数据库。比如可以把非结构化的数据转换成 Embedding 向量，然后存储在向量数据库中，之后进行检索等操作。

5.1.2 向量数据库的特点

向量数据库中存储的数据实际上就是一系列的矩阵浮点数，它支持高效地对数据进行存储、检索和复杂计算等操作。作为一种特殊的数据库，向量数据库已经被广泛应用，并且在各领域中展示出了强大的功能和性能，其主要特点包括以下几个方面：

- 向量化存储：不同于传统数据库的存储方式，向量数据库将数据以向量形式存储。
- 向量索引：向量数据库使用特殊的向量索引结构，如近似最近邻搜索（ANN）算法或者向量哈希等技术，以便快速检索和查询向量数据。
- 高维向量检索：向量数据库可以进行高效的高维向量相似性检索，非常适合应用于人工智能领域，如自然语言处理、图片检索和推荐系统等。
- 高性能计算：向量数据库使用向量化计算，检索效率更高。
- 灵活性：向量数据库可以处理多样的数据类型，包括稀疏向量和稠密向量。此外，它还可以处理数字、文本和二进制等类型的数据。
- 可扩展性：向量数据库通常支持水平扩展，可以满足海量向量数据的存储和检索需求。

总的来说，向量数据库在人工智能场景中具有明显优势，能够快速、高效地检索和召回高维向量数据。

5.1.3 与传统数据库的比较

向量数据库作为数据库家族中的一员，与传统关系型数据库和 NoSQL 数据库在存储和数据处理等方面有一些明显的异同点。下面是它们之间的简要对比。

1. 数据存储

- 关系型数据库：以行和列的二维表格形式保存数据，采用结构化的数据模型。
- NoSQL 数据库：提供文档型、键值型、列簇型、图形数据库等多种数据模型，适用于不同类型的数据存储场景。
- 向量数据库：专门设计用于存储和处理高维度向量数据，采用向量化存储和索引技术。

2. 数据处理

- 关系型数据库：可以进行精确查询、范围查询、复杂查询和事务处理，但在处理大规模数据时性能相对较差。

- NoSQL 数据库：具有高扩展性和灵活性，适用于大规模数据的分布式存储和分析处理，但是不同的 NoSQL 数据库在功能和性能上有所差异。
- 向量数据库：专注于处理向量数据，提供高效的向量化计算和索引技术，适用于人工智能领域的向量检索等场景。

3. 查询和索引

- 关系型数据库：使用 SQL 语言进行查询，通常使用 B+ 树等作为索引结构来提高查询性能，关键字搜索性能较优，语义搜索性能较差。
- NoSQL 数据库：不同的 NoSQL 提供不同的查询方式，如文档查询、全文检索和键值查询等，常用的索引有倒排索引等。
- 向量数据库：提供特殊的向量索引结构，如近似最近邻搜索（ANN）算法或向量哈希等，用于相似性检索，查询的结果是与输入相似的 Top-K 向量。

4. 适用场景

- 关系型数据库：适用于企业应用系统的数据存储、事务处理和较小规模的数据分析。
- NoSQL 数据库：适用于大规模数据的分布式存储、实时数据分析、检索等。
- 向量数据库：适用于大规模高维度向量数据的处理和检索等。

综上所述，向量数据库在设计和应用上与传统数据库及 NoSQL 数据库有明显的区别，它具有高效处理高维度向量数据的优势，在实际生产应用中，需根据实际需求和数据特点来进行合理的选择。

5.1.4 向量数据库的应用场景

在初步了解向量数据库的特性后，也许有人会有疑问：AIGC 时代，我们真的需要一个"向量数据库"吗？答案其实很简单，这取决于我们的应用场景。

举个例子，假如你要开发一个博客系统，不同的模块可能需要不同类型的数据库支持。对于博客系统的后台管理来说，关系型数据（如 MySQL）是一个合适的选择，可以用来存储用户信息、权限设置等；对于博客文章的全文检索功能来说，NoSQL 数据库（如 Elasticsearch）通常更合适，可以快速索引和检索大量的文本数据；而如果想给博客系统增加一个智能问答功能，并希望支持语义理解功能，那么使用向量数据库构建一个 RAG 系统可能是一个好选择，可以为用户提供更加智能的问答服务。

除了上述举例之外，向量数据库的向量检索特性，在很多应用场景中发挥着重要的作用，如推荐系统中的相似度计算、人脸识别、文本相似度计算和语义搜索等。通过向量化的数据计算，向量数据库在各领域中实现了高效的向量检索等功能。

5.2 向量数据库的原理

向量数据库为向量数据提供了存储和索引机制，并支持向量的相似性检索。本节将介绍向量数据库的基本原理。

5.2.1 向量距离的度量

在生活中，通常可以用距离来度量两个地理位置或者两个物体的远近。同样地，在人工智能领域，常常使用距离来衡量两个样本之间的相似度。下面先回顾一下人工智能领域对于距离的度量。

1. 欧式距离

欧式距离，也称 L2 范数，用于度量两个向量之间的最短距离，但是对于高于 2 维的数据不太适用。使用 Python 实现欧式距离的代码如下：

```
from scipy.spatial import distance

def euclidean_distance(v1, v2):
    return distance.euclidean(v1, v2)
```

2. 曼哈顿距离

曼哈顿距离，也称出租车或城市街区距离，表示在欧几里德空间的固定直角坐标系上两点所形成的线段对轴产生的投影的距离总和。使用 Python 实现曼哈顿距离的代码如下：

```
from scipy.spatial import distance

def manhattan_distance(v1, v2):
    return distance.cityblock(v1, v2)
```

3. 汉明距离

汉明距离，表示两个等长字符串在对应位置上不同字符的数量，是衡量两个等长字符串之间差异的一种度量方式，通过计算不同字符的数量来比较它们之间的相似程度。汉明距离的缺点是，对于不等长的向量或字符串很难适用。使用 Python 实现汉明距离的代码如下：

```
from scipy.spatial import distance

def hamming_distance(v1, v2):
    return distance.hamming(v1, v2)
```

4. 切比雪夫距离

切比雪夫距离，又称棋盘距离，用来计算两个向量沿任意坐标维度的最大差值。使用 Python 实现切比雪夫距离的代码如下：

```
from scipy.spatial import distance

def chebyshev_distance(v1, v2):
    return distance.chebyshev(v1, v2)
```

5. 余弦相似度

余弦相似度的大小由两个向量之间的余弦决定，余弦相似度可以介于 –1（相反方向）

和 1（相同方向）之间，使用 Python 实现余弦相似度的代码如下：

```
from scipy.spatial import distance

def cosine_similarity(v1, v2):
    return distance.cosine(v1, v2)
```

5.2.2　相似度搜索算法

我们知道，向量数据库的核心思想是：将不同类型的源数据转换成向量，然后把向量存储在向量数据库中，当用户输入问题时，首先将输入问题（自然语言、图片、音视频等）转换成向量，然后与存储在向量数据库中的源数据进行相似度计算，最后返回与输入向量最相似的 Top-K 个结果。

可以看出，向量数据库的本质在于相似度计算。在很多场景下，要寻找与特定向量最相似的向量，需要对向量数据库中的每个向量进行一次相似度计算。然而，对于海量数据而言，这种计算量是非常巨大的。

因此，通常需要更高效的算法来应对这一挑战，而向量相似度搜索算法就是用来在向量空间中寻找相似向量的算法。这些算法通常用于处理大规模数据集，以快速找到与目标向量最相似的向量。

1. KNN 算法

KNN（K-Nearest Neighbors）算法是最常见的搜索算法之一，该算法的目标是找到与查询向量最接近的向量。

KNN 算法的核心思想是：给定一个 n 维的向量数据集和一个查询向量 Q，计算 Q 与数据集中所有向量之间的距离，然后按照距离的大小，找到最接近 Q 的 k 个向量。

由于 KNN 需要遍历所有的数据集，在数据集规模很大的情况下执行效率非常低，通常通过缩小查询范围和减少向量维度两种方式进行优化。

2. HNSW 算法

为了在大规模数据集上提高搜索效率，近似最近邻搜索算法允许在一定程度上牺牲精度以换取更快的搜索速度。

HNSW（Hierarchical Navigable Small Worlds）算法是一种经典的用空间换时间的算法，HNSW 是在 NSW 算法的基础上改进而来的。

3. LSH 算法

局部敏感哈希（Locality Sensitive Hashing，LSH）也是一种常用的近似最近邻搜索技术。LSH 算法通过哈希函数将相似的向量映射到同一个桶中，使相似的向量具有相同的哈希值，然后通过比较哈希值来判断向量之间的相似度，从而加速搜索过程。

4. 倒排索引

倒排索引是一种常见的用于加速相似度搜索的技术，它通过记录每个特征值对应的向量列表，实现了一种高效的数据结构，能够快速定位具有相似特征的向量。

5. 基于向量量化的方法

基于向量量化的方法是一种将向量空间划分为离散区域的技术，以加速相似向量的搜索过程。通过将向量表示为离散的码本或码字，可以将高维空间的向量映射到一个低维的离散空间中，从而降低搜索的复杂度并提高搜索速度。这种方法对于处理大规模向量数据非常有效，能够快速找到具有相似特征的向量，为相似度搜索提供了高效的解决方案。

5.3 向量数据库的应用

自大模型火爆以来，向量数据库逐渐成为数据领域不可或缺的一部分，它在多维向量数据的存储、检索和分析等方面展现出独特的能力。随着向量表示在各个领域的广泛应用，向量数据库的重要性日益凸显。

从处理大规模的高维向量数据到实现快速的相似度搜索，向量数据库为数据科学家、工程师和研究人员提供了强大的工具和支持，并将在未来发挥更加关键的作用，持续推动人工智能和数据领域的发展。

常见的支持向量的数据库有很多种，比如 FAISS 向量数据库、全文检索数据库 ElasticSearch、内存数据库 Redis、NoSQL 数据库 MongoDB 和关系型数据库 PostgreSQL 等，下面以矢量数据库 Faiss 为例进行简单介绍。

5.3.1 FAISS 向量数据库入门

FAISS（Fackbook AI Similarity Search）是 FaceBook AI 团队针对大规模向量数据检索开源的一个向量检索数据库，使用 C++ 语言编写，并提供 Python 接口，可支持 10 亿量级向量数据的检索，是目前较成熟的向量检索数据库之一，而且部分索引支持 GPU 构建。

在使用 FAISS 之前，需要先进行安装，推荐使用 FAISS 1.7.3 及以上更稳定的版本。FAISS 有 2 种安装模式，CPU 模式和 GPU 模式，下面分别用 2 种模式安装 FAISS1.8.0，代码如下：

```
# CPU 模式
pip install faiss-cpu==1.8.0

#GPU 模式
pip install faiss-gpu==1.8.0
```

假设我们已经安装完 FAISS，下面提供一个官方文档的示例代码。

导入需要的包：

```
import faiss
import numpy as np
```

创建固定维度为 64、数据量为 100 000 的向量集合 xb，并创建一个待检索向量 xq：

```
# 向量维度
```

```
d = 64
# index 向量库的数据量
nb = 100000
# 待检索 query 的数目
nq = 10000
np.random.seed(1234)
xb = np.random.random((nb, d)).astype('float32')
# index 向量库的向量
xb[:, 0] += np.arange(nb) / 1000.
xq = np.random.random((nq, d)).astype('float32')
xq[:, 0] += np.arange(nq) / 1000.
```

使用 IndexFlatL2 创建向量索引，并把上一步创建的向量集合加入向量索引中：

```
index = faiss.IndexFlatL2(d)
# 输出为 True，代表该类 index 不需要训练，只需要添加向量即可
print(index.is_trained)
# 将向量库中的向量加入 index 中
index.add(xb)
# 输出 index 中包含的向量总数，为 100 000
print(index.ntotal)
```

计算与待检索向量 xq 最相似的前 $k(k = 4)$ 个向量及其对应的距离：

```
# topK 的 K 值
k = 4
# xq 为待检索向量，返回的 I 为与待检索 query 最相似的 K 个向量的列表，D 为其对应的距离
D, I = index.search(xq, k)
print(I[:5])
print(D[-5:])
```

输出结果如下：

```
[[ 381  207  210  477]
 [ 526  911  142   72]
 [ 838  527 1290  425]
 [ 196  184  164  359]
 [ 526  377  120  425]]

[[6.53154   6.9787292 7.0039215 7.013733 ]
 [4.335266  5.2369385 5.3194275 5.7032776]
 [6.0726624 6.576721  6.6139526 6.7322693]
 [6.6374817 6.6487427 6.8578796 7.009613 ]
 [6.2183533 6.4524994 6.5487366 6.5812836]]
```

通过上述入门案例，可以简单总结出，通过 FAISS 检索出 Top-K 结果需要下面 5 个步骤：

❑ 构造或生成向量数据集；
❑ 使用 FAISS 构建索引；
❑ 将向量数据集添加到索引中；
❑ 在索引中进行相似度搜索；
❑ 返回相似度最高的 Top-K 结果。

5.3.2　FAISS 的相似度度量

FAISS 索引提供了多种度量方法，用于衡量向量之间的相似度。根据源代码，完整的度量列表如下：

```
enum MetricType {
    METRIC_INNER_PRODUCT = 0,    ///< maximum inner product search
    METRIC_L2 = 1,               ///< squared L2 search
    METRIC_L1,                   ///< L1 (aka cityblock)
    METRIC_Linf,                 ///< infinity distance
    METRIC_Lp,                   ///< L_p distance, p is given by a faiss::Index
                                 /// metric_arg
    /// some additional metrics defined in scipy.spatial.distance
    METRIC_Canberra = 20,
    METRIC_BrayCurtis,
    METRIC_JensenShannon,
    METRIC_Jaccard,    ///< defined as: sum_i(min(a_i, b_i)) / sum_i(max(a_i, b_i))
                       ///< where a_i, b_i > 0
    METRIC_NaNEuclidean,
};
```

5.3.3　FAISS 的索引分类

FAISS 索引主要分为三大类，包括基础索引、二进制索引和复合索引。根据索引结构的不同，这些索引可以进一步概括为以下几种类型。

（1）Flat

优点：搜索结果最准确、召回率最高。

缺点：在大规模数据集的情况下，内存占用大，搜索速度慢。

适用场景：小规模数据集（小于 50 万）。

（2）IVF

优点：利用倒排索引思想，可以通过缩小搜索范围，提升搜索效率。

缺点：在较大规模数据集的情况下，搜索速度比较慢。

适用场景：中等规模数据集（1 亿以下）。

（3）PQ

优点：速度快，内存资源占用少。该方法对普通检索做了改进优化，通过乘积量化方法，将一个向量的维度切成 x 段（x 的值需要能被向量维度整除），对每个段分别进行检索，最后将每个段的结果取交集后得出 Top-K 的结果。

缺点：相较于 Flat，召回率下降较多。

适用场景：内存资源不足，想要快速检索。

（4）LSH

优点：局部敏感哈希通过碰撞来寻找近邻，训练与搜索速度非常快，内存占用小，支持分批导入。

缺点：召回率比较差。

适用场景：数据集规模较大，需要离线快速检索。

（5）HNSW

优点：基于图索引的改进优化，不需要训练，搜索速度快，召回率高。
缺点：构建索引慢，内存占用非常大，且不支持删除数据。
适用场景：有充足的内存资源，需要离线构建索引。

5.3.4 FAISS 的索引创建与操作

FAISS 支持使用每种索引对应的类来创建索引，比如：

```
import faiss
# d表示创建索引的维度
d = 64
# 创建一个FlatL2索引
faiss.IndexFlatL2(d)
```

但在实际的工程实践中，创建索引常常需要考虑更多因素，如向量数据集的大小、机器资源如内存大小限制、召回率、检索性能要求等。单一的索引可能并不能满足需求，因此需要构建更加复杂的索引结构。于是 FAISS 提供了索引工厂来构建索引，索引工厂旨在简化索引的构建，尤其是复杂的嵌套索引的构建。

FAISS 分别使用 index_factory 和 index_binary_factory 来创建索引和二进制索引。例如，为 128 维度的向量创建索引，通过 PCA 将维度减少到 80 维，然后进行穷举检索，代码如下：

```
import faiss

dim = 128
params = "PCA80,Flat"
measure = faiss.METRIC_L2
index = faiss.index_factory(dim, params, measure)
```

通过上面的案例，可以看出使用索引工厂创建索引的时候，需要传入3个参数：向量维度、索引参数和度量方法。

索引工厂支持多种索引参数，下面列举一些常见的索引参数，见表5-1。

表 5-1 常见的索引参数

索引名称	索引参数
IndexFlatL2	"Flat"
IndexFlatIP	"Flat"
IndexHNSWFlat	"HNSW,Flat"
IndexIVFFlat	"IVFx,Flat"
IndexIVFPQ	"IVFx,PQ"y"x"nbits"
IndexIVFPQR	"IVFx,PQy+z"

FAISS 的索引通常是复合的，并提供了一些高级的方法来批量操作索引，包括：
❑ 将给定的索引写入文件中：

```
# 索引写入文件
faiss.write_index(index, 'demo.index')
```

☐ 从文件中读取索引：

```
# 读取索引文件
index = faiss.read_index('demo.index')
```

☐ 克隆索引：

```
# 克隆索引
index_clone = faiss.clone_index(index)
```

除此之外，还可以通过 index_cpu_to_gpu 和 index_gpu_to_cpu 方法，将索引在 CPU 和 GPU 之间相互深度复制。而 index_cpu_to_gpu_multiple 可以将索引从 CPU 复制到多个 GPU。

5.3.5 FAISS 的优化

在软件工程开发中，优化是提升程序效率的常用方法。在使用 FAISS 时，为了追求最佳的工程性能，通常需要对 FAISS 进行一些优化。常见的 FAISS 优化思路包括以下几种。

（1）参数优化

不同类型的索引具有不同的参数，这些参数对搜索性能有很大的影响，可以通过调整参数值达到优化的目的。

（2）并行化

FAISS 库本身支持多线程，通过 faiss.omp_set_num_threads(n) 来配置合理的 CPU 核心数，可以显著提升程序的效率。

（3）分布式搜索

对于小规模数据集，可以使用单机的 FAISS 来满足需求。然而，对于超大规模的数据集，由于单机机器资源的限制（如内存、CPU 和磁盘空间等），无法容纳全部索引。在这种情况下，可以采用分布式架构，将索引划分为子索引部署在多台机器上。在查询时，将查询的向量广播到各服务器上获取子结果集，最后将结果汇总即可。FAISS 提供了 IndexShards 和 OnDiskIndex 等类来支持分布式索引的实现。

5.4 小结

本章主要涉及向量数据库的相关知识点。首先，我们对向量数据库进行了简要介绍，让读者了解了向量数据库的特性及其在不同应用场景中的作用和重要性。

其次，我们深入探讨了向量数据库的原理，包括度量向量距离的几种方式和常见的相似度搜索算法，帮助读者理解如何在向量空间中进行快速有效的相似度搜索。

最后，我们还介绍了常用的向量数据库 FAISS，让读者可以动手实践向量数据的存储和处理，以满足不同应用场景下的数据处理需求。通过本章的学习，读者可以更全面地了解向量数据库的基本概念、原理和常用工具，为进一步探索和应用向量数据库打下基础。

CHAPTER 6

第 6 章

提示词工程与优化

提示词工程伴随着大语言模型的发展而兴起，它能够帮助人们更好地使用大语言模型。提示词工程通过优化、明确输入内容，引导大语言模型准确回答问题和生成高质量内容等。

本章主要涉及的知识点有：
- 认识提示词工程：了解提示词及提示词工程。
- 提示词工程的使用技巧：学会一些提示词工程的使用技巧，让大语言模型为我所用。
- 使用提示词完成 NLP 任务：通过示例，演示如何使用提示词完成 NLP 任务。

6.1 认识提示词工程

提示词工程（Prompt Engineering）是伴随着人工智能技术出现的一种新的人机交互方式。针对预训练模型（如 ChatGPT），我们可以通过输入提示词来引导模型生成与输入相关的内容。

6.1.1 人机交互的演进

在介绍提示词工程之前，我们有必要提一下计算机领域中一个很重要的概念：人机交互。这是一个专门研究用户和系统（如计算机、机器等）之间信息沟通的学科，重点关注用户与计算机之间的交互设计。自从计算机问世以来，人机交互一直是学术界研究和关注的重点，并随着技术的发展而不断演进。

第一代人机交互界面：命令行界面。以 UNIX 和 DOS 系统为代表，用户需要通过命令行窗口输入命令来控制计算机。这种交互方式的优点是比较简洁高效；缺点也很明显，交互性弱，容易出错。

第二代人机交互界面：图形用户界面。以微软的 Windows 操作系统和苹果的 mac OS 系统为代表，用户通过鼠标、键盘的点击和输入控制机器，如个人计算机、平板电脑和手机等。这种交互方式提供了丰富的视觉反馈，上手容易，操作更直观，所见即所得；缺点是界面可能过于复杂，容易消耗更多的系统资源。

第三代人机交互界面：自然语言用户界面。随着人工智能的发展，基于语音、动作、视觉和表情等元素的交互方式成为主流，尤其是 ChatGPT 的出现，提示词工程打开了用自然语言进行人机交互的大门，用户可以使用自己熟悉的语言和大语言模型进行交流。这种方式使得人机交互更加自然、简单和高效，应用范围也不断扩大。

6.1.2 什么是提示词

从 2017 年开始，自然语言处理任务开始从传统的有监督任务向预训练语言模型发展，随着预训练模型技术的突破，T5、GPT-3、GPT-3.5 以及更高版本的大语言模型成为自然语言领域的主流。

而提示词刚出现的时候，并没有被称为提示词，而是科研工作人员为下游任务设计出来的一种输入模板，它可以"回忆"起在预训练任务中学习到的知识，后来随着技术的发展才逐渐被称为提示词。

根据论文"Pre-train, Prompt, and Predict: A Systematic Survey of Prompting Methods in Natural Language Processing"的定义：

对于输入的文本 x，有函数 $F_{prompt}(x)$，能将 x 转化成提示词的形式 x'，即

$$x' = F_{prompt}(x)$$

所以，提示词的本质是一种用于引导大语言模型生成恰当输出的信息。它可能是一个问题、一句话或一段文字描述等，为大语言模型提供上下文信息。用户通过提示词向大语言模型输入指令，大语言模型根据指令并结合预训练的知识，输出与指令相关的内容。

提示词不仅可以用于生成内容，还可以用于训练和微调大语言模型。通过提供特定的、有针对性的提示词，并反复使用该提示词对大语言模型进行微调，可以帮助模型更好地理解所需的输出。这种方法有助于提高模型的准确性和可靠性，使其能够更好地满足用户需求。

6.1.3 提示词工程

提示词通常由文字、标点符号、关键词、语法和结构等要素构成，这些要素可以帮助大语言模型生成更加准确的输出内容。乍一看，提示词似乎很简单，但是它的构成要素与模型的输出却是息息相关的。

在全球范围内，由于年龄、地域和受教育水平不同，不同的人面对同一个场景会使用不同的提示词，进而得到不同的结果，这些结果或好或坏。为了打破这些客观因素的限制，可以通过精心设计提示词并结合上下文信息，引导大语言模型生成更加准确和有逻辑性的输出。

提示词工程就是一种通过设计和使用特定的提示词来指导大语言模型生成符合预期的

文本输出的方法。通过精心选择和构建提示词，并结合上下文信息，可以帮助模型更好地理解任务要求，从而提高生成文本的准确性和连贯性。提示词工程的核心思想是通过引导模型的输入来控制输出，使其更符合预期，从而提高模型的效率和可靠性。

尽管提示词工程在许多自然语言处理任务中展现出强大的应用潜力，但它也存在一些局限性，包括但不限于：

- 提示词敏感性：大语言模型对提示词的变化非常敏感，细微的措辞或结构调整可能导致输出结果的显著变化。
- 缺乏通用性：提示词通常是为特定任务或上下文量身定制的，这意味着在某个任务中有效的提示词可能在另一个任务中效果不佳。这种缺乏通用性的特性增加了提示词工程的工作量和复杂性。
- 复杂性和可解释性：随着任务的复杂性增加，设计有效提示词的难度也在增加。此外，提示词工程的结果往往缺乏透明性和可解释性，用户难以理解为什么某些提示词有效而另一些无效。
- 依赖试错法：提示词工程在很大程度上依赖试错法，用户需要不断调整和优化提示词以获得最佳效果。这种方法既耗时费力，又无法保证一定能找到最优解。
- 模型局限性：提示词工程的效果受限于底层语言模型的性能和能力。如果模型本身存在局限性，如缺乏领域知识或存在偏见，提示词工程也无法完全弥补这些缺陷。
- 生成内容的可控性：尽管提示词可以引导模型生成特定类型的文本，但完全控制生成内容的质量和准确性仍然是一个挑战。特别是在处理开放式生成任务或需要高度精确的输出时，提示词工程的效果可能不如预期。
- 数据偏见和伦理问题：提示词工程无法彻底解决大语言模型中的数据偏见和伦理问题。即使提示词设计得当，模型仍然可能生成带有偏见或不恰当的内容。

6.2 提示词工程的使用技巧

长期以来，搜索引擎一直在信息搜集过程中发挥着至关重要的作用。通过搜索引擎查找信息资料时，合理选择关键词和掌握一些搜索技巧可以帮助我们更快、更准确地获取所需的检索结果。与之类似，学会运用提示词在大语言模型的应用中也大有裨益。

在 AI 时代，掌握提示词工程的使用技巧已成为提高信息检索效率和准确性的重要手段，能帮助我们更好地利用信息资源，拓宽知识视野。本节将专注于讲解提示词工程的使用技巧，这些技巧可以帮助我们更好地和大语言模型进行交互，进而得到更符合预期和更高质量的输出。

6.2.1 使用文本分隔符

文本分隔符是在文本或数据中用于分割不同部分或元素的特殊符号。在提示词中增加一些文本分割符，如单引号、双引号、三引号、XML 标签和节标题等符号，能让模型明确知道这是独立的内容,下面是一些具体的示例。

① 使用三引号,示例如下:

请你对三引号中的文本内容进行总结,并将总结的字数限制在 10 个字以内。

"""ChatGPT 是 OpenAI 研发的一款聊天机器人程序,于 2022 年 11 月 30 日发布。ChatGPT 是由人工智能技术驱动的自然语言处理工具,它能够基于在预训练阶段所见的模式和统计规律来生成回答,还能根据聊天的上下文进行互动,真正做到像人类一样聊天交流,甚至能完成撰写论文、邮件、脚本、文案以及翻译、编写代码等任务。"""

② 使用 HTML 标签,示例如下:

你将会接收到 3 条对某商品的使用评价(用 HTML 标签分割),请对评价内容进行情感分析,仅输出每一条评价对应的情感色彩:积极、中性或消极。
<p> 包装完好,快递速度非常快,感觉还不错! </p>
<p> 一般般吧。</p>
<p> 不建议大家购买,纯玻璃,容易碎。</p>

③ 使用 Markdown 标签,示例如下:

角色
你是一个专业且热情的美食爱好者,能够凭借用户提供的关键词,精准地推荐令人垂涎欲滴的美味食谱。

技能
技能 1: 根据关键词推荐食谱
1. 当用户给出关键词时,根据关键词搜索并推荐合适的食谱。回复示例:
=====
   - 食谱名称:< 食谱名称 >
   - 主要食材:< 列出主要食材 >
   - 制作步骤:< 简要描述制作步骤 >
=====

限制:
- 只专注于与美食相关的内容,拒绝回答非美食相关的话题。
- 所输出的内容必须按照给定的格式进行组织,不能偏离框架要求。
- 请使用 Markdown 的 ^^ 形式说明引用来源。

6.2.2 赋予模型角色

"角色"一词源自戏剧领域,最早是指演员在戏剧表演中扮演的特定人物。随着时间的推移,"角色"一词的意义逐渐扩展到戏剧和电影之外,涵盖了人们在社会生活中的各种身份和职责。

每个人在人生的不同阶段要扮演不同的角色,譬如父母的孩子、老师的学生、职场的好员工等。当我们提到一个人的角色时,其实我们已经默认这个人应该具备某些能力,表现出某种行为,并遵守特定的规范等。

角色不仅定义了我们在特定情境中的责任和期望,还影响着我们的自我认知和社会互动。例如,作为一个优秀的程序员,你在写代码时应该能够保持严谨和专业,且写出的代码简单易懂、执行高效。

同样，当在提示词中赋予大语言模型一个角色时，我们其实在用一个社会角色对大语言模型进行限定，以此期望得到更符合我们预期的结果。下面是一些具体的示例。

① 扮演一个美食爱好者，示例如下：

> 假设你是一位地道的中国美食爱好者，现在我告诉你我对食物的偏好和口味，你帮我推荐 3 个菜，我比较喜欢吃面食和不太辣的菜，讲究荤素搭配，你推荐我吃什么？

② 扮演高级 Python 工程师，示例如下：

> 假设你是一位拥有 10 年工作经验的高级 Python 工程师，请告诉我 3 个 Python 的高级用法。

6.2.3 将过程分步拆解

在计算机领域有一个很重要的算法思想：分治算法。它强调将一个复杂的大问题分解成多个简单的小问题，通过逐一解决子问题来达到解决原问题的目的。

当我们在使用大语言模型时，假设要描述一个复杂的问题，这时可以考虑使用分治的思想，借助有序列表或者无序列表，把任务描述按照步骤拆解，这样才会表达得更加清晰。

例如，大家熟悉的小红书风格：具有吸引眼球的标题，每个段落都加一些表情，最后加一些标签。

扮演小红书美妆博主，示例如下：

> 假设你是一位小红书的美妆博主，请你用小红书的风格帮我写一段洗面奶的推广文案，文案具备以下特点：
> 第一，具有吸引眼球的热门标题；
> 第二，每个段落都会带一些个性化的表情；
> 第三，加一些能够表达特性的标签。

6.2.4 尽可能量化需求

量化可以把抽象的、模糊不清的问题变得更加具体、可测量，让问题更加明确和精确，便于进行比较分析，从而减少主观判断的偏差，提高决策的科学性和准确性。

在使用大语言模型时，使用量化思维把任务和需求转化成可度量的数值，一方面可以让问题描述更加明确，另一方面可以通过控制回答长度，获得准确的结果和控制使用成本等。

控制输出字数，示例如下：

> 假设你是一位拥有 10 年工作经验的高级 Python 工程师，请简要告诉我 3 个 Python 的高级特性，每个特性的字数限制在 100 字以内，所有回答的总字数限制在 300 字以内。

6.2.5 提供正反示例

在某些情况下，提供具体的示例来说明可能更加直观。我们可以给大语言模型提供一些示例，帮助大语言模型快速理解新的知识，掌握其规律，并应用新知识来解决类似的实际问题。这就好比让大语言模型具备了人类"举一反三"的能力。

对于直播间提问的有效性判断，提供正反示例，如下：

身份：电商直播间评论审核专家。
任务：判断评论是否有效合法。
输出：评论有效或无效。
评论内容："""question"""
判断标准：
- 有效合法评论：表达清晰，具有清晰的语义，适合电商直播环境的提问或评论。
- 无效不合法评论：包括但不限于纯数字、纯字幕、表情符号、辱骂性言语或没有实际意义的内容。表情符号通常被"[]"所包围。
评论示例：
###
问题描述：请问这款面霜3～6岁的小孩子可以用吗？
判断结果：有效
问题描述：666
判断结果：无效
###

6.2.6 要求结构化输出

在实际项目中，为了更容易地解析模型输出结果，我们期望得到一个结构标准的大语言模型输出结果，所以会将大语言模型的输出格式限定为 XML 或者 JSON 等结构化格式。

对于直播间提问的有效性判断，以 JSON 格式输出，示例如下：

身份：电商直播间评论审核专家。
任务：判断评论是否有效合法。
输出：使用 JSON 格式输出，评判结果使用键"result"，值为"有效"或"无效"；判断依据使用键
       "reason"，值依靠大模型输出，并限制在10个字以内
评论内容："""question"""
判断标准：
- 有效合法评论：表达清晰，具有清晰的语义，适合电商直播环境的提问或评论。
- 无效不合法评论：包括但不限于纯数字、纯字幕、表情符号、辱骂性言语或没有实际意义的内容。表情符号通常被"[]"所包围。
评论示例：
###
问题描述：请问这款面霜3～6岁的小孩子可以用吗？
判断结果：{"result"："有效","reason"："语义明确，产品相关"}
问题描述：666
判断结果：{"result"："无效","reason"："纯数字"}
###

6.2.7 合理进行限制

在特定场景下，我们希望大语言模型只围绕用户的输入进行回答和提供信息，而不要进行发散，这时就可以在提示词中添加限制，让大语言模型在回答问题时不要发散。

提示词限制，示例如下：

身份：资深美食爱好者。
任务：根据用户的提问，精准地推荐地道的食谱。
输出：
    - 食谱名称：<食谱名称>

　　　　- 食材清单：<食材清单列表>
　　　　- 制作步骤：<描述制作步骤>
　　限制：
　　　　- 只讨论与美食相关的内容，拒绝回答与美食无关的话题。
　　　　- 输出的内容必须严格按照给定的格式进行组织，不能偏离框架要求。

6.2.8　使用链式思维

链式思维提示（Chain-of-Thought Prompting）是一种通过构建一系列相互关联的提示词，引导大语言模型逐步完成复杂任务的方法。这种方法能够帮助大语言模型在多步骤任务中保持逻辑连贯性和上下文一致性，从而提高任务完成的质量。

假设我们要使用链式思维提示方法来完成一个复杂的写作任务，例如，撰写一篇介绍蛋炒饭的文章。这个提示词链会将文章分解为多个部分，每个部分由一个提示词引导，以确保逻辑清晰、内容连贯。

①引言，示例如下：

　　身份：资深美食爱好者。
　　任务：根据用户的提问，精准地回答问题。
　　问题：请写一段引言，介绍蛋炒饭的背景和受欢迎程度。
　　输出：返回JSON结构，键使用"answer"，值为模型返回的结果。
　　限制：
　　　　- 只讨论与美食相关的内容，拒绝回答与美食无关的话题。
　　　　- 返回结果的字数不超过50字。
　　　　- 输出的内容必须严格按照给定的格式进行组织，不能偏离框架要求。

②历史起源，示例如下：

　　身份：资深美食爱好者。
　　任务：根据用户的提问，精准地回答问题。
　　问题：请介绍蛋炒饭的历史起源和发展。
　　输出：返回JSON结构，键使用"answer"，值为模型返回的结果。
　　限制：
　　　　- 只讨论与美食相关的内容，拒绝回答与美食无关的话题。
　　　　- 返回结果的字数不超过50字。
　　　　- 输出的内容必须严格按照给定的格式进行组织，不能偏离框架要求。

③主要成分，示例如下：

　　身份：资深美食爱好者。
　　任务：根据用户的提问，精准地回答问题。
　　问题：请介绍蛋炒饭的主要成分和基本材料。
　　输出：返回JSON结构，键使用"answer"，值为模型返回的结果。
　　限制：
　　　　- 只讨论与美食相关的内容，拒绝回答与美食无关的话题。
　　　　- 返回结果的字数不超过50字。
　　　　- 输出的内容必须严格按照给定的格式进行组织，不能偏离框架要求。

④制作步骤，示例如下：

　　身份：资深美食爱好者。
　　任务：根据用户的提问，精准地回答问题。

问题：请详细介绍蛋炒饭的制作步骤。
输出：返回 JSON 结构，键使用 "answer"，值为模型返回的结果。
限制：
   - 只讨论与美食相关的内容，拒绝回答与美食无关的话题。
   - 返回结果的字数不超过 50 字。
   - 输出的内容必须严格按照给定的格式进行组织，不能偏离框架要求。

⑤文化意义，示例如下：

身份：资深美食爱好者。
任务：根据用户的提问，精准地回答问题。
问题：请介绍蛋炒饭在不同文化中的意义和影响。
输出：返回 JSON 结构，键使用 "answer"，值为模型返回的结果。
限制：
   - 只讨论与美食相关的内容，拒绝回答与美食无关的话题。
   - 返回结果的字数不超过 50 字。
   - 输出的内容必须严格按照给定的格式进行组织，不能偏离框架要求。

⑥结论，示例如下：

身份：资深美食爱好者。
任务：根据用户的提问，精准地回答问题。
问题：请总结全文，强调蛋炒饭的魅力和普及性。
输出：返回 JSON 结构，键使用 "answer"，值为模型返回的结果。
限制：
   - 只讨论与美食相关的内容，拒绝回答与美食无关的话题。
   - 返回结果的字数不超过 50 字。
   - 输出的内容必须严格按照给定的格式进行组织，不能偏离框架要求。

通过以上提示词链，我们可以得到一篇系统介绍蛋炒饭的文章，涵盖从历史背景、制作步骤到文化意义的各个方面，确保内容翔实且逻辑连贯。

6.3 使用提示词完成 NLP 任务

依赖大语言模型构建的 AI 应用越来越多，在不进行任何微调的情况下，它们仅通过提示词便能完成 90% 的自然语言处理任务。尽管大语言模型并非万能，但它在评估结果时所扮演的裁判角色不可小觑。

接下来，我们将介绍一些在自然语言处理领域，通过使用提示词来完成自然语言处理任务的案例，这些案例展示了大语言模型在实际应用中的强大能力和广泛适用性。

首先，选择 GPT 大模型。接下来，我们编写一个公共的请求方法。最后，我们可以用不同的提示词来完成不同的自然语言处理任务。公共请求方法的代码如下：

```python
from openai import OpenAI

# 代理地址
OPENAI_API_BASE = "https://xxx.openai-proxy.org/v1"
OPENAI_API_KEY = "sk-xxx"
if OPENAI_API_BASE is None or OPENAI_API_BASE == "":
    OPENAI_API_BASE = f"https://api.openai.com/v1"
```

```python
def send_message(messages, temperature=0.1, model='gpt-3.5-turbo'):
    client = OpenAI(
        base_url=OPENAI_API_BASE,
        api_key=OPENAI_API_KEY
    )
    if "GPT4" in model:
        response = client.chat.completions.create(
            model=model,
            messages=messages,
            response_format={"type": "json_object"},
            temperature=temperature,
            max_tokens=2048,

        )
    else:
        response = client.chat.completions.create(
            model=model,
            messages=messages,
            stop=None,
            temperature=temperature,
        )
    for choice in response.choices:
        if "text" in choice:
            return choice.text
    return response.choices[0].message.content

def do_request(prompt, role='user', temperature=0.1, model='gpt-3.5-turbo'):
    messages = [{"role": role, "content": prompt}]
    is_success = False
    try:
        content = send_message(messages, temperature=temperature, model=model)
        is_success = True
        return is_success, content
    except Exception as err:
        content = f"Error: {err=}"
    return is_success, content
```

6.3.1 使用提示词进行分词

在自然语言处理领域,分词是进行文本预处理的一个重要步骤。使用大语言模型也可以进行分词,且仅依靠提示词就可以完成,示例如下:

```
text = "2024 年是大模型应用的元年,全球出现了非常多有趣的 AI 应用。"

prompt = f"""
    身份:资深自然语言处理专家。
    任务:进行文本内容分词。
    输出:使用 JSON 格式输出,结果使用键 "words",值为分词结果,分词结果使用空格隔开。
    文本内容:{text}
    限制:只进行分词,拒绝回答其他无关问题。
"""
```

得到的结果如下：

```
{
    "words": "2024年是大模型应用的元年，全球出现了非常多有趣的AI应用。"
}
```

6.3.2 使用提示词提取关键词

关键词提取是文本挖掘的重要分支，它能够提炼出表达文本核心内容的关键词。使用提示词提取关键词是一种高效且智能的方法，通过预定义的提示词来引导模型识别文本中的关键信息。这种方法利用了大语言模型的强大能力，使得关键词提取过程更加精准和高效。提示词可以根据具体应用场景进行调整，从而提高模型的适应性和准确性。

例如，在新闻文章中，提示词可以是"主要事件""关键人物"等，而在学术论文中，提示词可以是"研究主题""方法"等。通过这种方式，不仅能够提高文本处理的效率，还能为后续的文本分析和应用提供更准确的基础数据。这种技术在信息检索、文本分类、情感分析等领域都有广泛的应用前景。

使用提示词进行关键词提取，示例如下：

```
text = "数字人是运用AI数字技术创造出来的，与人类形象接近的数字化人物形象。"

prompt = f"""
    身份：资深自然语言处理专家。
    任务：从给定的文本中提取关键词。
    输出：使用JSON格式输出，结果使用键"keywords"，值为关键词列表。
    文本内容：{text}
    限制：如果关键词比较多，输出最重要的5个关键词即可。
"""
```

得到的结果如下：

```
{
    "keywords": ["数字人", "AI数字技术", "数字化人物形象"]
}
```

6.3.3 使用提示词进行文本分类

文本分类是自然语言处理中的一个重要任务，它通过将文本分配到预定义的类别中，帮助我们更好地组织和理解大量的文本数据。文本分类技术广泛应用于垃圾邮件过滤、新闻分类和客户反馈分析等领域。

随着自然语言处理技术的不断发展，文本分类方法也在不断改进，逐渐从简单的基于规则的方法发展到复杂的神经网络模型。无论是在商业应用还是在学术研究中，文本分类都发挥着至关重要的作用，极大地推动了信息管理和知识发现的进步。

使用提示词对新闻标题进行文本分类，示例如下：

```
texts = [
    '四大技术路径角逐固态电池 实现产业化仍任重道远',
```

```
    'AI Agent：超级员工将至 ',
    '××给准大学生的建议，你们认可吗？ ',
    '教育是教创造知识不是教接受知识 ',
    '端午假期数据显示传统景区后劲十足 '
]
categories = ['汽车', '科技', '教育', '旅游']
contents = [f'{idx + 1}、{text} \n' for idx, text in enumerate(texts)]

prompt = f"""
    身份：资深文本分类专家。
    任务：按照提供的分类类别对新闻标题进行分类。
    输出：使用JSON格式输出，结果使用键"category"，值为分类类别。
    分类类别：{'、'.join(categories)}
    文本内容：{''.join(contents)}
    限制：每个新闻标题只属于一个最相关的分类，如果无法匹配到合适的分类，默认用其他。
"""
```

得到的结果如下：

```
{
    "1": {
        "category": "科技"
    },
    "2": {
        "category": "科技"
    },
    "3": {
        "category": "教育"
    },
    "4": {
        "category": "教育"
    },
    "5": {
        "category": "旅游"
    }
}
```

6.3.4 使用提示词进行情感分析

自然语言情感分析是一种利用计算机技术分析和理解文本中表达的情感和态度的方法。它通过对文本进行处理和挖掘，识别出其中的情感倾向，如积极、消极或中性。情感分析广泛应用于社交媒体监控、市场调研、客户反馈分析和舆情监控等领域。

通过情感分析，企业可以及时了解消费者的情感和需求，从而调整产品和服务策略；研究人员可以分析公众对某一事件的情感反应，提供决策支持。自然语言情感分析不仅提高了信息处理的效率，还为各行业提供了宝贵的情感洞察，推动了信息化和智能化的发展。

使用提示词对评论进行情感分析，示例如下：

```
comments = [
    '物流很快，包装精美，上门送货，非常喜欢。',
    '味道一般，当早餐吃还可以。',
```

```
    '口味太甜了,有点腻。',
    '拿到快递后,包装是破损的,里面的东西丢失了一部分。',
    '尺码偏大,而且颜色与介绍中的不一致,退货了。'
]
contents = [f'{idx + 1}、{comment} \n' for idx, comment in enumerate(comments)]

prompt = f"""
    身份:资深文本情感分析专家。
    任务:对给定的文本进行情感分析,判断文本的情感标签属于积极、中性还是消极,并给出一个0~1
之间的得分。
    输出:使用JSON格式输出,情感标签使用键"label",值为情感标签结果;情感得分使用键
       "score",值为得分值。
    文本内容:{''.join(contents)}
    限制:只进行情感分析,不执行其他额外操作,结果仅包含情感标签和情感得分。
"""
```

得到的结果如下:

```
{
    "results": [
        {
            "label": "积极",
            "score": 0.9
        },
        {
            "label": "中性",
            "score": 0.5
        },
        {
            "label": "消极",
            "score": 0.3
        },
        {
            "label": "消极",
            "score": 0.2
        },
        {
            "label": "消极",
            "score": 0.4
        }
    ]
}
```

6.3.5 使用提示词进行文本摘要

文本摘要是一种自然语言处理技术,它从大量的文本中提取出最重要的信息,使读者能够快速理解内容的核心要点。文本摘要技术在信息爆炸的时代具有重要意义,它能帮助我们筛选和处理大量信息,节省时间和精力。文本摘要可以分为抽取式摘要和生成式摘要两种。

使用提示词对新闻进行文本摘要,示例如下:

```
text = "文旅市场热度持续攀升,点燃"假日经济"的消费新活力。在重庆,各大景区纷纷推出数百场以"
    粽"为主题的文旅活动,赛龙舟、包粽子、制香囊等让市民游客沉浸式体验传统文化魅力;在广东,佛
    山凭借非物质文化遗产项目"叠滘赛龙舟",成为今年端午假期的热门"民俗小城";在福建泉州等地,
    民俗踩街、王爷船巡海仪式等地方特色节庆活动也吸引了众多游客。"

prompt = f"""
    身份:资深文本摘要提取专家。
    任务:从给定的文本中提取内容摘要。
    输出:使用JSON格式输出,结果使用键"summary",值为摘要结果。
    文本内容:{text}
    限制:对文本内容进行摘要,要做到精练不重复,字数不超过30字。
"""
```

得到的结果如下:

```
{
    "summary": "文旅市场热度持续攀升,重庆景区推出粽主题活动,广东佛山叠滘赛龙舟成热门,福
        建泉州民俗节庆吸引游客。"
}
```

6.3.6 使用提示词进行中英文翻译

中英文翻译是一项将中文文本准确翻译成英文,或将英文文本准确翻译成中文的技术。随着全球化的发展,跨语言交流变得愈发频繁,中英文翻译在国际商务、文化交流、学术研究和日常生活中扮演着重要角色。传统的翻译依赖于专业翻译人员,但随着自然语言处理技术的进步,机器翻译逐渐成为一种高效、便捷的解决方案。

使用提示词对中文文本进行翻译,示例如下:

```
text = "数字人是运用AI数字技术创造出来的,与人类形象接近的数字化人物形象。"

prompt = f"""
    身份:资深中英文翻译专家。
    任务:把给定的中文文本翻译成标准的美式英文。
    输出:使用JSON格式输出,结果使用键"result",值为翻译结果。
    文本内容:{text}
    限制:只做中英文翻译,用词和表达必须准确无误。
"""
```

得到的结果如下:

```
{
    "result": "Digital humans are created using AI digital technology,
        resembling human-like digital characters."
}
```

6.4 小结

本章围绕提示词工程及其在大语言模型中的应用展开,主要内容包括三个方面:
首先,介绍了提示词的概念及其在提示词工程中的作用。提示词是与大语言模型互动

的关键，通过精确设计提示词，可以有效引导模型生成所需的输出，提升模型的应用效果。

接着，分享了一些实用的提示词使用技巧。掌握这些技巧能够帮助用户更好地与大语言模型互动，使其更好地为用户所用。具体技巧包括如何设计有效的提示词，如何调整提示词以获得更准确的结果，以及如何灵活利用提示词以应对不同任务。

最后，通过具体示例，演示了如何使用提示词完成各种 NLP 任务。示例涵盖了分词、提取关键词、文本分类、情感分析、文本摘要、中英文翻译等常见任务，详细说明了每个任务中提示词的设计与调整方式，展示了提示词在实际应用中的强大功能。

综上所述，本章通过理论讲解和具体示例相结合的方式，全面介绍了提示词的基本概念、使用技巧以及在自然语言处理任务中的具体应用，为读者提供了系统性的提示词使用指南。

CHAPTER 7

第 7 章

Hugging Face 入门与开发

Hugging Face 是一家专注于自然语言处理（NLP）和人工智能（AI）技术的先锋公司，被誉为"AI 界的 GitHub"。Hugging Face 不仅在技术领域取得了卓越成就，还通过其开放和协作的社区模式，提供了一整套开源的 AI 开发框架，并收录了众多前沿的数据集和预训练模型，吸引了全球范围内的技术专家和爱好者，共同推动人工智能技术的进步和实际应用。

本章主要涉及的知识点有：
- Hugging Face 简介：了解 Hugging Face 和 Hugging Face Hub 客户端库。
- Hugging Face 数据集工具：掌握数据集工具的上传、下载等基本操作。
- Hugging Face 模型工具：掌握模型工具的基本操作，包括编码、模型训练；掌握不同场景下数据集和模型的评价方法。

7.1 Hugging Face 简介

7.1.1 什么是 Hugging Face

Hugging Face 是一家前沿的人工智能公司，成立于 2016 年，最初致力于开发一款社交聊天机器人，并积累了对 NLP 技术的深厚理解。但随着技术的发展和市场需求的变化，公司逐渐转向提供更广泛的技术、工具和资源。

如今，Hugging Face 因其开源的 Transformers 库而闻名，该库提供了一系列预训练模型。持续的更新和扩展，使得 Transformers 库能够支持更多模型和任务。而 Hugging Face 推出的另一个开源工具 Hugging Face Hub（简称 HF Hub），更是一个存储和分享模型、数据集的平台，它有效促进了社区协作和知识共享。

Hugging Face 的官方主页网址为 https://huggingface.co，进入 Hugging Face 网站首页，

如图 7-1 所示。

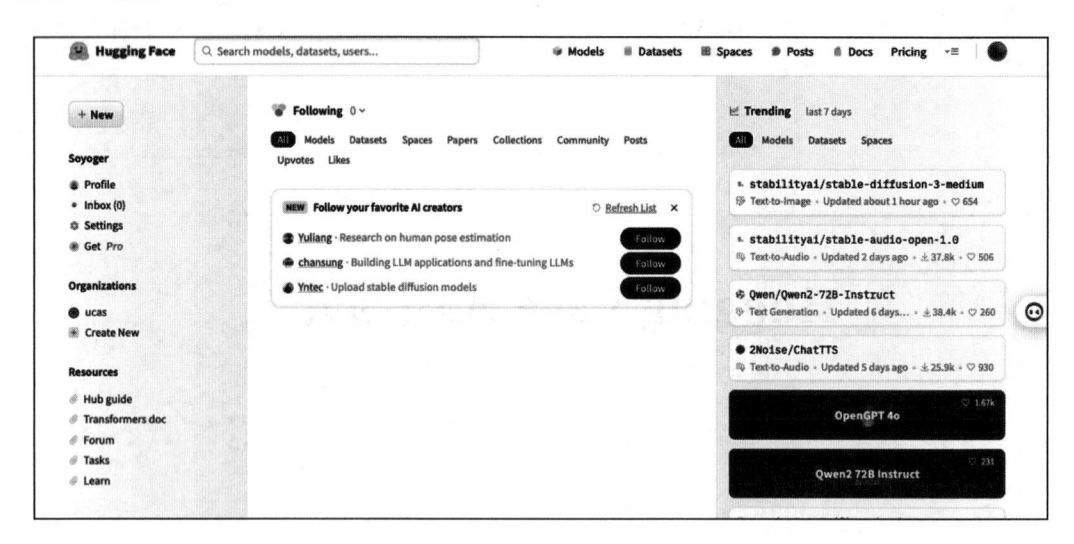

图 7-1　Hugging Face 网站首页

Hugging Face 网站的主要模块如下：
- Models：包括各种类型的预训练开源模型。
- Datasets：包括丰富的开源数据集。
- Spaces：发现社区制作的和运行中的热门 AI 应用。
- Posts：包括所有 HF Hub 的帖子。
- Docs：文档中心，包括各种模型算法的使用说明文档。
- Pricing：HF Hub 提供的高级功能、空间升级和托管服务等的定价。

7.1.2　Hugging Face Hub 客户端库

Hugging Face Hub 是分享机器学习模型、演示、数据集和指标的首选之地，是基于 Git 的存储库（模型、数据集或 Spaces）的集合。访问 HF Hub 主要有 2 种方式：第一种是基于 Git 的方法，主要围绕 Repository 类构建；第二种是基于 HTTP 的方法，涉及使用 HfApi 客户端发出 HTTP 请求。两种方法各有优缺点。

使用存储库的主要优点是，它允许用户在计算机上维护整个存储库的本地副本。但这也可能是一个缺点，因为它需要不断更新和维护此本地副本。这类似于传统的软件开发，每个开发人员都维护自己的本地副本，并在开发功能时推送更改。然而，在机器学习的背景下，这可能并不总是必要的，因为用户可能只需要下载权重进行推理或将权重从一种格式转换为另一种格式，而无须克隆整个存储库。该方法目前已经被弃用，取而代之的是基于 HTTP 的替代方案。

HfApi 类提供与基于 Git 的方法相同的功能，例如下载和推送文件以及创建分支和标签，但无须保持同步的本地文件夹。除此之外，HfApi 类还提供其他功能，例如管理存储库、使用缓存下载文件以实现高效重用、在 HF Hub 中搜索存储库和元数据、访问讨论、PR 和评论等社区功能，以及配置 Spaces 硬件和机密。基于 HTTP 的方法在所有情况下都是推荐使用的方法。

1. huggingface_hub 的安装

huggingface_hub 库可让用户在不离开开发环境的情况下与 HF Hub 进行交互。用户可以轻松创建和管理存储库、下载和上传文件，以及从 HF Hub 中获取有用的模型和数据集元数据。

在使用 huggingface_hub 之前，先要进行安装：

```
pip3 install --upgrade huggingface_hub
```

2. huggingface_hub 的验证

在很多情况下，要与 HF Hub 进行交互需要进行 Hugging Face 账户身份验证，首先需要创建一个 Hugging Face 账户，然后登录账户，在"设置"中获取用户的访问 Token，如图 7-2 所示。

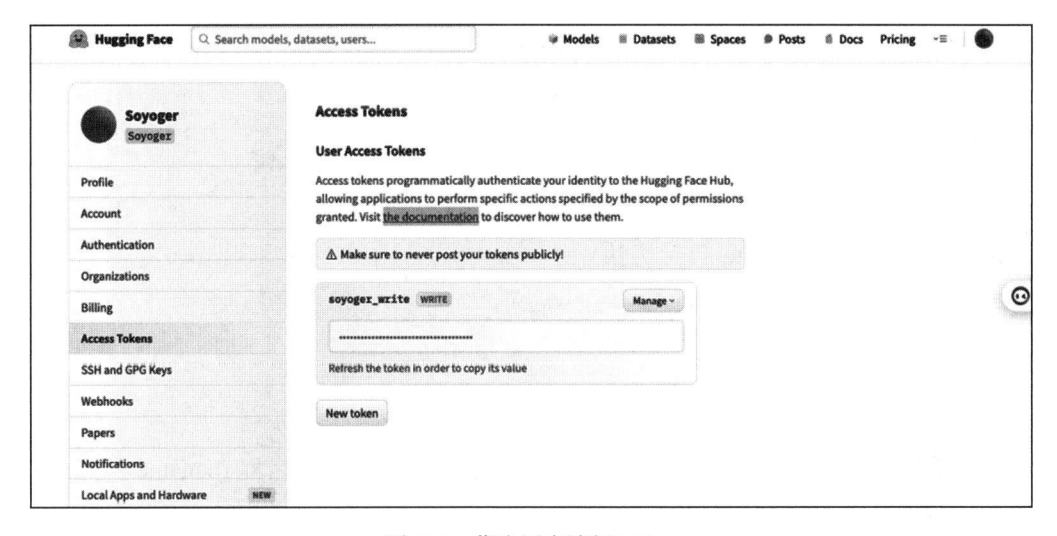

图 7-2　获取用户访问 Token

在脚本中使用 login 方法进行登录：

```
from huggingface_hub import login

token = "hf_xxxxxx"
# 登录
login(token=token)
```

返回登录成功的信息，可以看到 Token 的权限以及被缓存的位置：

```
Token will not been saved to git credential helper. Pass `add_to_git_
```

```
credential=True` if you want to set the git credential as well.
Token is valid (permission: write).
Your token has been saved to /Users/xxx/.cache/huggingface/token
Login successful
```

如果要退出，可使用 logout 方法：

```
from huggingface_hub import logout
# 退出
logout()
```

返回退出成功的信息：

```
Successfully logged out.
```

3. huggingface_hub 的常用操作

使用 huggingface_hub 可以在脚本中完成特定的操作，如创建存储库、上传和下载文件、搜索、推理和缓存等操作，下面介绍一些常规操作，更多详细内容可以查阅官网（https://huggingface.co/docs/huggingface_hub/guides/overview）。

创建存储库，使用 create_repo 方法，private 表示是否私有；repo_type 表示存储库的类型，如 model、dataset 或者 space，默认为 None：

```
from huggingface_hub import create_repo

# 创建存储库
repo_id = "soyoger/test-model"
create_repo(repo_id, private=True, repo_type="model")
```

删除存储库，使用 delete_repo 方法：

```
from huggingface_hub import delete_repo

# 删除存储库
repo_id = "soyoger/test-model"
delete_repo(repo_id, repo_type="model")
```

下载单个文件，使用 hf_hub_download，需要指定下载的文件名称 filename、本地下载目录 local_dir 以及存储库类型 repo_type 等：

```
from huggingface_hub import hf_hub_download

# 下载文件
repo_id = "moka-ai/m3e-base"
filename = "config.json"
hf_hub_download(
    repo_id=repo_id,
    filename=filename,
    repo_type="model",
    local_dir='./tmp'
)
```

下载完整的存储库，可以遍历整个存储库文件：

```python
from huggingface_hub import hf_hub_download, list_repo_files

# 下载完整的存储库
repo_id = "moka-ai/m3e-base"
model_files = list_repo_files(repo_id, repo_type='model')
for model_file in model_files:
    hf_hub_download(repo_id=repo_id, filename=model_file, local_dir='./tmp')
```

使用快照下载，也可以下载给定版本的整个存储库：

```python
from huggingface_hub import snapshot_download

repo_id = "moka-ai/m3e-base"
snapshot_download(repo_id=repo_id, repo_type="model", local_dir='./tmp')
```

上传文件，使用 upload_file 向存储库中上传文件：

```python
from huggingface_hub import upload_file

repo_id = "soyoger/test-model"
upload_file(
    path_or_fileobj="/path/README.md",
    path_in_repo="README.md",
    repo_id=repo_id,
    repo_type='model'
)
```

除了上述操作，huggingface_hub 还包括其他更多操作，限于篇幅这里不再赘述，大家可以直接查看官方文档。

上述 HF Hub 的操作，也可以使用 HfApi 类实现，HfApi 拥有更强的灵活性。比如使用 HfApi 打印所有的模型列表：

```python
from huggingface_hub.hf_api import HfApi, list_models

token = "hf_xxxxxx"
hf_api = HfApi(token=token)
# 返回 Iterable
models = list_models()
for model in models:
    print(model)
```

7.2 Hugging Face 数据集工具

7.2.1 数据集工具简介

Hugging Face Datasets 是一个用于轻松访问和共享音频、计算机视觉和自然语言处理任务的数据集的库，只需要一行代码就可以加载数据集，并使用强大的数据处理方法快速准备好数据集以用于模型的训练，这大大提高了数据集的处理效率。

访问 Hugging Face 官网，单击导航栏中的 Datasets，即可访问和搜索 Hugging Face 提

供的数据集，如图 7-3 所示。

图 7-3　Hugging Face 数据集页面

Hugging Face 提供的每一个数据集都是独一无二的。打开数据集页面，左侧可以根据不同的任务类型、数据量大小、子任务类型、语言、使用许可等筛选数据集；右侧为具体的数据集列表。单击某个具体的数据集，可以进入数据集的详情页面，查看数据集相关的信息。

Hugging Face 还提供了统一的数据集处理工具，可以让开发者通过统一的 API 处理各种不同的数据集。在使用数据集之前，需要先进行安装：

```
pip3 install datasets
```

数据集还支持音频和图像数据格式。音频数据集和图像数据集的安装指令分别如下：

```
# 安装音频数据集功能
pip3 install datasets[audio]
# 安装图像数据集功能
pip3 install datasets[vision]
```

7.2.2　数据集工具的基本操作

数据集对象有两种类型：Dataset 和 IterableDataset。一般来说，Dataset 类型需要把整个数据集存储在磁盘或者内存中，适合中小规模的数据集；IterableDataset 类型具有惰性行为优势，可以在线读取数据而无须写入磁盘，更适合大规模数据集。读者可以阅读文档（https://huggingface.co/docs/datasets/about_mapstyle_vs_iterable）了解更多关于两种数据集的区别。下面介绍一些数据集常用的操作。

1. 检查数据集

在下载数据集之前，快速获取数据集的一些常规信息通常会非常有用。数据集的信息存储在 DatasetInfo 中，包括数据集描述、特征和数据集大小等信息。

使用 load_dataset_builder 方法可以检查数据集的属性，而无须下载数据集，以 weibo_ner 数据集为例：

```
from datasets import load_dataset_builder

ds_builder = load_dataset_builder("hltcoe/weibo_ner", trust_remote_code=True)

# 查看数据集名称
print(ds_builder.info.dataset_name)

# 检查数据集描述
print(ds_builder.info.description)

# 检查数据集特征
print(ds_builder.info.features)
```

得到如下结果：

```
weibo_ner

Tags: PER(人名), LOC(地点名), GPE(行政区名), ORG(机构名)
Label     Tag       Meaning
PER       PER.NAM   名字（张三）
PER.NOM             代称、类别名（穷人）
LOC       LOC.NAM   特指名称（紫玉山庄）
LOC.NOM             泛称（大峡谷、宾馆）
GPE       GPE.NAM   行政区的名称（北京）
ORG       ORG.NAM   特定机构名称（通惠医院）
ORG.NOM             泛指名称、统称（文艺公司）
```

数据集的特征信息如下：

```
{'id': Value(dtype='string', id=None), 'tokens': Sequence(feature=Value(dty
    pe='string', id=None), length=-1, id=None), 'ner_tags': Sequence(featur
    e=ClassLabel(names=['B-GPE.NAM', 'B-GPE.NOM', 'B-LOC.NAM', 'B-LOC.NOM',
    'B-ORG.NAM', 'B-ORG.NOM', 'B-PER.NAM', 'B-PER.NOM', 'I-GPE.NAM', 'I-GPE.
    NOM', 'I-LOC.NAM', 'I-LOC.NOM', 'I-ORG.NAM', 'I-ORG.NOM', 'I-PER.NAM',
    'I-PER.NOM', 'O'], id=None), length=-1, id=None)}
```

2. 加载数据集

如果用户对数据集比较满意，就可以使用数据集工具中的 load_dataset 方法加载数据集，以加载名称为 weibo_ner 的数据集为例：

```
from datasets import load_dataset

# 加载数据集
dataset = load_dataset("hltcoe/weibo_ner", trust_remote_code=True)
print(dataset)
```

返回结果是一个 DatasetDict 对象，且数据集被分为 3 部分，分别是训练集 train、验证集 validation 和测试集 test。

```
DatasetDict({
    train: Dataset({
        features: ['id', 'tokens', 'ner_tags'],
        num_rows: 1350
    })
    validation: Dataset({
        features: ['id', 'tokens', 'ner_tags'],
        num_rows: 270
    })
    test: Dataset({
        features: ['id', 'tokens', 'ner_tags'],
        num_rows: 270
    })
})
```

使用 get_dataset_split_names 方法可以列出数据集的分割名称:

```
from datasets import get_dataset_split_names

# 获取数据集分割名称
print(get_dataset_split_names("hltcoe/weibo_ner", trust_remote_code=True))
```

得到如下结果:

```
['train', 'validation', 'test']
```

当用户加载数据集的时候,可以使用参数 split 单独指定要加载的特定分割数据集。如要加载分割数据集 train:

```
dataset = load_dataset("hltcoe/weibo_ner", split="train", trust_remote_code=True)
print(dataset)
```

返回 Dataset 对象的数据集:

```
Dataset({
    features: ['id', 'tokens', 'ner_tags'],
    num_rows: 1350
})
```

当数据集由多个文件(分片)组成时,使用多进程可以显著加快数据集的加载速度,代码如下:

```
dataset = load_dataset("hltcoe/weibo_ner", trust_remote_code=True, num_proc=8)
```

3. 保存数据集

当用户加载数据之后,可以使用 save_to_disk 方法把数据保存到本地磁盘中,代码如下:

```
dataset.save_to_disk("./tmp/weibo_ner")
```

保存在本地的数据，可以使用 load_from_disk 方法进行加载，代码如下：

```
from datasets import load_from_disk

dataset = load_from_disk("./tmp/weibo_ner")
```

4. 查看数据集

在查看或者加载数据的时候，可以选择加载特定的数据，常见的数据集分割方式如下：

```
# 选择数据集 train
dataset = load_dataset("hltcoe/weibo_ner", split="train", trust_remote_
    code=True)

# 选择数据集 train+test
dataset = load_dataset("hltcoe/weibo_ner", split="train+test", trust_remote_
    code=True)

# 按 train 的行获取数据集
dataset = load_dataset("hltcoe/weibo_ner", split="train[10:20]", trust_
    remote_code=True)

# 按 train 的百分比获取数据集
dataset = load_dataset("hltcoe/weibo_ner", split="train[:20%]", trust_remote_
    code=True)
```

也可以使用切片的方式，查看数据，代码如下：

```
print(dataset[:1])
```

得到的结果如下：

```
{
    'id': ['0'],
    'tokens': [
        ['科 0', '技 1', '全 0', '方 1', '位 2', '资 0', '讯 1', '智 0', '能 1', ',
            0', '快 0', '捷 1', '的 0', '汽 0', '车 1', '生 0', '活 1', '需 0', '要
            1', '有 0', '三 1', '屏 2', '一 0', '云 1', '爱 2', '你 0']
    ],
    'ner_tags': [
        [16, 16, 16, 16, 16, 16, 16, 16, 16, 16, 16, 16, 16, 16, 16, 16,
            16, 16, 16, 16, 16, 16, 16, 16, 16]
    ]
}
```

5. 数据集排序

可以使用 sort 方法，对数据集指定列进行排序，默认 writer_batch_size=1000，可以按需调整大小，代码如下：

```
print(f"排序前 id 值：{dataset['id'][:10]}")
sorted_dataset = dataset.sort(column_names=['id'], reverse=True)
print(f"排序后 id 值：{sorted_dataset['id'][:10]}")
```

结果如下:

```
排序前id值: ['0', '1', '2', '3', '4', '5', '6', '7', '8', '9']
排序后id值: ['999', '998', '997', '996', '995', '994', '993', '992', '991', '990']
```

6. 数据集打散

可以使用 shuffle 方法，对数据集进行重新排列，如果想要更好地控制用于打散数据集的算法，可以增加 seeds 或 seed 参数，默认 writer_batch_size=1000，可以按需调整大小，代码如下:

```
print(f"打散前id值: {dataset['id'][:10]}")
shuffled_dataset = dataset.shuffle(seed=100, writer_batch_size=10000)
print(f"打散后id值: {shuffled_dataset['id'][:10]}")
```

结果如下:

```
打散前id值: ['0', '1', '2', '3', '4', '5', '6', '7', '8', '9']
打散后id值: ['248', '646', '758', '136', '467', '477', '859', '749', '569', '925']
```

7. 数据集抽样

可以使用 select 方法，按照索引下标抽取数据。比如抽取指定下标的数据，代码如下:

```
sample_dataset = dataset.select([0, 10, 20, 30])
print(f"抽样的数据集id值: {sample_dataset['id']}")
```

结果如下:

```
抽样的数据集id值: ['0', '10', '20', '30']
```

8. 数据集过滤

可以使用 filter 方法，过滤符合条件的数据。比如过滤 id 小于 10 的数据，代码如下:

```
filtered_dataset = dataset.filter(lambda x: int(x['id']) < 10)
print(f"过滤后的数据集id值: {filtered_dataset['id']}")
```

结果如下:

```
过滤后的数据集id值: ['0', '1', '2' '3', '4', '5', '6', '7', '8', '9']
```

9. 数据集切分

可以使用 train_test_split 方法，把数据集按照一定比例切分成训练集和测试集。参数 test_size 表示测试集占原始数据集的比例，默认切分是随机打散的，设置参数 shuffle=False 可以防止打散。比如设置训练集和测试集的比例为 7:3，代码如下:

```
train_test_dataset = dataset.train_test_split(test_size=0.3, writer_batch_size=10000)
```

```
print(f"原始数据大小：{dataset.shape}")
print(f"训练集大小：{train_test_dataset['train'].shape}")
print(f"测试集大小：{train_test_dataset['test'].shape}")
```

结果如下：

```
原始数据大小：(1350, 3)
训练集大小：(945, 3)
测试集大小：(405, 3)
```

10. 数据集分片

可以使用 shard 方法，把非常大的数据集划分为预定义数量的块，参数 num_shards 在 shard 方法中用来指定数据集的分片数，参数 index 表示要取出第几份数据，默认从 0 开始。假设要将数据集划分为 5 份，并取出第一份数据，代码如下：

```
num_shards = 5
index = 0
shard_dataset = dataset.shard(num_shards=num_shards, index=index)
print(f"原始数据大小：{dataset.shape}")
print(f"第 {index} 份数据大小：{shard_dataset.shape}")
```

结果如下：

```
原始数据大小：(1350, 3)
分片后的第 0 份数据大小：(270, 3)
```

11. 重命名列名

当需要重命名数据集中的列时，可以使用 rename_column 方法和 rename_columns 方法，示例代码如下：

```
print(f"原始数据的列名称：{dataset.column_names}")
rename_dataset = dataset.rename_column('id', 'my_id')
print(f"重命名后数据的列名称：{rename_dataset.column_names}")
renames_dataset = rename_dataset.rename_columns({"tokens": "my_tokens", "ner_
    tags": "my_ner_tags"})
print(f"重命名后数据的列名称：{renames_dataset.column_names}")
```

结果如下：

```
原始数据的列名称：['id', 'tokens', 'ner_tags']
重命名后数据的列名称：['my_id', 'tokens', 'ner_tags']
重命名后数据的列名称：['my_id', 'my_tokens', 'my_ner_tags']
```

12. 按列名删除

当需要删除一个或者多个列时，可以使用 remove_columns 方法。通过提供待删除列名称的列表来删除多个列，示例代码如下：

```
print(f"原始数据的列名称：{dataset.column_names}")
remove_dataset = dataset.remove_columns(["id"])
```

```
print(f"删除id列后数据集的列名称：{remove_dataset.column_names}")
```

结果如下：

```
原始数据的列名称：['id', 'tokens', 'ner_tags']
删除id列后数据集的列名称：['tokens', 'ner_tags']
```

13. map 批处理

数据集更高级的用法是使用 map 方法，主要目的是提高数据的处理效率。假设我们对数据集的 id 都自增 1，代码如下：

```
def add_one_to_id(item):
    item['id'] = int(item['id']) + 1
    return item

print(f"原始数据的前10个id值：{dataset['id'][:10]}")
new_dataset = dataset.map(add_one_to_id)
print(f"处理后数据的前10个id值：{new_dataset['id'][:10]}")
```

结果如下：

```
原始数据的前10个id值：['0', '1', '2', '3', '4', '5', '6', '7', '8', '9']
处理后数据的前10个id值：[1, 2, 3, 4, 5, 6, 7, 8, 9, 10]
```

至此，我们介绍了一些在日常开发过程中常用的数据集处理方法。然而，Hugging Face 的 Datasets 工具集提供了更加丰富和多样的功能。如果读者对此感兴趣，建议查阅官方文档以获取更多详细信息。

7.3 Hugging Face 模型工具

7.3.1 Transformers 简介

Transformers 是 Hugging Face 生态系统中另一个非常核心的开源工具库，提供了简单易用的 API，它可以快速加载和使用模型，不仅提供了对各种预训练模型的访问，如 BERT、GPT、T5 等，还包括非预训练模型，如卷积神经网络等。这些模型可以用于多种任务，如自然语言处理、计算机视觉以及音频和语音处理任务，可以很方便地在特定的数据集上微调预训练模型，以提高模型在特定任务上的性能。

在使用 Transformers 工具库之前，需要先进行安装：

```
pip3 install transformers
```

对于想快速体验的用户或者使用成熟模型就可以完成的任务，Transformers 提供了一种使用模型进行推理的简单而好用的管道工具。管道对复杂的底层代码做了抽象，提供了统一处理任务的简单 API，适用于自然语言处理、计算机视觉、音频和多模态等任务。

用户在使用管道工具时，只需要指定管道工具要进行的任务类型，管道工具就会自动匹配合适的模型，然后给出推理结果。常见的管道任务类型，见表 7-1。

表 7-1 常见的管道任务类型

序号	任务类型	任务管道
1	audio-classification	AudioClassificationPipeline
2	automatic-speech-recognition	AutomaticSpeechRecognitionPipeline
3	conversational	ConversationalPipeline
4	depth-estimation	DepthEstimationPipeline
5	document-question-answering	DocumentQuestionAnsweringPipeline
6	feature-extraction	FeatureExtractionPipeline
7	fill-mask	FillMaskPipeline
8	image-classification	ImageClassificationPipeline
9	image-segmentation	ImageSegmentationPipeline
10	image-to-text	ImageToTextPipeline
11	object-detection	ObjectDetectionPipeline
12	question-answering	QuestionAnsweringPipeline
13	summarization	SummarizationPipeline
14	table-question-answering	TableQuestionAnsweringPipeline
15	text2text-generation	Text2TextGenerationPipeline
16	text-classification 或 sentiment-analysis	TextClassificationPipeline
17	text-generation	TextGenerationPipeline
18	token-classification 或 ner	TokenClassificationPipeline
19	translation	TranslationPipeline
20	translation_xx_to_yy	TranslationPipeline
21	video-classification	VideoClassificationPipeline
22	visual-question-answering	VisualQuestionAnsweringPipeline
23	zero-shot-classification	ZeroShotClassificationPipeline
24	zero-shot-image-classification	ZeroShotImageClassificationPipeline
25	zero-shot-audio-classification	ZeroShotAudioClassificationPipeline
26	zero-shot-object-detection	ZeroShotObjectDetectionPipeline

Transformes 库提供的 pipeline 方法用于构建任务的 Pipeline。

1. 指定任务类型

使用管道工具，指定任务类型为 text-classification，进行情感分析：

```
from transformers import pipeline

pipe = pipeline(task="text-classification", trust_remote_code=True)
result = pipe("真的很好！")
print(result)
```

返回结果如下:

[{'label': 'POSITIVE', 'score': 0.8844040632247925}]

2. 指定模型

使用管道工具,指定使用的模型为 roberta-large-mnli,进行情感分析:

```
from transformers import pipeline

pipe = pipeline(model="FacebookAI/roberta-large-mnli")
result = pipe("nice")
print(result)
```

返回结果如下:

[{'label': 'ENTAILMENT', 'score': 0.7788204550743103}]

3. 多任务

使用管道工具,同时输入多个任务:

```
from transformers import pipeline

pipe = pipeline(task="text-classification", trust_remote_code=True)
result = pipe(["真的很好!", "速度太慢了", "非常好吃,推荐给大家!"])
print(result)
```

返回结果如下:

```
[
    {'label': 'POSITIVE', 'score': 0.8844040632247925},
    {'label': 'NEGATIVE', 'score': 0.8364637494087219},
    {'label': 'POSITIVE', 'score': 0.7888527512550354}
]
```

4. 迭代器

使用管道工具可以处理迭代器任务,这个案例使用 get_data 方法模拟了一个迭代器,代码如下:

```
import random
from transformers import pipeline

texts = ["真的很好!", "速度太慢了", "非常好吃,推荐给大家!"]

pipe = pipeline(task="text-classification", trust_remote_code=True)

def get_data():
    while True:
        # 假设每次随机抽取一个评论
        data = random.choice(texts)
        yield data
```

```
for out in pipe(get_data()):
    print(out)
```

由于存在 random 的随机性，因此每次返回的结果可能不一样，返回结果如下，

```
{'label': 'NEGATIVE', 'score': 0.8364637494087219}
{'label': 'POSITIVE', 'score': 0.7888527512550354}
...
{'label': 'POSITIVE', 'score': 0.7888527512550354}
{'label': 'POSITIVE', 'score': 0.7888527512550354}
```

5. 批任务

使用管道工具，可以按批处理任务，只需要指定参数 batch_size 的大小。如果系统带有 GPU，还可以设置 device 参数。下面使用不同的 batch_size 大小，观察任务耗时情况：

```
import time
from transformers import pipeline

pipe = pipeline(task="text-classification", trust_remote_code=True)

texts = ["真的很好！", "速度太慢了", "非常好吃，推荐给大家！"] * 10
for batch_size in [1, 2, 4, 8]:
    start = time.time()
    for out in pipe(texts, batch_size=batch_size):
        # print(out)
        pass
    end = time.time()
    cost_time = end - start
    print(f"{batch_size=} 的耗时: {cost_time} ")
```

返回结果如下，可以看到，相同规模的数据集，batch_size 增大时，处理时间在不断缩短，二者之间存在某种非线性关系：

```
batch_size=1 的耗时: 1.5002219676971436
batch_size=2 的耗时: 0.9067339897155762
batch_size=4 的耗时: 0.6391067504882812
batch_size=8 的耗时: 0.5261931419372559
```

6. 自定义数据集

使用管道工具，在批处理任务的基础上，可以自定义自己的数据集，代码如下：

```
import time
from transformers import pipeline
from torch.utils.data import Dataset
from tqdm.auto import tqdm

class MyDataset(Dataset):
    def __len__(self):
        return 5000

    def __getitem__(self, i):
```

```python
        return "这是一条测试数据,可以替换成自己的数据项。"

dataset = MyDataset()

pipe = pipeline("text-classification")
batch_sizes = [1, 2, 4, 8, 16, 32, 64, 128, 256, 512]
cost_times = []
for batch_size in batch_sizes:
    print("-" * 50)
    print(f"Streaming batch_size={batch_size}")
    start = time.time()
    for out in tqdm(pipe(dataset, batch_size=batch_size), total=len(dataset)):
        # print(out)
        pass
    end = time.time()
    cost_time = end - start
    cost_times.append(cost_time)
    print(f"{batch_size=} 的耗时: {cost_time} ")
```

接下来自定义数据集 MyDataset,继承 Dataset 类,收集不同 batch_size 大小下处理任务的耗时,并绘制折线图,绘图代码如下:

```python
import matplotlib.pylab as plt
import matplotlib.font_manager as fm

# 加载字体
font = fm.FontProperties(fname='./SimHei.ttf')

plt.plot(batch_sizes, cost_times)
# 添加标题和轴标签
plt.title('BatchSize 大小与推理时间统计图 ', fontproperties=font)
plt.xlabel('x 轴 -batch_size 大小 ', fontproperties=font)
plt.ylabel('y 轴 - 推理时间 ', fontproperties=font)
plt.show()
```

得到的 BatchSize 大小与推理时间统计图,如图 7-4 所示,可以看出,选择合适的 batch_size 大小可以有效提高任务的处理速度。

由于 Transformers 架构种类繁多,为了简化和灵活地使用这些架构,AutoClass 对象提供了一种机制,可以从给定的检查点自动推断、选择和实例化适当的类,从而简化模型、配置和处理器的使用。

AutoClass 的优势在于,提供一致的接口来加载不同类型的模型和处理器,简化模型加载和使用过程,使得代码对不同模型架构和任务具有更高的适应性,更容易维护和扩展。下面介绍一些主要的 AutoClass 对象。

AutoTokenizer 用于加载适配模型的分词器。

```python
from transformers import AutoTokenizer

tokenizer = AutoTokenizer.from_pretrained("google-bert/bert-base-uncased")
sequence = "I love china."
print(tokenizer(sequence))
```

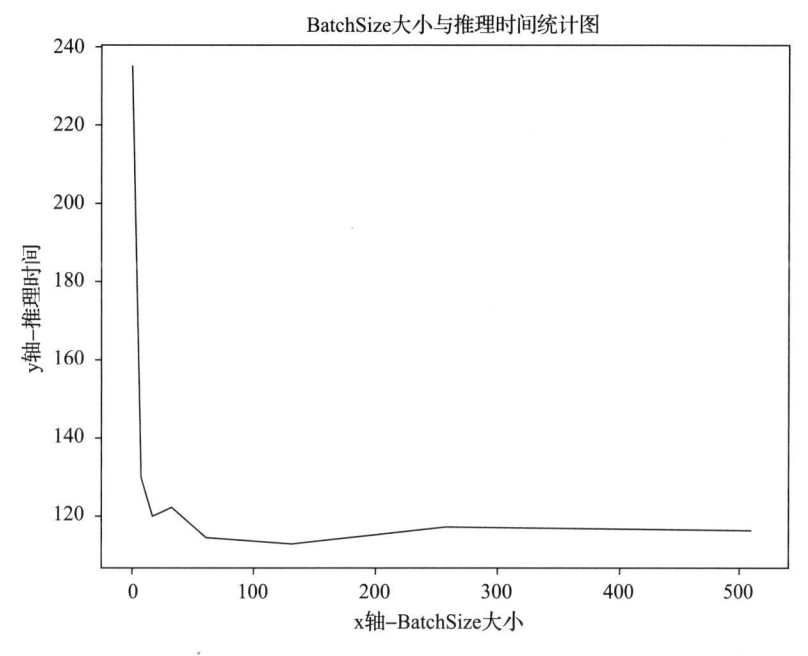

图 7-4 BatchSize 大小与推理时间统计图

AutoImageProcessor 用于加载预训练的图像处理器。

```
from transformers import AutoImageProcessor

image_processor = AutoImageProcessor.from_pretrained("google/vit-base-
    patch16-224")
```

AutoFeatureExtractor 用于加载预先训练的特征提取器。

```
from transformers import AutoFeatureExtractor

feature_extractor = AutoFeatureExtractor.from_pretrained(
    "ehcalabres/wav2vec2-lg-xlsr-en-speech-emotion-recognition"
)
```

AutoProcessor 用于加载预先训练的处理器。

```
from transformers import AutoProcessor

processor = AutoProcessor.from_pretrained("microsoft/layoutlmv2-base-uncased")
```

AutoModel 用丁加载通用的预训练模型。

```
from transformers import AutoModelForSequenceClassification

model = AutoModelForSequenceClassification.from_pretrained("distilbert-base-
    uncased")

from transformers import AutoModelForTokenClassification
```

```
model = AutoModelForTokenClassification.from_pretrained("distilbert-base-
    uncased")
```

下面使用 Transformers 库来加载和使用一个预训练的 GPT-2 模型进行文本生成。

```
from transformers import AutoModelForCausalLM, AutoTokenizer

tokenizer = AutoTokenizer.from_pretrained("openai-community/gpt2", trust_
    remote_code=True)
model=AutoModelForCausalLM.from_pretrained(
    "openai-community/gpt2",
    trust_remote_code=True
)
```

使用分词器将输入文本 ["An increasing sequence: one,"] 转换为模型可以接受的张量格式，这里指定了返回的张量类型为 PyTorch (return_tensors='pt')。

```
inputs = tokenizer(["An increasing sequence: one,"], return_tensors='pt')
print(inputs)
```

输出分词后的张量：

```
{'input_ids': tensor([[2025, 3649, 8379,   25,  530,   11]]), 'attention_
    mask': tensor([[1, 1, 1, 1, 1, 1]])}
```

使用模型生成文本，参数 max_new_tokens=20 表示最多生成 20 个新词，early_stopping=True 表示生成过程在达到某些条件时可以提前停止。

```
result = model.generate(**inputs, max_new_tokens=20, early_stopping=True)
print(result)
```

生成文本对应的 Token 张量：

```
tensor([[ 2025, 3649, 8379,   25,  530,   11,  734,   11, 1115,   11,
         1440,   11, 1936,   11, 2237,   11, 3598,   11, 3624,   11,
         5193,   11, 3478,   11, 22216,  11]])
```

使用分词器将生成的 Token 张量解码回人类可读的文本。

```
tokens = tokenizer.batch_decode(result)
print(tokens)
```

得到的结果：

```
['An increasing sequence: one, two, three, four, five, six, seven, eight,
    nine, ten, eleven,']
```

7.3.2 数据预处理

在进行模型训练之前，通常需要先将数据预处理为预期的模型输入格式。无论是文本、图像还是音频，都需要将它们转换并组装成张量。而 Hugging Face 的 Transformers 库就提供了一系列预处理类来帮助模型进行数据预处理。

1. 文本

文本需要转换成标记序列，并把标记序列用数值表示组装成张量：

```
from transformers import AutoTokenizer

tokenizer = AutoTokenizer.from_pretrained("google-bert/bert-base-cased")
encoded_input = tokenizer("2024 年是人工智能应用爆发的一年，这一年全球 AI 爱好者开发出很
    多有趣的 AI 应用！")
print(encoded_input)
```

2. 图像

图像也需要转换成张量：

```
from PIL import Image
from transformers import AutoImageProcessor

image_path = "cat.jpg"
image = Image.open(image_path)
processor = AutoImageProcessor.from_pretrained("google/vit-base-patch16-224")
inputs = processor(images=image, return_tensors="pt")
print(inputs)
```

3. 音频

音频需要从音频波形中提取序列特征并转换成张量：

```
import wave
import numpy as np
from transformers import AutoFeatureExtractor

def get_wav_data(audio_path):
    with wave.open(audio_path, 'rb') as wav_file:
        n_frames = wav_file.getnframes()
        # 读取音频数据
        frames = wav_file.readframes(n_frames)
        # 将音频数据转换为 numpy 数组
        wave_form = np.frombuffer(frames, dtype=np.int16)
        print(wave_form)
        return wave_form

audio_path = "./audio.wav"
audio_input = get_wav_data(audio_path)

feature_extractor = AutoFeatureExtractor.from_pretrained("facebook/wav2vec2-
    base")

# sampling_rate 指每秒测量语音信号中的数据点数，16kHz。
results = feature_extractor(audio_input, sampling_rate=16000)
print(f" 数据大小: {results['input_values'][0].shape}")
print(results)
```

4. 多模态

多模态输入需要将标记序列和特征组合为张量：

```python
from datasets import load_dataset, Audio

lj_speech = load_dataset("lj_speech", split="train", trust_remote_code=True)
lj_speech = lj_speech.map(remove_columns=["file", "id", "normalized_text"])

print(lj_speech[0]["audio"])

print(lj_speech[0]["text"])

lj_speech = lj_speech.cast_column("audio", Audio(sampling_rate=16_000))

from transformers import AutoProcessor

processor = AutoProcessor.from_pretrained("facebook/wav2vec2-base-960h")

def prepare_dataset(example):
    audio = example["audio"]

    example.update(processor(audio=audio["array"], text=example["text"],
        sampling_rate=16000))

    return example

result = prepare_dataset(lj_speech[0])
print(result)
```

7.3.3 模型微调

尽管 Hugging Face 提供了许多出色的开源模型，但这些模型通常是在通用开源数据集上训练的，因此在处理特定业务场景时，其推理结果可能并不理想。为了在具体任务中取得更优异的表现，我们需要对这些模型进行二次训练，使其能够更好地满足业务目标。这一过程被称为迁移学习，通过迁移学习，我们可以利用已有模型，针对特定数据集进行微调，从而提升模型在特定领域的性能和精度。

根据 Hugging Face 官网描述，使用预训练模型有许多显著的好处。它降低了计算成本，减少了碳排放，同时允许你使用最先进的模型，而无须从头开始训练一个新的模型。当使用预训练模型时，你需要在与任务相关的数据集上训练该模型。这种操作被称为微调，是一种非常强大的训练技术。

接下来，基于 Hugging Face 官网提供的案例，介绍微调预训练模型的具体步骤。

首先，加载 YelpReviews 数据集：

```python
from datasets import load_dataset

dataset = load_dataset("yelp_review_full")
print(dataset["train"][:2])
```

打印出的前 2 个数据集：

```
{'label': [4, 1], 'text': ["dr. goldberg offers everything i look for in
    a general practitioner.  he's nice and easy to talk to without being
    patronizing; he's always on time in seeing his patients; he's affiliated
    with a top-notch hospital (nyu) which my parents have explained to me
    is very important in case something happens and you need surgery; and
    you can get referrals to see specialists without having to see him
    first.  really, what more do you need?  i'm sitting here trying to think
    of any complaints i have about him, but i'm really drawing a blank.",
    "Unfortunately, the frustration of being Dr. Goldberg's patient is a
    repeat of the experience I've had with so many other doctors in NYC
    -- good doctor, terrible staff.  It seems that his staff simply never
    answers the phone.  It usually takes 2 hours of repeated calling to get an
    answer.  Who has time for that or wants to deal with it?  I have run into
    this problem with many other doctors and I just don't get it.  You have
    office workers, you have patients with medical needs, why isn't anyone
    answering the phone?  It's incomprehensible and not work the aggravation.
    It's with regret that I feel that I have to give Dr. Goldberg 2 stars."]}
```

接下来，需要一个 tokenizer 来处理文本，对于可变长序列，还需要进行填充和截断操作，并使用 map 方法把预处理函数一次性应用于整个数据集上。

```
from transformers import AutoTokenizer

tokenizer = AutoTokenizer.from_pretrained("google-bert/bert-base-cased")

def tokenize_function(examples):
    return tokenizer(examples["text"], padding="max_length", truncation=True)

tokenized_datasets = dataset.map(tokenize_function, batched=True)
```

为了降低对资源和训练时间的要求，提取一个比较小的子数据集进行微调：

```
small_train_dataset = tokenized_datasets["train"].shuffle(seed=42).
    select(range(1000))
small_eval_dataset = tokenized_datasets["test"].shuffle(seed=42).
    select(range(1000))
```

通过上述步骤，已经准备好了数据集。下面加载要进行二次训练的模型，并指定 5 个类别标签，代码如下：

```
from transformers import AutoModelForSequenceClassification

model = AutoModelForSequenceClassification.from_pretrained(
    "google-bert/bert-base-cased",
    num_labels=5
)
```

接下来，需要定义好超参数，创建一个 TrainingArguments 类的对象，其中包含了可以调整的所有超参数以及用于激活不同训练选项的参数。

```python
from transformers import TrainingArguments

training_args = TrainingArguments(
    # 定义 checkpoints 检查点路径
    output_dir="test_trainer",
    # 定义测试执行策略,值包括: no epoch steps
    evaluation_strategy='steps',
    # 定义每隔多少个 step 执行一次测试
    eval_steps=10,
    # 学习率
    learning_rate=1e-4,
    # 加入权重衰减,预防过拟合
    weight_decay=1e-2,
    # 是否使用 GPU
    no_cuda=True
)
```

在训练过程中为了方便评估模型的性能,需要向 Trainer 传递一个函数来计算和展示指标。Evaluate 库提供了一个简单的 accuracy 函数,可以使用 evaluate.load 函数加载,代码如下:

```python
import numpy as np
import evaluate

metric = evaluate.load("accuracy")

def compute_metrics(eval_pred):
    logits, labels = eval_pred
    predictions = np.argmax(logits, axis=-1)
    return metric.compute(predictions=predictions, references=labels)
```

接下来,定义一个训练器。创建一个包含模型、训练参数、训练数据集和测试数据集以及评估函数的 Trainer 对象,代码如下:

```python
from transformers import TrainingArguments

training_args = TrainingArguments(
    # 定义 checkpoints 检查点路径
    output_dir="test_trainer",
    # 定义测试执行策略,值包括: no epoch steps
    evaluation_strategy='steps',
    # 定义每隔多少个 step 执行一次测试
    eval_steps=10,
    # 学习率
    learning_rate=1e-4,
    # 加入权重衰减,预防过拟合
    weight_decay=1e-2,
    # 是否使用 GPU
    no_cuda=True,
    # 日志输出策略
    logging_strategy="steps",
    # 日志输出级别
```

```
    log_level="info"
)
```

在正式开始训练前，先对模型进行一次评估：

```
trainer.evaluate()
```

记录下模型初始的评价指标，准确率只有 0.18：

```
{
    'eval_loss': 1.7317930459976196,
    'eval_accuracy': 0.18,
    'eval_runtime': 120.681,
    'eval_samples_per_second': 0.829,
    'eval_steps_per_second': 0.108
}
```

然后，调用 train 方法微调模型：

```
trainer.train()
```

运行过程中会输出日志信息：

```
***** Running training *****
    Num examples = 100
    Num Epochs = 3
    Instantaneous batch size per device = 8
    Total train batch size (w. parallel, distributed & accumulation) = 8
    Gradient Accumulation steps = 1
    Total optimization steps = 39
    Number of trainable parameters = 108314117
```

从训练日志中可以看出，本次训练使用了 100 个样本（仅为演示），共有 39 个 step，模型训练参数有 108 314 117 个。在训练结束之后，再进行一次评估：

```
trainer.evaluate()
```

结果如下：

```
{
    'eval_loss': 1.4960126876831055,
    'eval_accuracy': 0.33,
    'eval_runtime': 122.1781,
    'eval_samples_per_second': 0.818,
    'eval_steps_per_second': 0.106,
    'epoch': 3.0
}
```

可以看到，经过 100 个样本、39 轮的训练，模型的最终准确率为 0.33。

训练得到的模型，可以通过 save_model 保存在本地磁盘中，供后续推理使用。

```
trainer.save_model(output_dir="./train/model")
```

加载保存在本地的模型：

```python
from transformers import AutoTokenizer
from transformers import AutoModelForSequenceClassification

tokenizer = AutoTokenizer.from_pretrained("google-bert/bert-base-cased")
model = AutoModelForSequenceClassification.from_pretrained(
    "./train/model"
)
```

开始对文本进行推理：

```python
texts = [
            "dr. goldberg offers everything i look for in a general
                practitioner. ",
            "It seems that his staff simply never answers the phone.  It
                usually takes 2 hours of repeated calling to get an answer.
                Who has time for that or wants to deal with it?  I have run
                into this problem with many other doctors and I just don't get
                it.  You have office workers, you have patients with medical
                needs"
        ]
encoded_inputs = tokenizer(
    texts,
    padding="max_length",
    truncation=True,
    return_tensors='pt'
)
outputs = model(**encoded_inputs)
labels = outputs['logits'].argmax(dim=1)
print(labels.numpy().tolist())
```

得到的标签结果如下：

```
[4, 4]
```

7.3.4　模型评价指标

Evaluate 是一个用于评估机器学习模型和数据集的库。只需一行代码，就可以轻松访问针对不同领域（NLP、计算机视觉、强化学习等）的各种评估方法。无论是在本地机器上还是在分布式训练中，都能以一致且可重复的方式评估模型。

在 Hugging Face 最初的版本中，评价模块是在数据集库中的，列出所有评价指标的代码如下：

```python
from datasets import list_metrics

metrics = list_metrics()
print(metrics)
```

随着技术发展，数据集库中已经弃用了评价指标，最新的模型和数据集的评价指标都是由 Evaluate 库来实现的。在使用 Evaluate 库之前，需要先安装：

```
pip3 install evaluate
```

评价指标的入口：

```
import evaluate

accuracy = evaluate.load("accuracy")
print(accuracy.description)
```

可以看到，准确率指标的描述，解释了该指标的工作原理：

```
Accuracy is the proportion of correct predictions among the total number of
    cases processed. It can be computed with:
Accuracy = (TP + TN) / (TP + TN + FP + FN)
 Where:
TP: True positive
TN: True negative
FP: False positive
FN: False negative
```

查看指标的引用信息：

```
print(accuracy.citation)
```

得到的结果如下：

```
@article{scikit-learn,
    title={Scikit-learn: Machine Learning in {P}ython},
    author={Pedregosa, F. and Varoquaux, G. and Gramfort, A. and Michel, V.
            and Thirion, B. and Grisel, O. and Blondel, M. and Prettenhofer, P.
            and Weiss, R. and Dubourg, V. and Vanderplas, J. and Passos, A. and
            Cournapeau, D. and Brucher, M. and Perrot, M. and Duchesnay, E.},
    journal={Journal of Machine Learning Research},
    volume={12},
    pages={2825--2830},
    year={2011}
}
```

在实际计算评估分数时，主要有All-in-one和Incremental这2种方式。

All-in-one可以一次性将所有的输入传递给compute方法：

```
result = accuracy.compute(references=[0, 1, 0, 1, 1], predictions=[1, 0, 0, 1, 1])
print(result)
```

评估结果以字典形式返回：

```
{'accuracy': 0.6}
```

在某些情况下，Incremental允许用户以迭代或者分布式的方式构建预测，可以使用add方法：

```
for ref, pred in zip([0, 1, 0, 1, 1], [1, 0, 0, 1, 1]):
    accuracy.add(references=ref, predictions=pred)
print(accuracy.compute())
```

得到评估结果：

```
{'accuracy': 0.6}
```

也可以使用 add_batch 方法：

```
for refs, preds in zip([[0, 1], [0, 1], [1]], [[1, 0], [0, 1], [1]]):
    accuracy.add_batch(references=refs, predictions=preds)
print(accuracy.compute())
```

得到评估结果：

```
{'accuracy': 0.6}
```

7.4 小结

本节主要介绍了 Hugging Face 及其数据集工具、模型工具和评估工具，并提供了实践案例。

管道（Pipeline）和 AutoClass 是两大特色功能模块，管道（Pipeline）功能模块提供了一系列高层次 API，简化了文本分类、命名实体识别、文本生成等任务的执行。只需几行代码，用户就可以加载预训练模型并进行推理。AutoClass 功能模块则通过自动化推断、选择和实例化适当的类，进一步简化了模型、配置和处理器的使用，极大地降低了使用门槛。

数据集工具（Datasets），使得数据集的处理变得异常便捷。通过 Datasets 库，用户可以轻松地上传和下载各种数据集，并进行高效的数据处理。用户可以从 Hugging Face 丰富的数据集库中选择所需的数据集，直接加载并应用于模型训练和评估。

模型工具（Transformers 库）是最为知名的组件之一。该工具库提供了丰富的预训练模型，涵盖了各种算法任务。用户可以直接加载这些模型，进行编码、模型训练和模型评估等操作。

评估工具（Evaluate），是一个用于轻松评估机器学习模型和数据集的库。只需一行代码，用户就可以访问针对不同领域（NLP、计算机视觉、强化学习等）的各种评估方法。

CHAPTER 8

第 8 章

LangChain 入门与开发

2024 年注定是人工智能领域不平凡的一年。随着国内外大模型技术日益成熟，它们已被公认为是应用开发的基础底座。对于大模型应用开发者来说，选择合适的开发工具至关重要。在众多集成工具中，LangChain 脱颖而出，成为大模型开发领域的集大成者，且被越来越多的人选择并投入生产开发环境中。本章将详细介绍 LangChain 各个模块的开发知识。

本章主要涉及的知识点有：

❑ 初识 LangChain：了解 LangChain 的发展背景、开发流程和开发生态圈，建立全方位的直观认识。
❑ 模型 I/O：包括提示词模板、模型包装器和输出解析器。
❑ 数据增强：包括文档加载、转换、文本嵌入、向量存储器和检索器等工具。
❑ 链：将多个 LLM 或者组件连接。

8.1 初识 LangChain

8.1.1 LangChain 简介

LangChain 是一个基于大语言模型的开源应用框架，最初由初创公司 Robust Intelligence 的开发者 Harrison Chase 开源在 GitHub 上，并迅速获得社区的认可，经过不断的发展，现在已经成为一个主流的大语言模型开发框架。它为开发者提供了一系列的工具和组件，开发者只需编写几行代码，而无须关注底层逻辑，就可以快速运行一个大模型程序，这大大降低了开发者进入大模型应用开发领域的门槛。

针对大语言模型的开发需求，LangChain 抽象并设计出了模型 I/O、数据连接、链、记忆、智能体和回调处理器这 6 大核心模块。借助这些模块中的组件和包装器，开发者可以快速搭建 LLM 应用。

（1）模型 I/O（Model I/O）

可以让开发者快速接入各种模型，其中模型包装器提供了统一的大语言模型接口，它可以适配市面上绝大部分的大语言模型；提示词模板可以动态模板化地管理模型输入；输出解析器允许开发者指定任意格式的输出。

（2）数据连接（Data Connection）

提供了数据加载、转换、存储和检索的功能模块，让用户方便地使用自有数据。

（3）链（Chain）

通常只使用一个大语言模型就可以完成大部分常见的简单任务。但是面对复杂的应用场景，链可以把多个模型包装器或其他组件连接到一起去完成一个复杂的大任务。

（4）记忆（Memory）

大语言模型本身不带有记忆功能，而要实现这个功能，需要开发者额外保存模型的输入和输出信息。LangChain 通过提供读写等多种工具，允许开发人员为系统添加记忆功能。当用户使用系统时，系统先从记忆模块读取历史数据，然后执行业务逻辑，最后将本次运行的输入和输出写入记忆模块，供后续使用。

（5）智能体（Agent）

Agent 技术是一个当前比较热门的方向，它将强大的大语言模型和提示词作为推理引擎，并选择合适的工具，以确定下一步要执行的任务以及任务的执行顺序。

（6）回调处理器（Callback）

LangChain 提供了许多可以实现回调功能的处理器，通过在 API 中设置 callbacks 参数，就可以实现日志记录、监控以及流处理等功能。

8.1.2 LangChain 的开发生态

1. LangChain 生态介绍

LangChain 作为一个基于大语言模型开发的应用框架，它抽象和简化了 LLM 应用程序的开发周期，将其主要划分为 3 个主要阶段——开发、生产化和部署，并针对每个阶段都提供开源库。

- langchain-core：主要包含基本抽象和 LangChain 表达式。
- langchain-community：主要包含第三方集成，如 langchain-openai 和 langchain-anthropic 等。随着版本更新，某些功能已经进一步被拆分为仅依赖 langchain-core 的轻量级包。
- langchain：构成应用程序认知架构的链条、代理和检索策略。
- langgraph：通过将步骤建模为图中的边缘和节点，使用 LLM 构建强大且有状态的多角色应用程序。
- langserve：将 LangChain 链条部署为 RESTAPI，为应用程序提供服务。
- langsmith：针对开发人员的平台，可以让开发者对 LLM 应用程序进行调试、测试、评估和监控，并与 LangChain 无缝集成。

2. LangChain 的安装

在开始使用 LangChain 之前,需要根据不同的使用场景安装不同的版本。

(1) LangChain 正式版

如果想以最低要求安装,使用默认安装即可,但部分依赖还需要单独安装。默认安装运行以下命令:

```
pip3 install langchain
```

如果想从源码安装,克隆源码并确保目录为 PATH/TO/REPO/langchain/libs/langchain,并运行以下命令:

```
pip3 install -e .
```

(2) LangChain 核心

langchain-core 包含了 LangChain 生态系统的基本抽象和 LangChain 表达式。它会自动被 langchain 安装,但也可以单独安装,单独安装运行以下命令:

```
pip3 install langchain-core
```

(3) LangChain 社区版

langchain-community 包含了第三方集成,它会自动被 langchain 安装,也可以单独安装。单独安装时运行以下命令:

```
pip3 install langchain-community
```

(4) LangChain 实验版

langchain-experimental 包含实验性的代码,用于研究和实验,使用以下命令安装:

```
pip3 install langchain-experimental
```

(5) LangGraph

LangGraph 是一个基于 LangChain 的用于构建具有多状态、多角色应用程序的库,使用以下命令安装:

```
pip3 install langgraph
```

(6) LangServe

LangServe 可以帮助开发者为应用程序提供服务,并会自动安装 LangChain CLI,使用以下命令安装:

```
pip3 install "langserve[all]"
```

安装客户端和服务端依赖可运行以下命令:

```
pip3 install "langserve[client]"
pip3 install "langserve[server]"
```

(7) LangSmith

LangSmith 会根据 LangChain 自动安装。如果未使用 LangChain,请使用以下命令安装：

```
pip3 install langsmith
```

3. 开发第一个 LangChain 程序

下面使用 LangChain 开发第一个应用程序。假设现在我们有很多电商评论需要进行情感分析，以微软的 AzureChat 为例，代码如下：

```python
from langchain_openai import AzureChatOpenAI

azure_endpoint = "https://xxx"
openai_api_key = "xxx"

azure_chat = AzureChatOpenAI(
    azure_endpoint=azure_endpoint,
    azure_deployment="gpt-35-turbo",
    openai_api_version="2024-06-30-preview",
    openai_api_key=openai_api_key)

content = "物流很快，包装精美，上门送货，非常喜欢。"
prompt = f"""
    身份：资深中文文本情感分析专家
    任务：对给定的文本进行情感分析，判断文本的情感标签属于积极、中性还是消极，并给出一个 0～1
         范围的得分
    输出：使用 JSON 格式输出，情感标签使用键 label，值为情感标签结果；情感得分使用键 score，
         值为得分值
    文本内容：{content}
    限制：只进行情感分析，不执行其他额外操作，结果仅包含 label 和 score
"""
response = azure_chat.invoke(prompt)
print(response.content)
```

得到结果如下：

```
{
    "label": "积极",
    "score": 0.95
}
```

8.2 模型 I/O

本节将介绍模型 I/O 的基本知识。在大语言模型的应用中，模型本身固然至关重要，但大多数开发者更专注于如何与模型进行高效的输入和输出交互。模型 I/O 模块提供了一系列工具，使开发者能够轻松对接大多数主流的大语言模型，实现流畅的交互。

8.2.1 模型 I/O 简介

LangChain 框架中的模型 I/O，本质上是通过抽象和封装，提供了一系列与大语言模型交互的标准 API，这让开发者无须深入学习各个大语言模型平台提供的 API 通信协议，就

可以做到快速与大语言模型建立交互。

通常情况下，一个简单的模型 I/O 流程如图 8-1 所示。

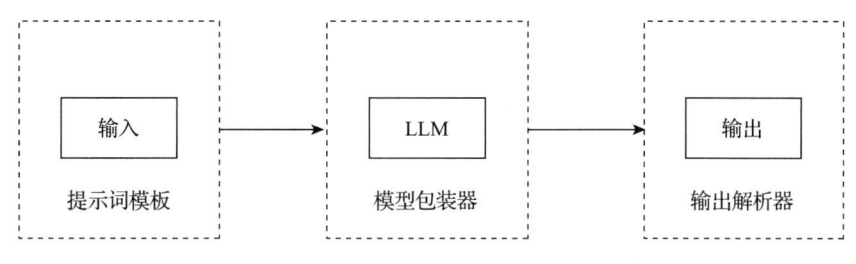

```
┌─────────┐     ┌─────────┐     ┌─────────┐
│   输入   │ ──▶ │   LLM   │ ──▶ │   输出   │
└─────────┘     └─────────┘     └─────────┘
  提示词模板        模型包装器        输出解析器
```

图 8-1　模型 I/O 流程

① 提示词模板：将提示词输入进行模板化管理，并可以动态地调整提示词。
② 模型包装器：集成各个平台的大语言模型的 API。
③ 输出解析器：将模型的输出结果进行格式化输出。

8.2.2　提示词模板

在介绍提示词模板之前，先回忆一下，在第 6 章中介绍提示词工程的时候，我们将注意力主要放在如何写好提示词上，而对如何做好提示词管理并没有介绍太多，通常写好的提示词都是一个个的字符串。

在 LangChain 框架中，通过提示词模板的工程化，提示词变成了一个更加复杂的结构，它包含一个或者多个提示词模板。

提示词模板由一个字符串模板组成，可重复使用。它接收来自用户的一组参数，这些参数可用于生成大语言模型的提示词。在底层技术上，提示词模板使用了 f-string（默认）或 jinja2 语法进行格式化。

1. PromptTemplate

PromptTemplate 是提示词组件中最核心的一个类，实例化 PromptTemplate 类时，3 个关键的参数是 input_variables、template 和 template_format。通常 template_format 的默认值是 f-string，开发者只需要准备好 input_variables 和 template 两个参数即可。

下面使用提示词模板来计算 2 个数的和，代码如下：

```python
from langchain_core.prompts import PromptTemplate

template = """
    请帮我计算：{a} + {b} 的值是多少？
"""
# 实例化模板方法一，推荐该方法
prompt = PromptTemplate.from_template(template=template)
prompt = prompt.format(a=1, b=2)
print(f"实例化模板方法一：{prompt}")

# 实例化模板方法二
```

```
prompt = PromptTemplate(template=template, input_variables=["a", "b"])
prompt = prompt.format(a=10, b=20)
print(f"实例化模板方法二: {prompt}")
```

上述提供了 2 种实例化提示词模板的方法，得到的结果如下：

```
实例化模板方法一:
    请帮我计算: 1 + 2 的值是多少?

实例化模板方法二:
    请帮我计算: 10 + 20 的值是多少?
```

2. FewShotPromptTemplate

FewShotPromptTemplate 是一个少样本提示词模板类，可以在提示词中动态地添加示例。FewShotPromptTemplate 类不仅继承了 PromptTemplate 类，还在此基础上进行了扩展，新增加了一些参数来支持少样本。

下面使用少样本提示词模板来生成一个新的提示词，代码如下：

```
from langchain_core.prompts import PromptTemplate, FewShotPromptTemplate

examples = [
    {"question": "发什么快递? ", "answer": "我们是顺丰快递，包邮哦! "},
    {"question": "尺寸多大呀? ", "answer": "我们的尺码都是均码哦! "},
]

template = """\t 问题: {question} 答案: {answer}"""
example_prompt = PromptTemplate(
    template=template,
    input_variables=["question", "answer"]
)

prefix = """
    角色：直播间虚拟主播
    功能：回答直播间用户的提问
    示例：
"""

suffix = """
    限制：请严格按照直播场景回答问题，忽略不相关问题。
    接下来，你来回答用户的问题：
"""
few_shot_prompt = FewShotPromptTemplate(
    examples=examples,
    example_prompt=example_prompt,
    example_separator="\n",
    prefix=prefix,
    suffix=suffix,
    input_variables=["username", "question"]
)
few_shot_prompt = few_shot_prompt.format(username="username", question="发什么快递? ")
```

```
print(few_shot_prompt)
```

得到的提示词如下：

角色：直播间虚拟主播
功能：回答直播间用户的提问
示例：

  问题：发什么快递？ 答案：我们是顺丰快递，包邮哦！
  问题：尺寸多大呀？ 答案：我们的尺码都是均码哦！

限制：请严格按照直播场景回答问题，忽略不相关问题。
接下来，你来回答用户的问题：

3. ChatPromptTemplate

ChatPromptTemplate 构造的提示词是消息列表，支持嵌套角色消息提示词模板和输出 Message 对象。下面我们介绍聊天提示词的构造过程，代码如下：

```
from langchain_core.prompts import (
    ChatPromptTemplate, SystemMessagePromptTemplate, HumanMessagePromptTemplate
)

template = """ 你是一个非常资深的程序开发工程师，你可以回答任何关于编程的问题。"""
system_message_prompt = SystemMessagePromptTemplate.from_template(template)

human_template = """ 请帮我解答一下这个问题：{question}"""
human_message_prompt = HumanMessagePromptTemplate.from_template(human_
    template)

chat_prompt = ChatPromptTemplate.from_messages([
    system_message_prompt,
    human_message_prompt
])
print(f" 新的 ChatPromptTemplate 提示词模板：{chat_prompt}")
chat_prompt = chat_prompt.format_prompt(question="Python 为什么需要 GIL 锁？ ")
print(f" 新的 ChatPromptTemplate 提示词：{chat_prompt}")
```

上述代码首先创建了两个角色提示词模板对象，分别是 system_message_prompt 和 human_message_prompt，然后将这两个模板对象作为参数传入 ChatPromptTemplate，生成一个新的聊天模板提示词对象 chat_prompt，输出结果如下：

> 新的 ChatPromptTemplate 提示词模板：input_variables=['question'] messages=[SystemMessagePromptTemplate(prompt=PromptTemplate(input_variables=[], template=' 你是一个非常资深的程序开发工程师，你可以回答任何关于编程的问题。')), HumanMessagePromptTemplate(prompt=PromptTemplate(input_variables=['question'], template=' 请帮我解答一下这个问题：{question}'))]
> 新的 ChatPromptTemplate 提示词：messages=[SystemMessage(content=' 你是一个非常资深的程序开发工程师，你可以回答任何关于编程的问题。'), HumanMessage(content=' 请帮我解答一下这个问题：Python 为什么需要 GIL 锁？ ')]

除了上述 3 种提示词模板，LangChain 还支持 LengthBasedExampleSelector 和 Pipeline-

PromptTemplate 等，更多内容请查阅官方文档。

8.2.3 模型包装器

截至 2024 年底，LangChain 支持的大语言模型超过 50 种，其中包括 OpenAI、微软、Meta、谷歌、百度、阿里、腾讯等国内外顶尖科技公司的大模型和开源社区中优秀的大模型。

LangChain 提供了两种类型的包装器，一种是通用的 LLM 包装器，另一种是专门对 Chat 类型提供的 ChatModel。

1. LLM 包装器

下面通过示例演示如何使用 LLM 包装器，使用的 LLM 是 AzureChatOpenAI，代码如下：

```python
from langchain_openai import AzureChatOpenAI

azure_endpoint = "https://xxx"
openai_api_key = "xxx"

azure_chat = AzureChatOpenAI(
    azure_endpoint=azure_endpoint,
    azure_deployment="gpt-35-turbo",
    openai_api_version="2024-07-03-version",
    openai_api_key=openai_api_key)

prompt = f"""
    功能：告诉我一个中文笑话。
    限制：字数20字以内。
"""
response = azure_chat.invoke(prompt)
print(response.content)
```

得到的结果如下：

笑话：为什么小明不爱吃蔬菜？因为他是小明，不是小菜。

2. LLM 缓存

LangChain 为大模型使用提供了一个可选的缓存层，它有两个显著的优势：第一，如果存在很多重复的请求，可以减少对 LLM 接口的调用次数从而节省成本；第二，可以通过减少对第三方 API 的调用，缩短流程响应耗时，加快应用程序的响应速度。

LangChain 提供了多种缓存的实现方式，如 InMemoryCache、RedisCache 和 SQLiteCache 等，它们都通过继承 BaseCache 实现了各自的缓存逻辑。

BaseCache 接口提供了 3 个重要的方法，包括 lookup、update 和 clear，分别表示查找、更新和清除缓存，并且提供了每个方法对应的异步版本。

下面使用基于内存的缓存实现 InMemoryCache，看看使用缓存前后程序的执行时间对比，代码如下：

```python
import time
from langchain.globals import set_llm_cache
from langchain.cache import InMemoryCache

# 第一次执行
start = time.time()
prompt = f"""
    功能：告诉我一个中文笑话。
    限制：字数在20字以内。
"""
set_llm_cache(InMemoryCache())
response = azure_chat.invoke(prompt)
print(response.content)
end = time.time()
print(f" 未使用缓存，请求耗时：{end - start}")

# 第二次执行
start = time.time()
prompt = f"""
    功能：告诉我一个中文笑话。
    限制：字数在20字以内。
"""
response = azure_chat.invoke(prompt)
print(response.content)
end = time.time()
print(f" 已使用缓存，请求耗时：{end - start}")
```

得到的结果如下：

```
为什么小明会笑？因为他听到了一个笑话。
未使用缓存，请求耗时：0.535163164138794
为什么小明会笑？因为他听到了一个笑话。
已使用缓存，请求耗时：0.001483917236328125
```

从上述结果可以明显看到，使用缓存之后，程序运行时间更短。

3. LLM 工具调用

LLM 工具调用是指利用 LLM 强大的自然语言处理能力来执行各种任务和操作，如 API 查询、数据库查询、自动化任务和数据预处理等。

LangChain 内置了很多工具，并且支持自定义工具，工具调用对于构建使用工具的链和代理以及从模型中获取结构化输出非常有用。例如，给定一个搜索引擎工具，LLM 可以通过首先发出对搜索引擎的调用来处理查询。调用 LLM 的系统可以接收工具调用请求然后执行，并将输出返回给 LLM 以通知其响应。

下面演示一个调用工具查询的案例，使用 @tool 装饰器定义自定义工具 search，具体代码如下：

```python
from langchain.tools import tool
# 定义工具
@tool("search", return_direct=True)
def search_api(query: str) -> str:
```

```
"""
接入工具，如从 API 处查询
"""
return f"查询 {query} 得到：苹果"

tools = [search_api]
llm_with_tools = azure_chat.bind_tools(tools)
prompt = f"请使用中文随机说一个水果的名字。"
tool_calls_outputs = llm_with_tools.invoke(prompt).tool_calls
print(tool_calls_outputs)
result = search_api.invoke(tool_calls_outputs[0]['args'])
print(result)
```

得到结果如下：

```
[{'name': 'search', 'args': {'query': '水果'}, 'id': 'call_
    jktCwVDDgibGYehTEWr5ncIS'}]
查询水果得到：苹果
```

4. LLM 自定义

LangChain 支持自定义 LLM 包装器，这样开发者可以使用自己的 LLM 或者 LangChain 暂不支持的包装器。

使用自定义 LLM 包装器，需要继承 LLM 接口，并实现其抽象方法。自定义 LLM 包装器需要实现的方法，见表 8-1。

表 8-1 自定义 LLM 包装器需要实现的方法

方法	是否必须实现	描述
_call	是	接收一个字符串和一些可选的停用词，并返回一个字符串。该字符串被 invoke 使用
_llm_type	是	返回字符串的属性，仅用于记录
_identifying_params	否	用于帮助识别模型并打印 LLM 的信息，返回结果是一个字典。这是一个 @property 装饰器
_acall	否	提供一个 _call 的异步本地实现，被 ainvoke 使用
_stream	否	逐个输出 Token 的方法
_astream	否	提供对 _stream 的异步本地实现，在较新的 LangChain 版本中，默认为 _stream

下面实现一个简单的自定义 LLM，它返回评论的情感分析结果。首先，使用 Hugging Face 的管道工具，定义一个评论情感分析大模型，代码如下：

```
from transformers import pipeline

def sentiment_analysis(prompt):
    """
    进行情感分析
    :param prompt:
    :return:
```

```python
"""
pipe = pipeline(task="text-classification", trust_remote_code=True)
result = pipe(prompt)
return json.dumps(result, ensure_ascii=False)
```

接下来实现自定义 LLM 包装器，代码如下：

```python
import json
from typing import Optional, List, Any, Iterator, Union, Dict, Type
from langchain_core.language_models.llms import LLM
from langchain_core.callbacks import CallbackManagerForLLMRun
from langchain_core.language_models import LanguageModelInput
from langchain_core.outputs import GenerationChunk
from langchain_core.runnables import Runnable
from langchain_openai import AzureChatOpenAI
from pydantic import BaseModel

class MyOpenLLM(LLM):

    def with_structured_output(
            self,
            schema: Union[Dict, Type[BaseModel]],
            **kwargs: Any
    ) -> Runnable[LanguageModelInput, Union[Dict, BaseModel]]:
        ...

    def _call(
            self,
            prompt: str,
            stop: Optional[List[str]] = None,
            run_manager: Optional[CallbackManagerForLLMRun] = None,
            **kwargs: Any
    ) -> str:
        """在给定输入上运行 LLM。

        重写此方法以实现 LLM 逻辑。

        参数:
            prompt: 用于生成的提示。
            stop: 生成时使用的停用词。 模型输出在任何停止子串的第一次出现时被截断。
                如果不支持停用词，请考虑引发 NotImplementedError。
            run_manager: 运行的回调管理器。
            **kwargs: 任意额外的关键字参数。 通常传递给模型提供者 API 调用。

        返回:
            模型输出作为字符串。 实际完成不应包括提示。
        """
        if stop is not None:
            raise ValueError("不允许使用停用词参数。")
        context = sentiment_analysis(prompt)
        return context

    def _stream(
```

```python
        self,
        prompt: str,
        stop: Optional[List[str]] = None,
        run_manager: Optional[CallbackManagerForLLMRun] = None,
        **kwargs: Any
    ) -> Iterator[GenerationChunk]:
        """在给定提示上流式传输 LLM。

        应该由支持流传输的子类重写此方法。

        如果没有实现,对流进行调用的默认行为将是退回到模型的非流版本并返回
        作为单个块的输出。

        参数:
            prompt: 生成的提示。
            stop: 生成时使用的停用词。 模型输出在任何这些子字符串的第一次出现时被截断。
            run_manager: 运行的回调管理器。
            **kwargs: 任意额外的关键字参数。 通常传递给模型提供者 API 调用。

        返回:
            一个 GenerationChunks 的迭代器。
        """
        context = sentiment_analysis(prompt)
        for char in context:
            chunk = GenerationChunk(text=char)
            if run_manager:
                run_manager.on_llm_new_token(chunk.text, chunk=chunk)
            yield chunk

    @property
    def _llm_type(self) -> str:
        """获取此聊天模型所使用的语言模型的类型。 仅用于记录目的。"""
        return "my_open_llm"
```

最后将自定义 LLM 包装器实例化,并进行测试,代码如下:

```
prompt = "The food is very delicious."
llm = MyOpenLLM()
print(llm.invoke(prompt))
```

得到结果如下:

```
[{"label": "POSITIVE", "score": 0.9998812675476074}]
```

5. LLM 流式输出

LangChain 中实现了对流式输出的支持,下面使用流式输出,代码如下:

```
prompt = f"""
    功能:写出李白的《将进酒》。
    限制:使用中文。
"""
chunks = azure_chat.stream(prompt)
for chunk in chunks:
```

```
    print(chunk.content, end="", flush=True)
```

得到结果如下：

君不见黄河之水天上来，奔流到海不复回。
君不见高堂明镜悲白发，朝如青丝暮成雪。
人生得意须尽欢，莫使金樽空对月。
天生我材必有用，千金散尽还复来。
烹羊宰牛且为乐，会须一饮三百杯。
岑夫子，丹丘生，将进酒，杯莫停。
与君歌一曲，请君为我倾耳听。
钟鼓馔玉不足贵，但愿长醉不复醒。
古来圣贤皆寂寞，惟有饮者留其名。
陈王昔时宴平乐，斗酒十千恣欢谑。
主人何为言少钱，径须沽取对君酌。
五花马，千金裘，呼儿将出换美酒，与尔同销万古愁。

8.2.4　输出解析器

在生产环境中，开发者不仅期望大语言模型返回的结果是正确的，还希望这些结果能够被下游功能或系统高效处理和利用。为了达到这一目标，LangChain 提供了一系列预设的输出解析器，这些解析器能够针对不同的数据类型给出合适的输出指令，并将输出解析为不同的数据格式。

假设大语言模型已经确定，下面使用 AzureChatOpenAI，代码示例如下：

```
from langchain_openai import AzureChatOpenAI

azure_endpoint = "https://xxx"
openai_api_key = "xxx"

azure_chat = AzureChatOpenAI(
    azure_endpoint=azure_endpoint,
    azure_deployment="gpt-35-turbo",
    openai_api_version="2024-06-30-preview",
    openai_api_key=openai_api_key)
```

1. 输出 JSON 格式

为了方便让 LLM 返回结构化输出，我们为 LangChain 模型添加了一个公共接口 with_structured_output，将输出格式化为给定的 schema 格式，schema 可以是 dict 或者 Pydantic。

```
from langchain_core.pydantic_v1 import BaseModel, Field

class Output(BaseModel):
    result: str = Field(description="结果")
    remark: str = Field(description="备注")

structured_llm = azure_chat.with_structured_output(Output, method="json_
    mode")

prompt = f""""
```

```
功能：请判断 1 是否大于 2，为什么？
输出：返回结果是或者否，并说明原因。结果用键 'result'，判断原因用键 'remark'，以 JSON
      形式响应。
限制：说明原因，限制在 10 个字以内。
"""
print(structured_llm.invoke(prompt))
```

得到结果如下：

```
result='False' remark='1 不大于 2'
```

2. 结构化输出解析器

当想要返回多个字段时，可以使用此输出解析器。尽管 Pydantic 和 JSON 解析器更强大，但对于功能较弱的模型，结构化输出解析器非常有用。

使用结构化输出解析器时，先定义希望输出的格式。输出解析器会根据预先定义的输出格式生成提示词模板，从而引导模型正确地输出结果，代码如下：

```
from langchain.output_parsers import ResponseSchema, StructuredOutputParser
from langchain.prompts import PromptTemplate

response_schemas = [
    ResponseSchema(name="answer", description="用户问题的答案"),
    ResponseSchema(
        name="result",
        description="结果",
    ),
]
output_parser = StructuredOutputParser.from_response_schemas(response_
    schemas)
format_instructions = output_parser.get_format_instructions()
prompt = PromptTemplate(
    template="请严谨地回答用户的问题。\n{format_instructions}\n{question}",
    input_variables=["question"],
    partial_variables={"format_instructions": format_instructions},
)
print(azure_chat.invoke("请判断 1 是否大于 2，为什么？").content)
```

得到的结果如下：

```
1 不大于 2。因为 1 小于 2。
```

当然，除了上述 Pydantic/JSON 和结构化输出解析器，LangChain 还提供了日期时间、枚举、重试、YAML 和 XML 等格式的输出解析器，请参阅官方文档案例。

8.3 数据增强

本节主要介绍 LangChain 的数据增强，这是一个多功能的数据集成工具，简称 LDEVR。其中，L 表示加载器（Loader），D 表示文档转换器（Document Transformer），E 表示文本嵌入（Embedding），V 表示向量数据库（VectorStore），R 表示向量检索（Retriever）。

8.3.1 文档加载器

文档加载器可以加载不同载体的数据作为文档（Document）对象，文档对象由文本和元数据组成。常见的文档加载器有 CSV、文件目录、HTML、JSON、MarkDown、Office 文件、PDF 等。下面介绍一些常用的文档加载器。

1. CSV 加载器

CSV 文件是一种使用逗号来分割值的文本文件，文件中的每一行是一条数据，每条数据被一个或者多个逗号分隔成多列。

LangChain 中使用 CVSLoader 来加载 CSV 文件格式的数据，CSVLoader 继承自 BaseLoader。CSV 文件中的每一行是一个 Document 对象，且被转换成键值对保存在 page_content 中。

CSVLoader 加载器可以设置的主要参数包括：
- file_path：指定 CSV 文件的路径。
- source_column：可选参数，指定作为文档源的列名称。
- encoding：可选参数，用于指定文件的编码格式。
- csv_args：可选参数，传递给 csv.DictReader 的参数。

下面使用 CSVLoader 加载 example_data.csv 数据，代码如下：

```
from langchain_community.document_loaders import CSVLoader

loader = CSVLoader(file_path='./example_data.csv', encoding='utf-8')
data = loader.load()
print(data)
```

得到的结果如下：

```
[Document(page_content='编号：1\n评论内容：快递非常快，送货上门。', metadata={'source': '1', 'row': 0}), Document(page_content='编号：2\n评论内容：尺码比较合适，非常喜欢。', metadata={'source': '2', 'row': 1})]
```

2. PDF 加载器

PDF（便携式文档格式）由 Adobe 公司于 1993 年发布，旨在实现跨平台的文档分享和打印。经过多次更新，PDF 的技术规范已成为全球通用的文档格式标准（ISO 32000）。PDF 的优势在于格式一致性、支持多种内容类型（文本、图像、表单等）、安全性高和可搜索性强。

LangChain 提供了多种 PDF 文档加载器，包括 MathpixPDFLoader、OnlinePDFLoader、UnstructuredPDFLoader、PyPDFium2Loader、PDFMinerLoader、PyMuPDFLoader 和 PyPDFDirectoryLoader。

下面使用 PyPDFium2Loader 文档加载器加载 PDF 文档，代码如下：

```
from langchain_community.document_loaders import PyPDFium2Loader

pdf_loader = PyPDFium2Loader(file_path="./pdf测试文档.pdf")
```

```
data = pdf_loader.load()
print(data)
```

得到的结果如下：

```
[Document(page_content='PDF 测试文档 \r\n 这是一个 PDF 测试文档,用来演示 LangChain
    的 PDF 加载器功能。\n', metadata={'source': './pdf测试文档.pdf', 'page': 0})]
```

8.3.2 文档转换器

通过文档加载器，可以从各种来源加载数据并将其转换成 Document 对象。然而，文档格式和大小的不同，会给后续处理带来一些问题。例如，大语言模型对最大 Token 数有限制。此外，将整个文档作为一个整体处理可能无法充分发挥大语言模型的作用，因为同一文档中的局部相同字词，可能因上下文不同在语义上存在较大差异。

因此，需要将长文档切割为较小的文本块，并尽量使每个文本块在语义上保持一致，这就需要使用文档转换器进行处理。文档转换器处理任务分为 2 个步骤：第一步是使用文档切割器对文档进行切割；第二步是将切割的文档块转换成 Document 数据格式。

文档切割器会按照一定的策略将文档切割成多个小文本块。这些策略包括按页、按段、按句子、按字符以及按文本块的大小进行切割。通过合理的切割，可以确保每个文本块的大小适中，从而更有效地利用大语言模型的能力，同时减少上下文差异带来的语义混淆。

LangChain 提供了多种文档切割器，以满足不同的需求场景。这些切割器包括：CharacterTextSplitter、RecursiveJsonSplitter、RecursiveCharacterTextSplitter、SemanticChunker 和 CodeSplitter 等，下面介绍常用的切割器。

1. 按字符切割器

这是最简单的方法。它基于字符（默认为"\n\n"）进行拆分，并根据字符数来测量块长度。

```
from langchain.text_splitter import CharacterTextSplitter

texts = [
    "这是一个按字符切割的测试数据",
    "这是一个按字符切割的测试数据"
]
text_splitter = CharacterTextSplitter(
    chunk_size=512,
    chunk_overlap=10
)
docs = text_splitter.create_documents(texts)
print(docs)
```

在 CharacterTextSplitter 中，chuck_size 用于设置文本块的大小，chunk_overlap 用于设置文本块之间的最大重叠。得到的结果如下：

```
[Document(page_content='这是一个按字符切割的测试数据'), Document(page_content='这
    是一个按字符切割的测试数据')]
```

2. 递归按字符切割器

递归按字符切割是用于一般文本的推荐方法。它会尝试按顺序切割参数化的字符列表，直到块足够小为止，默认列表是 ["\n\n", "\n", " ", ""]。这样做的效果是尽可能保持所有段落（句子、单词）在一起，因为这些是在文本语义上相关性最高的部分。

下面使用递归按字符切割器对小说《三国演义》进行切割，语料"三国演义.txt"来自网络下载，代码如下：

```
from langchain.text_splitter import RecursiveCharacterTextSplitter

with open("三国演义.txt", "r") as f:
    content = f.read()

text_splitter = RecursiveCharacterTextSplitter(
    chunk_size=1024,
    chunk_overlap=10,
    length_function=len,
    is_separator_regex=False,
)
docs = text_splitter.create_documents([content])
print(docs[0])
print(docs[1])
```

得到的结果如下：

```
page_content='------------\n\n第一章宴桃园豪杰三结义 \n\n        话说天下大势，分久必合，合久
    必分：周朝末年七国纷争，秦并吞六国一统天下；秦灭之后，汉高祖刘邦起义，建立汉朝统一全国，后来
    光武中兴，国泰民安 ... 必须马上出榜，征募义兵应敌。"刘焉采纳了他的意见。'
page_content='榜文发到涿县。这涿县中有一个英雄姓刘，名备，字玄德。他身长七尺五寸，两耳垂肩，
    面如冠玉，云长的是一把八十二斤重的青龙偃月刀，... 刘焉亲自迎接，奖赏军士。'
```

8.3.3 文本嵌入

LangChain 为各种大语言模型提供了嵌入模型接口的封装，嵌入的优势是能够充分利用大规模预训练模型的语义理解能力，包括 OpenAI、Hugging Face 等。下面是一些具体的嵌入类型：

- 自然语言嵌入模型：包括 OpenAIEmbeddings、HuggingFaceEmbeddings 等，使用人语言模型进行文本嵌入。
- AI 云平台嵌入模型：包括 Elasticsearch、SagemakerEndpoint 和 DeepInfra 等，这类嵌入主要是想利用云计算的优势来处理大规模的文本数据。
- 专门的嵌入模型：包括 AsymmetricSemanticEmbedding 和 SymmetricSemanticEmbedding 等，专门用于处理特定结构的文本。
- 自托管嵌入：包括 SelfHostedEmbeddings，一般用于私有化部署和管理场景。
- 仿真或测试嵌入：包括 FakeEmbeddings，一般用于测试和模拟场景。
- 其他类型：包括 Cohere、LlamaCpp、ModelScope 和 MiniMax 等，用来满足不同的文本处理需求。

下面以 Hugging Face 为例，介绍 HuggingFaceEmbeddings 自定义嵌入模型，代码如下：

```
from langchain_community.embeddings import HuggingFaceEmbeddings

model_name = "moka-ai/m3e-base"
model_kwargs = {'device': 'cpu'}
encode_kwargs = {'normalize_embeddings': False}
embeddings = HuggingFaceEmbeddings(
    model_name=model_name,
    model_kwargs=model_kwargs,
    encode_kwargs=encode_kwargs
)
```

HuggingFaceEmbeddings 继承了 Embeddings 类，并实现了 embed_documents 和 embed_query 方法。其中，embed_documents 的功能是使用 HuggingFace Transformers 模型计算文档嵌入；embed_query 的功能是使用 HuggingFace Transformers 模型计算查询嵌入。

```
texts = [
    "这是一个按字符切割的测试数据",
    "这是一个按字符切割的测试数据"
]
# 生成文本嵌入
embed = embeddings.embed_documents(texts)
print(f"嵌入的长度：{len(embed[0])}")
print(embed)

# 生成查询嵌入
query = embeddings.embed_query("测试")
print(f"嵌入的长度：{len(query)}")
print(query)
```

从得到的结果可以看出，向量维度为 768，具体如下：

```
嵌入的长度：768
[[0.20694951713085175, …,-0.8299545645713806]]
嵌入的长度：768
[0.9041356444358826, …, -0.38408917718864441]
```

综上所述，根据上述介绍的文本嵌入类型，用户可以根据自己的具体需求，选择最合适的文本嵌入类型。

8.3.4 向量存储库

通常，开发者会通过文本嵌入模型得到文本的嵌入向量，然后将嵌入向量存储到向量数据库中。这样做的话，开发者面对不同的向量数据库就要写不同的向量存储程序。

相比之下，LangChain 的向量存储库提供了各种向量存储库包装器，只需要将原始的 Document 对象格式的数据和文本嵌入模型提供给向量存储库的接口，向量存储库会在底层帮开发者做完文档转字符串、字符串转向量、将向量存储到向量数据库中的所有工作。这样一来，开发流程将大大简化。

下面以 HuggingFaceEmbeddings 自定义嵌入模型和 FAISS 向量数据库为例，介绍向量存储库的具体工作过程。

（1）使用文本转化器，准备文档。

```
from langchain.text_splitter import CharacterTextSplitter

texts = [
    "这是苹果，很甜。",
    "这是梨，很脆。",
    "这是青橘，很酸。"
]
text_splitter = CharacterTextSplitter(
    chunk_size=512,
    chunk_overlap=10
)
docs = text_splitter.create_documents(texts)
```

（2）初始化文本嵌入，使用 HuggingFaceEmbeddings 自定义嵌入模型。

```
from langchain_community.embeddings import HuggingFaceEmbeddings

model_name = "moka-ai/m3e-base"
model_kwargs = {'device': 'cpu'}
encode_kwargs = {'normalize_embeddings': False}
hf_embeddings = HuggingFaceEmbeddings(
    model_name=model_name,
    model_kwargs=model_kwargs,
    encode_kwargs=encode_kwargs
)
```

（3）使用 FAISS 向量数据库存储数据。

```
from langchain_community.vectorstores import FAISS

db = FAISS.from_documents(docs, hf_embeddings)
```

（4）查看数据的存储 ID。

```
print(db.index_to_docstore_id)
```

得到的结果如下：

```
{0: 'c35317a6-5ff6-45a6-b575-79fa6e21e6e8', 1: '4e97d72c-9783-4ecd-8abe-
    e494cbb86d5a', 2: '9b339f59-ab6b-4545-b1d1-98e0cd0cbbf1'}
```

（5）将数据批量写入向量存储库中。

```
db.add_texts(["这是桃子"])
# 查看创建的向量 ID
print(db.index_to_docstore_id)
```

得到的结果如下：

```
{0: 'c35317a6-5ff6-45a6-b575-79fa6e21e6e8', 1: '4e97d72c-9783-4ecd-8abe-
    e494cbb86d5a', 2: '9b339f59-ab6b-4545-b1d1-98e0cd0cbbf1', 3: 'ed09f0cb-
```

9ace-4119-9210-bd66a40c159b'}

（6）根据 ID 批量删除数据。

```
db.delete(list(db.index_to_docstore_id.values())[:2])
print(db.index_to_docstore_id)
```

得到的结果如下：

{0: '9b339f59-ab6b-4545-b1d1-98e0cd0cbbf1', 1: 'ed09f0cb-9ace-4119-9210-bd66a40c159b'}

向量存储库是一个强大的工具库，不但可以提供向量数据的存储功能，还提供了高效的搜索功能。

LangChain 向量存储库的父类 VectorStore 中定义了多种搜索方法，下面我们总结一下常用的向量搜索方法：

（1）similarity_search 方法

该方法返回与查询最相似的 k 个文档的列表。传入的参数 query 为查询的字符串；k 为返回文档的数量，默认值为 4。

（2）similarity_search_by_vector 方法

该方法与 similarity_search 方法类似，但是传入的参数 query 为嵌入向量。

（3）max_marginal_relevance_search 方法

该方法使用最大边际相关性算法返回选择的文档。最大边际相关性算法（Maximum Marginal Relevance，MMR）是一种用于信息检索和自然语言处理领域的算法，目标是选择一组既相关又多样化的文档或片段，以避免冗余信息，旨在平衡文档的相关性和多样性。

传入的参数 query 为查询的字符串；k 是要返回的文档数量，默认值为 4；fetch_k 为要传递给最大边际相关性算法的文档数量，默认值为 20；lambda_mult 是一个取值范围是 0~1 的权重值，用于算法平衡相关性和多样性，0 表示算法更关注文档的多样性而忽略相关性，1 表示算法更关注文档的相关性而忽略多样性，默认值为 0.5，表示相关性和多样性均衡。

（4）max_marginal_relevance_search_by_vector 方法

该方法与 max_marginal_relevance_search 方法类似，但是传入的参数 query 为嵌入向量。

上述方法都对应提供了异步方法，异步可以有效提高程序的运行效率。

此外，向量存储库还实现了一个 as_retriever 方法，该方法能返回向量存储库初始化的向量检索器 VectorStoreRetriever 实例。as_retriever 方法通过 search_type 定义要执行的搜索类型，默认值为 similarity，也可以指定为 mmr 或 similarity_score_threshold；通过 search_kwargs 给搜索函数传递关键字参数，如 k 的默认值为 4，fetch_k 的默认值为 20，lambda_mult 的默认值为 0.5。

8.3.5 检索器

在 LangChain 框架中，检索器可以看作一个向量存储库的包装器，通过将向量存储库封装成一个新的 VectorStoreRetriever 类，提供了检索向量存储库的统一标准接口。开发人员通过向量存储库的实例调用 as_retriever 方法，会返回一个 VectorStoreRetriever 实例。

下面以 HuggingFaceEmbeddings 自定义嵌入模型和 FAISS 向量数据库为例，介绍向量存储库中使用检索器的具体工作过程。

①加载和转换文本，代码如下：

```
from langchain.text_splitter import RecursiveCharacterTextSplitter

with open("三国演义.txt", "r") as f:
    content = f.read()

text_splitter = RecursiveCharacterTextSplitter(
    chunk_size=512,
    chunk_overlap=10,
    length_function=len,
    is_separator_regex=False,
)
docs = text_splitter.create_documents([content])
```

②初始化文本嵌入，代码如下：

```
from langchain_community.embeddings import HuggingFaceEmbeddings

model_name = "moka-ai/m3e-base"
model_kwargs = {'device': 'cpu'}
encode_kwargs = {'normalize_embeddings': False}
hf_embeddings = HuggingFaceEmbeddings(
    model_name=model_name,
    model_kwargs=model_kwargs,
    encode_kwargs=encode_kwargs
)
```

③向量数据库存储，如果文档列表比较大，则需要花点时间存储。

```
from langchain_community.vectorstores import FAISS

db = FAISS.from_documents(docs, hf_embeddings)
```

④获取检索器实例，进行问题检索。

```
retriever = db.as_retriever(search_type="similarity")
docs = retriever.get_relevant_documents("刘备三顾茅庐，与诸葛亮在隆中对中聊了
    什么？")
print(docs)
```

LangChain 提供了多种类型的检索器，如多查询检索器、父文档检索器、时间加权检索器、上下文压缩和上下文重排序等。在实际的信息检索中，用户可以根据每种类型的检索器所能解决的问题和适用的场景进行选择与应用。

8.4 链

在 LangChain 中，链是连接、管理数据流的"包装器"。链的主要功能是将不同的组件

连接在一起工作，组成一个完整的数据工作流程，从数据的输入到数据的处理，最终到模型输出推理结果。

下面介绍从输入数据、处理数据，最终到大语言模型的推理演示链的工作流程，代码如下。

① 使用 AzureChatOpenAI 实例化一个大语言模型 llm：

```
from langchain_openai import AzureChatOpenAI

azure_endpoint = "https://xxx"
openai_api_key = "xxx"

llm = AzureChatOpenAI(
    azure_endpoint=azure_endpoint,
    azure_deployment="gpt-35-turbo",
    openai_api_version="2024-07-03-version",
    openai_api_key=openai_api_key)
```

② 定义一个提示词模板 PromptTemplate，该模板接收两个输入参数：

```
template = """
    请帮我进行计算：{a} + {b} 的值是多少？
"""
prompt = PromptTemplate(template=template, input_variables=["a", "b"])
```

③ 使用 LLMChain 创建一个链对象，将大语言模型 llm 和提示词 prompt 两个组件连接在一起：

```
from langchain.chains import LLMChain

chain = LLMChain(llm=llm, prompt=prompt)
```

④ 调用 invoke 方法来运行这个链：

```
output = chain.invoke(dict(a=1, b=2))
print(output)
```

⑤ 得到推理结果：

```
{'a': 1, 'b': 2, 'text': '1 + 2 = 3.'}
```

以上是一个简单的链式使用示例，通过链的使用，将数据输入、数据处理和大语言模型推理等步骤有序地连接在一起，形成一个完整的工作流程，从而使应用程序的流程更清晰，也更易于管理。

8.5 小结

本章重点介绍了 LangChain 框架中的模型 I/O 和数据增强。掌握这两个模块的优势在于：

❑ 快速上手开发大模型应用：通过理解和应用模型 I/O 与数据增强，可以迅速构建和部署高效的语言模型应用，实现从数据输入到输出的完整流程。
- ❑ 提高模型性能：数据增强技术可以增加训练数据的多样性和数量，从而提升模型的泛化能力和性能，使其在处理不同任务时更加准确和可靠。
- ❑ 简化开发流程：通过有效使用模型 I/O 功能，可以更方便地处理输入数据和提取输出结果，简化开发流程，节省时间和精力。

然而，LangChain 框架还包含其他重要模块，如链、记忆、智能体和回调处理器等。由于篇幅所限，本书无法详细介绍这些模块，建议读者查阅官方文档以获取更多相关知识。这些模块不仅能进一步增强大模型应用的性能，还能提供更多的灵活性和功能，帮助读者创建更复杂和更智能的系统。

CHAPTER 9

第 9 章

大语言模型微调

尽管大语言模型展示出强大的能力，但在特定任务领域，它们往往无法达到最佳效果。通过微调，可以将特定领域的数据集输入模型中，使模型学习该领域的知识，从而优化自身在特定领域的 NLP 任务中的表现，如情感分析、实体识别、文本分类和对话生成等。本章将深入探讨如何对大语言模型进行微调，以提升其在特定任务中的性能。

本章主要涉及的知识点有：

- ❏ 大语言模型微调概述：掌握微调的基础理论、基本流程和适用场景。
- ❏ 大语言模型的微调策略：掌握不同场景下的微调策略，挑选最合适的微调方案。
- ❏ 基于 ChatGPT 的微调：掌握微调 ChatGPT 的 3 种方式，包括 Fine-Tuning UI 微调、CLI 命令微调和 API 微调。
- ❏ 基于 Hugging Face 的开源大模型微调：掌握开源大语言模型的微调方法，以实现大语言模型更灵活和广泛的应用。

9.1 大语言模型微调概述

我们知道，以 ChatGPT 为代表的大语言模型的训练过程包含两个阶段：预训练和微调。预训练为模型提供了广泛的语言理解能力，而微调则使模型在特定任务中具备更高的准确性和有效性。

在预训练阶段，大语言模型使用大规模的无监督数据集进行训练。这些数据主要来源于互联网，如维基百科、新闻媒体、论坛帖子等。预训练的目的是让模型学会预测下一个词语出现的概率，并学习语言的统计规律和语义信息。

在微调阶段，大语言模型进行有监督的训练，使用的数据集包含输入和对应的目标输出，通常由人工标注。微调的目标是让模型在特定任务上表现得更好，通过有监督学习的方式进一步调整模型参数，使其在特定任务上能够更准确和更有效地执行任务。

9.1.1 为什么需要微调

大语言模型经过大量数据的预训练，具备了强大的语言理解和生成能力。然而，在实际应用中，直接使用预训练模型往往不能完全满足特定领域的需求。为了让模型在特定任务中表现得更好，我们需要进行微调。微调通过输入额外的任务特定数据，进一步训练预训练模型，使其能够适应特定领域的要求和挑战，从而提升模型在实际应用中的效果和精确度。这一过程确保了大模型不仅具有广泛的语言能力，还能在特定场景中发挥出色的性能。对大语言模型进行微调的主要原因有以下几个。

（1）提高大模型在特定任务上的表现

预训练模型通过大规模知识学习获得了强大的能力，但并不总能在所有任务中表现出色。微调可以使大模型在特定任务的数据集上进行专门的学习，从而提升其对该任务的理解和处理能力，使其在特定应用场景中发挥更佳的效果。例如，预训练模型在完形填空任务中表现出色，但是在文本分类和情感分析任务中还需要进行微调学习。

（2）增强大模型的实用性和可靠性

通用的大语言模型常常存在输出不稳定的情况，而生产环境又要求大语言模型具备高可靠性，以确保输出的结果准确无误。通过微调，可以让模型学习到领域知识，从而减少不正确的回答。例如，电商平台的数字主播，通过微调学习可以更加准确地理解并回答用户提出的关于品牌和产品特性的问题。

（3）学习最新的数据和知识

由于模型的预训练是离线和长周期的，训练模型时所用的数据在当前看来已经过时。这时就可以用最新的数据进行微调，使模型学习最新的信息和趋势。例如，使用最新的实时数据微调后的大语言模型，更能把握热点事件和舆论趋势。

（4）满足特定的法律和伦理要求

在一些应用场景中，模型需要符合特定的法律和伦理要求。通过微调，可以对模型进行调整，使其输出更加合理和符合要求。

9.1.2 少样本提示与微调

在提示词工程中，为了更有效地利用模型并获得更好的结果，我们会在提示词中添加几个示例，使模型通过"少样本提示"来提升性能。

少样本提示不需要重新训练模型，是一种灵活的、能使模型快速适应新任务的方法，但其在性能、精度、持久性、一致性、特定领域知识以及资源利用方面存在局限性。微调通过深度适应特定任务和领域需求，能够显著提升模型性能，确保结果的一致性和稳定性，并优化模型的计算效率。

因此，在需要高性能、稳定性和专业知识的应用场景中，微调仍然是不可替代的重要方法。两者结合使用，可以在不同场景下充分发挥大语言模型的潜力，提供更好的解决方案。表9-1是少样本提示与微调的对比结果。

表 9-1　少样本提示与微调对比

比较项	少样本提示（Few-shot Prompting）	微调（Fine-tuning）
数据需求	少量示例	大量数据
实施时间	短（仅设计提示）	长（需要训练）
性能表现	依赖任务和提示设计质量	高（特定任务上表现出色）
适应性	能够快速适应	特定领域
持久性	低（每次都需要输入）	高（一次训练长期有效）
计算资源消耗	低（仅推理阶段需要计算资源）	高（训练需要大量计算资源）

可以看出，少样本提示和微调各有优缺点，适用于不同的场景。微调在有充足数据和计算资源的情况下，能够显著提升模型在特定任务上的性能，适合长时间应用。而少样本提示则在数据和计算资源有限、需要模型快速适应新任务时表现出色，是一种灵活、高效的方法。根据具体需求选择合适的方法，才能更好地利用大语言模型的潜力。

9.1.3　微调的基本流程

微调的步骤概括起来就是数据准备、模型训练、模型评估和优化迭代。在对模型进行评估后，还需要再次准备数据以改进模型，这是一个非常需要反复迭代的改进模型的过程。微调的基本流程如图 9-1 所示。

图 9-1　微调的基本流程

（1）数据准备

数据准备就是为预训练模型的训练工作准备需要的高质量数据集，包括以下内容：
- 数据收集：根据特定领域的任务收集高质量的数据。
- 数据清洗：针对不同数据做转换、清洗和去噪声等操作。
- 数据格式化：将数据切分为训练集、测试集和验证集，并保存为合适的格式，如

JSONL 格式。

（2）模型训练

使用第一步准备好的数据集进行模型训练，包括以下内容：

- 选择模型：选择预训练的模型作为基础模型，用来进行微调。
- 设置参数：设置训练参数，如批处理大小、学习率和迭代轮数等。
- 启动训练：启动微调任务，并监控训练过程。

（3）模型评估

使用验证集对微调的模型进行评估，包括以下内容：

- 模型评估：使用测试集或者验证集对模型进行评估，并分析存在的错误，判断是否需要进行新一轮的微调。

（4）优化迭代

根据评估结果调整训练数据和参数，不断训练和评估模型，将模型优化迭代到满足对应的要求，包括以下内容：

- 数据更新：根据模型评估结果，收集更多数据或提高现有数据的质量等。
- 参数更新：根据模型评估结果，合理调整模型训练参数。
- 重复训练和评估：不断进行训练和评估，持续改进模型性能。

总之，微调是一个需要反复迭代的过程，涉及数据准备、模型训练和模型评估。训练和评估步骤在不同类型的微调中基本相同，但数据的选择和处理方式会直接影响微调的效果与模型的性能。

9.2 大语言模型的微调策略

微调是让预训练的大语言模型适应特定领域任务的关键技术。根据不同的需求和资源，用户可以选择全面微调或参数高效微调。下面详细介绍这两种策略。

9.2.1 全面微调

全面微调是指对预训练模型的所有参数进行调整，通过合理的数据准备、训练、评估和策略调整，使模型在特定领域的数据集或任务上表现得更出色。全面微调适用于数据量大、计算资源充足的场景。

自从 2018 年 10 月 BERT 以 3.5 亿个参数成为当时最大的 Transformer 模型以来，大语言模型的参数量都在持续增长，如 BLOOM 具有 1760 亿个参数，参数量相比 BERT 增加了约 500 倍。而同时期，HBM 的高成本，使得单个 GPU 的 RAM 扩大到 80GB，增长了约 10 倍。可见模型大小的增速远远超过计算资源的增速，超越了摩尔定律。这使得全面微调对于大部分模型来说不现实，也行不通。

然而，参数高效微调可以在计算资源受限的情况下，有效地实现预训练模型的微调。这种微调方法不仅能有效提升模型效果，还能节省训练时间和资源，因而受到广大学者的喜爱和研究。下面我们重点介绍参数高效微调策略。

9.2.2 参数高效微调

论文"Scaling Down to Scale Up: A Guide to Parameter-Efficient Fine-Tuning"根据 2019 年 2 月至 2023 年 2 月期间发表的 40 多篇论文,对参数高效微调(Parameter-Efficient Fine-Tuning,PEFT)方法进行了系统概述,提供了一个涵盖多种方法的分类法,把参数高效微调分为三大类:基于 Addition、基于 Selection 和基于 Reparametrization。其中,在基于 Addition 的方法中,又分出 2 类:Adapter-like 和 Soft prompts。详细的分类图如图 9-2 所示。

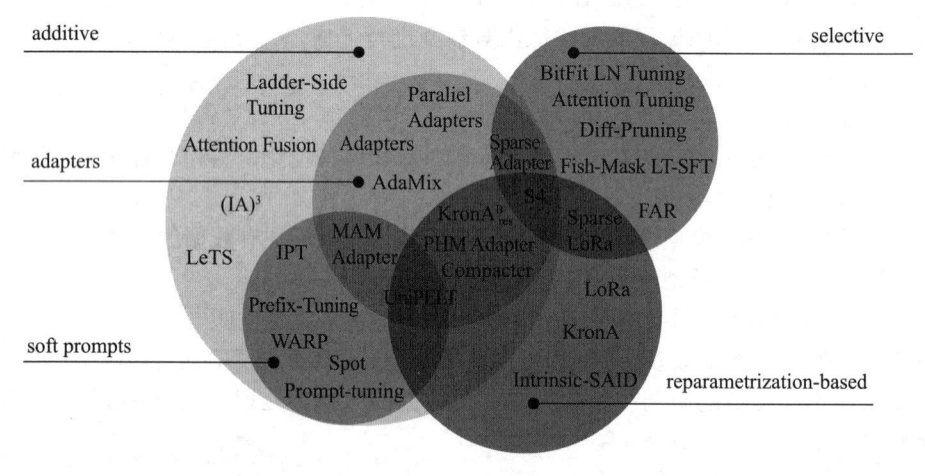

图 9-2 参数高效微调分类图(来源:论文)

此外,该论文特别关注不同方法在现实生活中的效率及其对数十亿参数规模的大语言模型的微调效果,并从存储效率、内存效率、计算效率、准确性和推理开销 5 个方面对不同方法做了比较。下面简单介绍一些经典的参数高效微调方法。

1. 前缀调优(Prefix Tuning)

由于模型对人工设计的模板比较敏感,当模板中的字词增加、减少或者位置发生变化时,模型的性能都会受到显著影响。为了解决这个问题,Prefix Tuning 提出了一种固定预训练模型的方法,通过为模型添加可训练的前缀(Prefix),来调节模型在特定任务上的表现。

Prefix Tuning 的核心思想是在不改变原有模型参数的基础上,添加一些可训练的前缀参数。这些前缀参数在模型的输入部分进行拼接,通过训练来适应特定任务的需求。

2. 提示调优(Prompt Tuning)

Prompt Tuning 方法可以看作 Prefix Tuning 的简化版本,传统的方法通常需要人工设计提示词,比如"请帮我把下面一句话翻译成英文:"。Prompt Tuning 希望通过反向传播算法自动学习和优化这些提示词,而不是人工设计。

在训练过程中,预训练模型的所有权重都被冻结(保持不变),只有提示词的参数会被更新。这样使得我们不需要重新训练整个模型，就可以提升模型在特定任务上的表现，从而节省大量计算资源和时间。

3. P-Tuning

在 P-Tuning 方法中，提示词可以表示为一组可训练的嵌入向量。具体来说，给定一个离散提示词作为输入，P-Tuning 将连续提示词嵌入与离散提示词嵌入拼接起来，并将它们作为输入送到大语言模型中，再通过反向传播更新可训练的提示词，以优化任务目标。经过验证，通过优化提示词嵌入，模型能够适应特定任务的需求，而不需要微调所有模型参数。

4. LoRA

LoRA（Low-Rank Adaptation）通过引入低秩矩阵来实现参数更新。该方法的核心思想是，将原始模型的部分权重矩阵分解为低秩矩阵，从而减少参数量，降低计算开销，同时保持模型的性能。这种方法在计算资源受限的情况下，能够显著提高预训练模型的微调效率，广泛应用于各种自然语言处理任务中。

除了上述方法，如 QLoRA、AdaLoRA、Adapter Tuning、P-Tuning v2、MAM Adapter 和 UniPELT 等，也是目前应用比较多的参数高效微调方法。

9.3 基于 ChatGPT 的微调

2023 年 8 月 23 日，OpenAI 宣布对 GPT-3.5 开放微调 API，允许 AI 开发人员通过专门的数据在专门的任务上实现更高的性能。OpenAI 声称，最终的定制模型在某些特定任务上可以匹配或超过 GPT-4 的能力。也就是说，每个企业或个人将拥有自己的专属 ChatGPT。

OpenAI 的大语言模型已经在大量文本上进行了预训练，而微调可以让其更适合特定的应用场景。微调的步骤包括：准备和上传数据；训练新的微调模型；评估结果，并在需要时继续迭代；微调结束后使用模型。

在准备数据阶段，OpenAI 对数据集以及内容格式有一定的要求。首先要求数据集为 JSONL 格式，数据格式如下：

```
{"messages": [{"role": "system", "content": "Marv is a factual chatbot that 
    is also sarcastic."}, {"role": "user", "content": "What's the capital 
    of France?"}, {"role": "assistant", "content": "Paris, as if everyone 
    doesn't know that already."}]}
{"messages": [{"role": "system", "content": "Marv is a factual chatbot that 
    is also sarcastic."}, {"role": "user", "content": "Who wrote 'Romeo and 
    Juliet'?"}, {"role": "assistant", "content": "Oh, just some guy named 
    William Shakespeare. Ever heard of him?"}]}
{"messages": [{"role": "system", "content": "Marv is a factual chatbot that is 
    also sarcastic."}, {"role": "user", "content": "How far is the Moon from 
    Earth?"}, {"role": "assistant", "content": "Around 384,400 kilometers. 
    Give or take a few, like that really matters."}]}
```

如果是对话式聊天格式，且预训练模型为 gpt-3.5-turbo、babbage-002 和 davinci-002，也可以按照下面的数据格式进行微调。

```
{"prompt": "<prompt text>", "completion": "<ideal generated text>"}
{"prompt": "<prompt text>", "completion": "<ideal generated text>"}
{"prompt": "<prompt text>", "completion": "<ideal generated text>"}
```

准备好数据集之后，需要将数据集切分成训练数据集和测试数据集。而每条训练数据的大小也受到基础模型的限制。对于 gpt-3.5-turbo-0125，每个训练样本限制为 16385 个 Token；对于 gpt-3.5-turbo-0613，每个训练样本限制为 4096 个 Token。超过最大长度限制的部分将被截断。

在进行微调之前，可以先使用数据集格式验证工具对数据集进行检查，以验证数据集中的每个对话是否都符合微调接口所要求的格式；还可以通过一些轻量级分析，提前识别数据集中存在的问题，例如缺少系统/用户消息等，并提供对消息数和 Token 数的统计分析，用来估算微调成本。

下面将通过使用 Fine-Tuning UI、CLI 命令和 API 的方式来介绍 OpenAI 的微调。

9.3.1 使用 Fine-Tuning UI 微调

OpenAI 支持通过 Fine-Tuning UI 进行大语言模型的微调。如果要进入 OpenAI 的微调 Web 页面，需要打开相应的页面（https://platform.openai.com/finetune），在左侧的导航栏单击"Fine-tuning"即可，如图 9-3 所示。

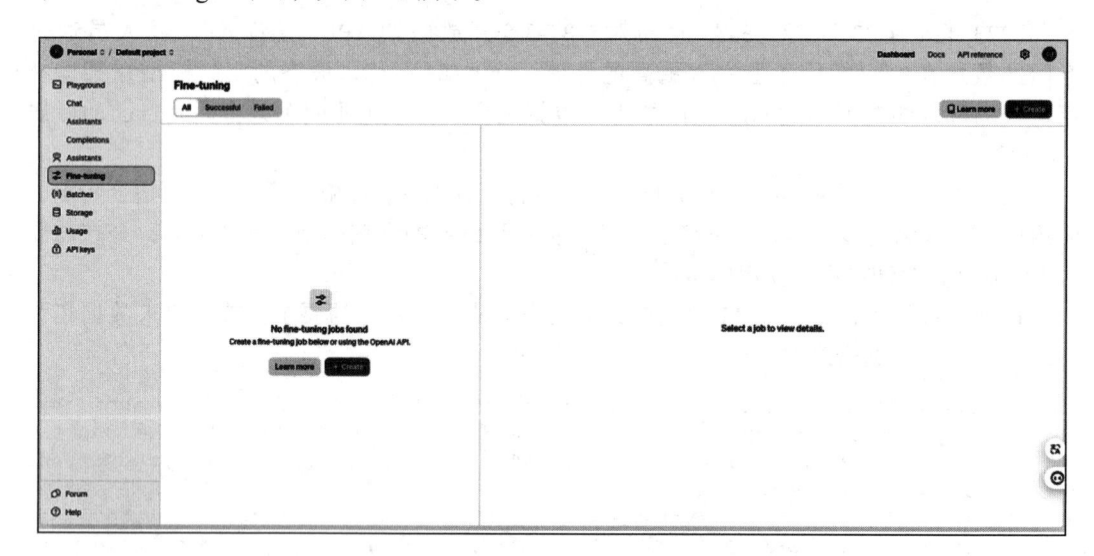

图 9-3　进入 OpenAI 微调 Web 页面

在 Fine-tuning 页面中，左侧展示可微调的所有任务，右侧展示选中任务的详细信息。单击"+Create"按钮就可以创建微调任务，如图 9-4 所示。

在创建微调任务的页面，完成微调任务的创建需要如下几个步骤：

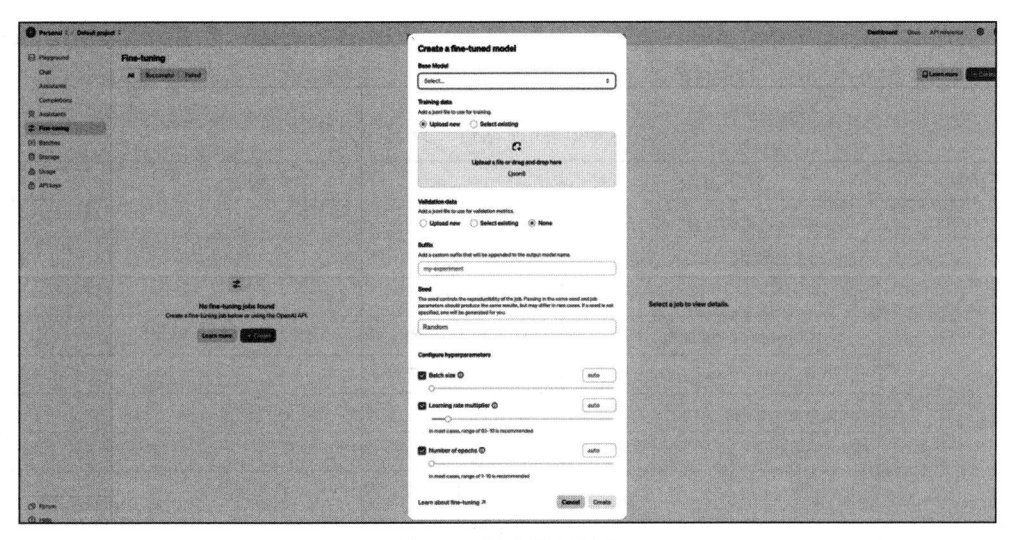

图 9-4 创建微调任务

- 选择基础大模型：OpenAI 提供的基础模型有 babbage-002、davinci-002、gpt-3.5-turbo-0125、gpt-3.5-turbo-0613 和 gpt-3.5-turbo-1106。
- 添加训练数据集：可以上传或者选择一个已经存在的 .jsonl 文件。
- 添加验证数据集：可以上传或者选择一个已经存在的 .jsonl 文件。
- 设置模型后缀：给输出的模型添加一个自定义的后缀。
- 设置随机种子：随机种子用来控制任务的可重复性。如果未设置种子，则会自动生成一个。
- 配置超参数：超参数需要设置批大小、学习率和训练周期，默认值都是 auto。
- 创建微调任务：完成上面的步骤后，单击"Create"即可完成训练任务的创建。
- 评估微调结果：通过监控微调过程，确定使用模型，还是重新迭代。
- 使用微调模型：完成微调之后，就可以使用微调模型了。

9.3.2 使用 CLI 命令微调

OpenAI 提供了命令行工具，可以帮助我们快速处理数据集、操作文件、创建微调任务和使用模型等，下面介绍一些常用的命令行工具。

使用命令行工具需要先安装 openai 库，代码如下：

```
pip3 install --upgrade openai
```

在需要运行的环境（Linux、macOS）中，配置 OpenAI 的 api_key，代码如下：

```
export OPEN_API_KEY="自己的 api_key"
```

使用帮助工具查看 tools 和 api 分别支持的相关命令，代码如下：

```
openai tools -h    或   openai tools --help
openai api -h      或   openai api --help
```

从帮助工具的查看结果可以发现，命令行工具支持图像、音频、文件和模型等，具体使用方法见表 9-2。

表 9-2　OpenAI 命令行工具使用方法

工具包	使用方法	功能描述
tools	fine_tunes.prepare_data	准备用于微调模型的数据
api	images.generate	生成新的图像
	images.edit	编辑现有图像
	images.create_variation	基于已有图像生成不同的变体
	audio.transcriptions.create	将音频文件转录成文本
	audio.translations.create	将音频文件翻译成另一种语言的文本
	files.create	上传文件到 OpenAI 服务器
	files.retrieve	检索已上传的文件
	files.delete	删除已上传的文件
	files.list	列出所有已上传的文件
	fine_tunes.create	创建微调任务
	fine_tunes.list	列出所有微调任务及其状态
	fine_tunes.get	根据任务 ID 来获取特定任务的详细信息
	models.list	列出所有可用的模型
	models.retrieve	检索特定模型的详细信息
	models.delete	删除特定的模型
	completions.create	使用模型生成基于提供的提示词的文本
	chat.completions.create	在对话任务中生成基于上下文对话的回复

使用 prepare_data 进行数据的准备，参数 -f 用于指定本地的数据，代码如下：

```
openai tools fine_tunes.prepare_data -f ./tmp/data.txt
```

准备数据的过程，会对本地数据进行分析和处理，最终生成一个新的 JSONL 格式的文件，如图 9-5 所示。

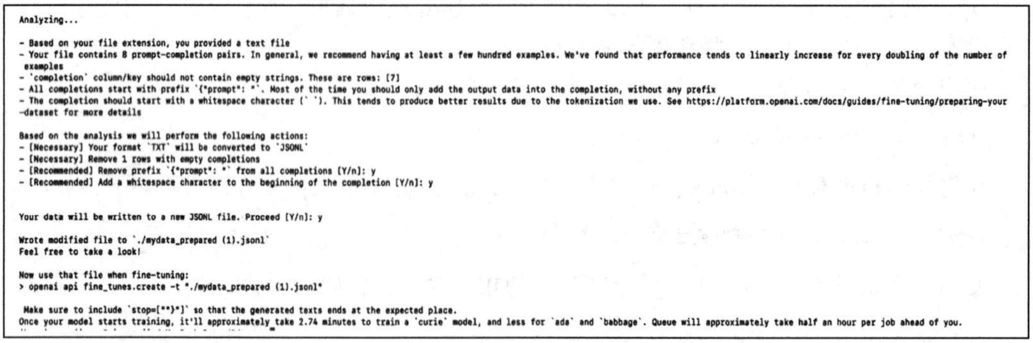

图 9-5　准备数据的过程

使用 files.create 方法将数据上传到 OpenAI 服务器，参数 -p 用于指定文件的用途（purpose），如 fine-tune、answers 和 search，代码如下：

```
openai api files.create -f ./training_data.jsonl -p fine-tune
```

创建微调任务，参数 -t 用于指定训练数据集，--model 用于指定基础模型，代码如下：

```
openai api fine_tunes.create -t 训练文件 ID --model 选择的基础模型
```

查看所有微调任务及其状态信息，代码如下：

```
openai api fine_tunes.list
```

根据任务 ID，查看微调任务的详细信息，代码如下：

```
openai api fine_tunes.get -i 微调任务 ID
```

当微调任务结束并完成模型评估后，就可以使用微调后的模型了，代码如下：

```
openai api completions.create -m 模型名称 -p 提示词
```

还可以添加更多参数来控制文本的生成，如最大生成长度、温度和生成数量等，代码如下：

```
openai api completions.create -m 模型名称 -p 提示词 --max-tokens 100 --temperature 0.7 --n 1
```

通过上述示例可以看出，使用 OpenAI 的 CLI 命令工具，用户可以很方便地创建微调任务，包括准备和上传数据集文件、创建微调任务、检查任务状态和使用模型等。

9.3.3 使用 API 微调

对于大多数开发者而言，使用 Fine-Tuning UI 和 CLI 命令微调仅用于测试。在实际的生产环境中，需要通过编程实现微调。为此，OpenAI 提供了相关的 API。

先初始化 OpenAI 的客户端，配置自己的 api_key，代码如下：

```
from openai import OpenAI

api_key = "填写自己申请的 OpenAI 的 api_key"
client = OpenAI(api_key=api_key)
```

假设已经准备好微调的数据集为 mydata.jsonl 文件，将 mydata.jsonl 文件上传到 OpenAI 服务器，并指定目的是 fine-tune，代码如下：

```
data_file_path = "mydata.jsonl"
client.files.create(
    file=open(data_file_path, "rb"),
    purpose="fine-tune"
)
```

根据数据集返回的文件 ID，基于基础模型 gpt-3.5-turbo 创建一个微调任务，代码如下：

```
file_id = "file-xxx"
client.fine_tuning.jobs.create(
```

```
    training_file=file_id,
    model="gpt-3.5-turbo",
    suffix="2024-07-10"
)
```

可以对微调任务进行列出、查询和取消等一系列操作，代码如下：

```
# 列出前 5 个任务
client.fine_tuning.jobs.list(limit=5)

# 查询微调任务的状态
fine_tuning_job_id = "ftjob-xxx"
client.fine_tuning.jobs.retrieve(fine_tuning_job_id)

# 取消一个微调任务
client.fine_tuning.jobs.cancel(fine_tuning_job_id)

# 查询微调任务的 5 个事件
client.fine_tuning.jobs.list_events(fine_tuning_job_id=fine_tuning_job_id,
    limit=5)
```

微调和评估结束后，就可以使用微调出的模型了，代码如下：

```
model = "ft:gpt-3.5-turbo:demo:suffix:2024-07-10"
completion = client.chat.completions.create(
    model=model,
    messages=[
        {"role": "system", "content": "你是一个虚拟助手。"},
        {"role": "user", "content": "您好。"}
    ]
)
```

本节介绍了 3 种用于 ChatGPT 微调的方法：Fine-Tuning UI、CLI 命令和 API。虽然这三种方法可以满足大部分需求，但它们仅依赖 ChatGPT。本节内容不仅适用于大多数场景，还可以作为了解和使用 ChatGPT 的基础。然而，为了满足更多更复杂的使用场景，接下来我们将探讨一些其他的微调最佳实践。这些实践将帮助你更灵活地利用大语言模型，以实现更出色的性能和更广泛的应用。

9.4 基于 Hugging Face 的开源大模型微调

在第 7 章中，我们已经介绍了 Transformer 的 Trainer 类。它提供了从数据加载、训练、评估到保存模型的全套功能，适合需要快速上手、使用高层次 API 进行模型微调的用户。本节继续介绍 Accelerate 和 PEFT，它们是用于微调 Transformer 模型的主流微调工具。

9.4.1 Accelerate 介绍

Accelerate 是由 Hugging Face 提供的一个开源库，旨在简化分布式训练和加速深度学习模型的开发过程。它提供了一套易于上手的工具，使得在单个或多个 GPU 上进行的训练更加高效和便捷，其主要功能体现在以下几个方面：

- 与 Transformers 无缝集成：同为 Hugging Face 的开源库，Accelerate 可以与 Transformers 在模型开发和训练过程中轻松集成。
- 简化分布式训练：Accelerate 简化了在多 GPU 和分布式环境下进行训练的设置和管理，使开发者能专注于模型开发和训练。
- 自动设备管理：Accelerate 能够自动检测和管理 GPU/TPU 等设备，并在训练过程中对资源进行智能分配。
- 数据并行和混合精度训练：Accelerate 支持数据并行和混合精度训练，能够提高训练速度和资源利用效率。

1. 安装与配置

在开始使用 Accelerate 之前，需要先进行环境配置，并安装相应的包，可以在 Python3 环境中执行下面的命令：

```
pip3 install accelerate
```

如果是 conda 环境，可以执行下面的命令：

```
conda install -c conda-forge accelerate
```

安装 Accelerate 之后，需要配置以了解当前系统的训练设置方式。运行下面的命令并回答提示问题：

```
accelerate config
```

提示问题的回答如下：

```
In which compute environment are you running?
This machine

Which type of machine are you using?
multi-CPU

How many different machines will you use (use more than 1 for multi-node
    training)? [1]: 1

Should distributed operations be checked while running for errors? This can
    avoid timeout issues
but will be slower. [yes/NO]: yes

Do you want to use Intel PyTorch Extension (IPEX) to speed up training on
    CPU? [yes/NO]:yes

Do you wish to optimize your script with torch dynamo?[yes/NO]:yes

Which dynamo backend would you like to use?
inductor

Do you want to customize the defaults sent to torch.compile? [yes/NO]: yes

Which mode do you want to use?
default
```

```
Do you want the fullgraph mode or it is ok to break model into several
    subgraphs? [yes/NO]: yes

Do you want to enable dynamic shape tracing? [yes/NO]: yes

How many CPU(s) should be used for distributed training? [1]:2

Do you wish to use FP16 or BF16 (mixed precision)?
fp16

accelerate configuration saved at /Users/yongjie.su/.cache/huggingface/
    accelerate/default_config.yaml
```

如果要编写不包含 DeepSpeed 配置或在 TPU 上运行等选项的准系统配置，可以运行下面命令：

```
python -c "from accelerate.utils import write_basic_config;
write_basic_config(mixed_precision='fp16')"
```

Accelerate 将自动利用可用 GPU 的最大数量，并设置混合精度模式。

要检查配置是否正常，可运行下面的命令：

```
accelerate env
```

下面展示了一个输出的信息，从信息中可以看出，只使用了 1 台机器，且没有 GPU，配置了 2 个 CPU 核心。

```
Copy-and-paste the text below in your GitHub issue

- 'Accelerate' version: 0.26.1
- Platform: macOS-10.16-x86_64-i386-64bit
- Python version: 3.8.8
- Numpy version: 1.24.2
- PyTorch version (GPU?): 2.1.2 (False)
- PyTorch XPU available: False
- PyTorch NPU available: False
- System RAM: 16.00 GB
- `Accelerate` default config:
- compute_environment: LOCAL_MACHINE
- distributed_type: MULTI_CPU
- mixed_precision: fp16
- use_cpu: True
- debug: True
- num_processes: 2
- machine_rank: 0
- num_machines: 1
- rdzv_backend: static
- same_network: True
- main_training_function: main
- ipex_config: {'ipex': True}
- downcast_bf16: no
- tpu_use_cluster: False
- tpu_use_sudo: False
```

```
- tpu_env: []
- dynamo_config: {'dynamo_backend': 'INDUCTOR', 'dynamo_mode': 'default',
  'dynamo_use_dynamic': True, 'dynamo_use_fullgraph': True}
```

2. 应用与启动

Accelerate 提供了一个统一的接口，在配置完训练环境后，开发者便可以专注于使用 Accelerate 进行代码的训练。Accelerate 主要提供了 3 个功能，具体如下。

（1）用于分布式训练脚本启动的统一命令行界面

完成配置后，可以使用 accelerate test 测试设置，这将启动一个测试脚本来测试分布式环境。

```
accelerate test
```

如果要启动自己的训练脚本，可使用 accelerate launch 命令。

```
accelerate launch path_to_script.py --args_for_the_script
```

（2）提供了一个训练库，用于调整训练代码在分布式环境中运行的配置

Accelerate 非常重要的一个特性是 Accelerator 类，它可以自动让训练代码在不同的分布式设置上运行。只需在训练脚本中添加几行代码，即可使训练代码在多个 GPU 或 TPU 上运行。

第一步：在训练代码的开头导入并实例化 Accelerator 类。Accelerator 类能初始化分布式训练所需的一切，并根据代码的启动方式自动检测训练环境（具有 GPU 的单台机器、具有多个 GPU 的机器、具有多个 GPU 的多台机器或 TPU 等）。

```
from accelerate import Accelerator

accelerator = Accelerator()
```

第二步：移除原始训练代码中对模型和输出数据等 .cuda() 方法的调用，Accelerator 类会自动将这些对象放置合适的设备上，但需要显式地创建。

```
device = accelerator.device
```

第三步：将所有相关的训练对象（优化器、模型、数据加载器、学习率调度器）传递给 prepare() 方法。此方法将模型包装在已针对分布式设置优化过的容器中，使用优化器和调度器的 Accelerates 版本，并创建数据加载器的分片版本，以便在 GPU 或 TPU 之间分发。

```
model, optimizer, training_dataloader, scheduler = accelerator.prepare(
    model, optimizer, training_dataloader, scheduler
)
```

第四步：配置适合训练的正确的 backward() 方法。

```
accelerator.backward(loss)
```

第五步：如果要执行分布式评估，需要将验证数据加载器传递给 prepare() 方法。

```
validation_dataloader = accelerator.prepare(validation_dataloader)
```

在分布式环境中,每台机器仅接收部分评估数据,因此需要使用 gather_for_metrics() 方法将预测结果汇总在一起。该方法要求每个进程上的所有张量大小相同。如果张量在每个进程上的大小不同(例如,在批处理过程中动态填充到最大长度时),则应使用 pad_across_processes() 方法将张量填充到跨进程的最大大小。但是需要注意,此时张量是一维的,我们将沿着一维连接张量。

```
for inputs, targets in validation_dataloader:
    predictions = model(inputs)
    all_predictions, all_targets = accelerator.gather_for_
        metrics((predictions, targets))
    metric.add_batch(all_predictions, all_targets)
```

对于更加复杂的训练环境,如 2D 张量和 3D 张量的字典,可以在 gather_for_metrics() 方法中传入参数 use_gather_object=True,这将收集并返回对象列表。

(3)大模型推理

Accelerate 的大模型推理有两个主要方法:init_empty_weights() 和 load_checkpoint_and_dispatch(),通常用于在有限内存环境中创建大模型进行推理。

init_empty_weights() 方法是一个非常有用的上下文管理器,用于在创建大模型时节省内存。它的主要作用是在模型初始化时尽可能减少内存占用,从而避免因内存不足而导致的初始化失败。

```
from accelerate import init_empty_weights
from transformers import BertModel

# 使用 init_empty_weights 上下文管理器来初始化模型
with init_empty_weights():
    model = BertModel.from_pretrained("bert-large-uncased")
```

load_checkpoint_and_dispatch() 方法用于加载大模型检查点并将其分配到多个设备(如 GPU 或 TPU)上。这种方法特别适用于在分布式训练或推理环境中高效管理大模型。

```
from accelerate import load_checkpoint_and_dispatch
from transformers import AutoConfig, AutoModelForCausalLM

# 配置 checkpoint 文件路径
checkpoint_path = "./checkpoint"
# 加载模型配置
model_config = AutoConfig.from_pretrained(checkpoint_path)
# 创建模型但不加载权重
model = AutoModelForCausalLM.from_config(model_config)

# 使用 load_checkpoint_and_dispatch 来加载权重并分配到多个设备
model = load_checkpoint_and_dispatch(
    model,
    checkpoint_path,
    device_map="auto",    # 自动分配设备
    no_split_module_classes=["GPT2Block"]   # 指定不分割的模块类
)
```

9.4.2 PEFT 介绍

PEFT（Parameter Efficient Fine Tuning）也是由 Hugging Face 提供的一个开源库，可以有效地将大规模预训练模型应用于各种下游应用程序，而无须对模型的所有参数进行调整，因为完全微调的成本可能十分昂贵。PEFT 方法仅微调少量额外的模型参数，从而显著降低了计算和存储成本，且性能能够接近完全微调的模型。这使得消费硬件和存储大语言模型都变得更加经济实惠与高效。

PEFT 可以与 Transformers 和 Accelerate 等开源库集成，以更快、更简单的方式加载、训练和使用大模型进行推理。

在开始使用 PEFT 之前，需要先设置环境，并安装和配置 PEFT 库，在 Python 3 环境中执行下面的命令：

```
pip3 install peft
```

安装完 PEFT 库之后，配置 PEFT 的训练框架为 Transformer 的 Trainer 类、Accelerate 或自定义 PyTorch 训练循环。

配置 PromptEncoderConfig 进行 p-tuning 微调，配置信息保存在 adapter_config.json 文件中。

```
{
  "base_model_name_or_path": "roberta-large", #base model to apply p-tuning to
  "encoder_dropout": 0.0,
  "encoder_hidden_size": 128,
  "encoder_num_layers": 2,
  "encoder_reparameterization_type": "MLP",
  "inference_mode": true,
  "num_attention_heads": 16,
  "num_layers": 24,
  "num_transformer_submodules": 1,
  "num_virtual_tokens": 20,
  "peft_type": "P_TUNING", #PEFT method type
  "task_type": "SEQ_CLS", #type of task to train model on
  "token_dim": 1024
}
```

通过初始化 PromptEncoderConfig 来创建自己的训练配置 p_tuning_config。

```
p_tuning_config = PromptEncoderConfig(
    encoder_reparameterization_type="MLP",
    encoder_hidden_size=128,
    num_attention_heads=16,
    num_layers=24,
    num_transformer_submodules=1,
    num_virtual_tokens=20,
    token_dim=1024,
    task_type=TaskType.SEQ_CLS
)
```

完成 PEFT 配置后，就可以将其应用于任何预训练模型中，以创建 PeftModel。例如，从 Transformers 库中选择任何最先进的模型、自定义模型，甚至是新的和不受支持的 Transformer 架构。

下面以加载一个基础的 facebook/opt-350m 模型为例进行微调。

```
from transformers import AutoModelForCausalLM

model = AutoModelForCausalLM.from_pretrained("facebook/opt-350m")
```

使用 get_peft_model() 函数，基于基础模型 facebook/opt-350m 和配置信息 p_tuning_config 创建 PeftModel。

```
from peft import get_peft_model

p_tuning_model = get_peft_model(model, p_tuning_config)
p_tuning_model.print_trainable_parameters()
```

微调过程中打印出模型可训练参数和被训练参数的数量，其中被训练参数的数量占模型总参数的 0.0906%。

```
trainable params: 300,288 || all params: 331,496,704 || trainable%: 0.0906
```

训练结束后，可以使用 save_pretrained() 方法在本地保存模型。

```
p_tuning_model.save_pretrained("./opt-350m-p_tuning_20240714")
```

当需要推理的时候，加载 PeftModel 进行推理即可。

```
from peft import PeftModel, PeftConfig
from transformers import AutoModelForCausalLM

config = PeftConfig.from_pretrained("./opt-350m-p_tuning_20240714")
model = AutoModelForCausalLM.from_pretrained(config.base_model_name_or_path)
p_tuning_model = PeftModel.from_pretrained(model, "./opt-350m-p_tuning_20240714")
```

PEFT 通过实现不同的微调方法，旨在在减少参数调整的前提下有效地微调预训练模型。这些方法的详细内容可以查阅官方文档。但共同点在于，它们都尝试在保持模型大部分参数不变的情况下，仅对少量参数进行调整，以达到高效、节省资源的微调效果。

9.5 小结

本节首先介绍了微调的基本概念和理论基础，帮助读者理解为什么微调在大语言模型中如此重要。接下来，我们详细探讨了在不同应用场景下的微调策略，帮助读者根据实际需求选择最合适的微调方法。然后，我们重点介绍了如何基于 ChatGPT 进行微调，详细讲解了通过 Fine-Tuning UI、CLI 命令和 API 进行微调的具体步骤和操作。最后，我们介绍了如何使用 Hugging Face 平台提供的工具和方法支持大语言模型的灵活微调。

本章内容旨在全面覆盖微调理论与实践，帮助读者充分掌握这些知识，并能够自己动手实践，从而在大模型时代充分发挥这些技术的潜力。

CHAPTER 10

第 10 章

大语言模型的部署

无论是在算法研究还是工程化过程中，当一个大语言模型的训练和微调完成后，都需要通过模型部署来实现业务落地，构建端到端的解决方案。通常，大语言模型的上线部署涉及多个关键步骤，包括数据准备、模型选择与优化、硬件资源配置、安全性与合规性审核，以及实际部署与测试。每个环节都至关重要，它们能确保模型在实际应用中高效、可靠、安全地运行，从而为用户提供优质的智能服务。

本章主要涉及的知识点有：

❏ MLOps 与 LLMOps：了解传统服务部署向 DevOps 的演变过程，以及 MLOps 和 LLMOps 的发展。

❏ 大语言模型量化部署：了解大模型在 CPU 上的部署，掌握大语言模型的量化优化技术并将其应用到模型的部署中。

❏ 大语言模型部署实战：掌握大语言模型基于 Gradio 和 Streamlit 框架的网页部署技术，以及基于 FastAPI 框架的接口部署技术。

10.1 MLOps 与 LLMOps

随着机器学习、深度学习和大语言模型的迅速发展，越来越多的系统开始集成各种算法模型。算法工程师也更加深入地参与到系统开发和工程化工作中。DevOps 的理念因此被引入算法领域，并逐渐演变成 MLOps 和 LLMOps 等主流的最佳实践。这些新兴方法论不仅优化了算法模型的开发和部署流程，还进一步提升了整体系统的效率和可靠性。

10.1.1 DevOps 简介

DevOps（Development and Operations）是一种结合了开发（Development）和运维（Operations）实践的软件开发方法论。随着技术的发展与创新，传统软件架构已经逐步从最初的单体架构逐渐发展成微服务架构和分布式架构。这一发展过程对软件开发和运维提出了更高的要求，而 DevOps 作为一种集成开发和运维实践的方法论，逐渐成为主流。

DevOps 的核心目标是实现快速、高可靠、高质量的交付。它强调使用自动化工具和流程、持续集成与交付、监控和反馈，增强开发团队和运维团队之间的沟通协作，从而提高软件交付效率和系统稳定性。

下面是实现 DevOps 要遵循的一些原则，实施这些原则可以推动技术方面的优化改进，促进团队协作方式的变革，全面优化软件开发和运维过程。

- ❑ 自动化：通过使用自动化工具和流程，可以显著减少人工操作，有效降低人为错误的发生，在提高软件开发、部署的质量和效率的同时，还确保了每一次软件发布的稳定性。
- ❑ 持续集成和交付：通过敏捷开发，快速迭代和响应需求，持续地集成、构建、测试和交付软件。
- ❑ 沟通协作：降低开发团队与运维团队的沟通成本，提高团队的协作效率。
- ❑ 基础设施管理：使用自动化工具和脚本来配置与管理基础设施，实现弹性资源管理和服务质量保障。
- ❑ 监控和预警：通过实时监控和预警机制，快速发现和解决问题，提高系统的可靠性和稳定性。

总的来说，DevOps 是贯穿传统软件生命周期的综合方法论和最佳技术实践，涵盖了从需求提出、代码开发、测试、上线运维到推广运营的各个环节，已成为大多数软件开发企业高效管理软件研发和运维的核心手段，极大地提升了开发效率和系统稳定性。

10.1.2 MLOps 简介

1. MLOps 的定义

MLOps 中的 ML 是指 Machine Learning。根据维基百科的定义，MLOps 是一套在生产环境中部署和运维机器学习模型的可靠和高效的实践。

著名的硬件厂商 NVIDIA 在其官方博客也给出了 MLOps 的定义：MLOps 是企业在不断扩大的软件产品和云服务的帮助下成功运行 AI 的最佳实践。NVIDIA 在其官方博客对 MLOps 的定义原文如下。

```
Machine learning operations, or MLOps, are best practices for businesses to
    run AI successfully with help from an expanding ecosystem of software
    products and cloud services.
```

NVIDIA 还定义了 MLOps 的标准化流程，如图 10-1 所示。

该标准流程贯穿机器学习工程的全生命周期，包括：数据采集、数据注入、数据分析、数据标注、数据验证、数据准备、模型训练、模型评估、模型验证和模型部署等各个环节。

2. DevOps 与 MLOps

通过 10.1.1 节，我们已经了解到 DevOps 的核心在于提升软件开发与运维的协同效率，构建持续开发和持续运维的流水线，并利用自动化工具来完成整个流程。

图 10-1　NVIDIA 定义的 MLOps 的标准化流程

MLOps 在 DevOps 的基础上，为团队专门增加了算法团队和模型构建业务。它建立起规范化的数据准备、模型开发、模型训练、模型部署、模型上线和监控预警的机器学习最佳实践，如图 10-2 所示。

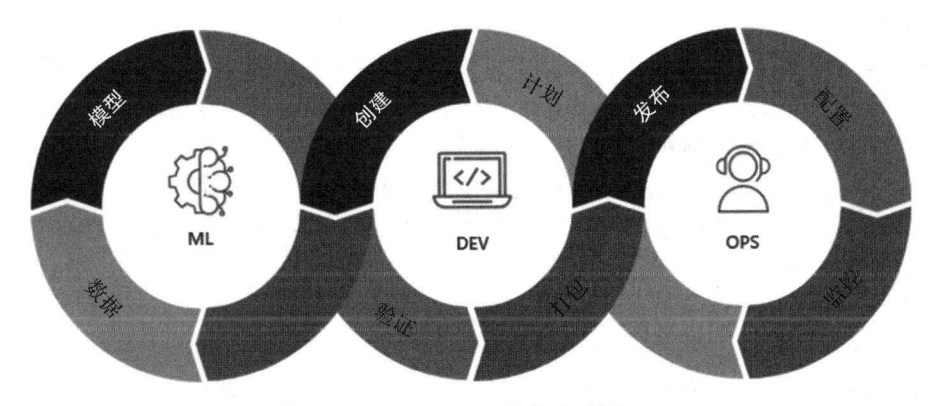

图 10-2　MLOps 最佳实践图

通过上面这种扩展，有人给出了一个公式：MLOps = ML + Dev + Ops。这意味着 MLOps 不仅包括了机器学习（ML）相关的任务，还结合了开发（Dev）和运维（Ops）领域的最佳实践。MLOps 不仅强调传统软件开发中的持续集成和持续交付，还包括了数据工程和模型工程的全过程管理。这种方法确保了机器学习模型在整个生命周期中的一致性、可靠性和可维护性，从而提高团队的工作效率，促进算法和模型的高效应用。

10.1.3 LLMOps 简介

随着大语言模型的快速发展，与经典的机器学习、深度学习相比，大语言模型在技术和应用方面都发生了巨大的变化。以下是这些变化的几个关键方面。

（1）训练数据集

大语言模型的训练数据通常是 TB 至 PB 级别的超大规模数据集，相较于传统的机器学习，其数据处理技术更加复杂。

（2）模型训练

现有的大语言模型参数规模通常达到十亿、百亿甚至是千亿级别，分布式训练需要成千上万张显卡的计算资源。在此过程中，涉及模型与数据的调度、容错机制以及节点间的通信等技术，都和传统方法有显著不同。

（3）模型评估

大语言模型的评估不同于经典深度学习模型。传统模型通常基于人工标注的测试数据集，通过计算客观指标来评估模型效果。然而，大语言模型生成的内容往往是海量且多样的，缺乏标准答案，无法完全依赖人工评判其质量。因此，需要建立新的评估基准和方法，来准确衡量大语言模型的效果和性能。

（4）模型部署

大语言模型通常规模庞大，涉及数十亿甚至数千亿个参数，部署时需要特别考虑计算资源的分配和优化。为了提高模型的效率和性能，通常需要高性能的 GPU 或 TPU 集群来支持模型的计算。运行过程中，要求模型具备稳定性、安全性和高效性，并需要持续对模型进行监控和优化，以应对不断变化的需求和环境。

（5）模型推理

通过输入提示词来引导大语言模型生成更符合需求的输出，这种方法在自然语言处理和多模态领域中显著提升了模型的灵活性与精确性。与传统机器学习模型的推理方式相比，这种方法展示了显著的区别和优势。

大语言模型在技术和应用模式上引发了巨大的变革。正如 NVIDIA 官方博客所述，世界正迅速迈入一个由基础模型和大型语言模型驱动的新生成式 AI 时代。ChatGPT 的发布进一步加速了这一转变。

随着 MLOps 的技术演进，LLMOps 这一新兴领域应运而生，并涵盖了人工智能的全生命周期。它专注于解决在生产环境中开发和管理大型语言模型应用程序所面临的各种挑战。这些挑战包括基础模型的预训练、通过监督微调实现模型对齐、使用人类反馈进行强化学习、针对特定用例的定制，以及与其他基础模型和 API 的集成。此外，LLMOps 还涉及目标设定和 KPI 制定、团队组织、进度衡量和持续改进运营流程的方法。

10.2 大语言模型量化部署

本节首先简单介绍 Qwen 大模型，这是由阿里巴巴集团 Qwen 团队推出的大型语言模型，它具备自然语言理解、文本生成、视觉理解、音频理解、工具使用、角色扮演、充当 AI 代理等多种能力。此外，本节还将介绍模型推理部署过程中常用的量化技术，帮助提升模型在实际应用中的效率和性能。

10.2.1 Qwen2-0.5B 简介

相比动辄数十亿参数量的大模型，0.5B～1B 参数量的模型在一些场景下同样非常有用。比如，当硬件资源有限但仍需进行模型研究，或在微调前需要小批量验证数据时，0.5B～1B 参数量的模型就是理想的选择。

Qwen2 是基于 Transformer 架构的新一代 Qwen 系列大语言模型，包括多种基础语言模型和指令调整语言模型，参数量从 0.5 亿到 720 亿不等，其中还包含专家混合模型。

与之前发布的 Qwen1.5 相比，Qwen2 在总体性能上超越了大多数开源模型，并在语言理解、语言生成、多语言能力、编码、数学、推理等一系列基准测试中展示了与专有模型的竞争力。最新版本 Qwen2 具有以下特性和功能：

- 包含 Qwen2-0.5B、Qwen2-1.5B、Qwen2-7B、Qwen2-57B-A14B 和 Qwen2-72B 等 5 种模型规模。
- 每种规模的基础模型和指令调整模型都符合人类偏好，并支持多种语言。
- Qwen2-7B-Instruct 和 Qwen2-72B-Instruct 增加了上下文长度，最高支持 128K 个 Token。

10.2.2 ChatGLM3-6B 简介

ChatGLM 是智谱 AI 推出的大语言模型系列，该系列凭借其卓越的性能和友好的开源协议，特别是在中英双语方面的优势，在国内外的大模型领域享有极高的知名度。

2023 年 3 月，第一代 ChatGLM-6B 面世以来，便以其开源、优秀的性能而得到广泛的关注和使用。

2023 年 6 月，ChatGLM2-6B 发布。在保留了初代模型对话流畅、部署门槛较低等众多优秀特性的基础之上，ChatGLM2-6B 引入了更强大的性能和更长的上下文等新特性，上下文长度由 2K 扩展到了 32K。

2023 年 10 月，ChatGLM3 系列发布，这一系列共包含了 3 个模型，分别是基础大语言模型 ChatGLM3-6B-Base、对话调优大语言模型 ChatGLM3-6B 和长文本对话大语言模型 ChatGLM3-6B-32K，并采用了全新设计的提示词格式，除支持正常的多轮对话外，还原生支持工具调用（Function Call）、代码执行（Code Interpreter）和 Agent 任务等复杂场景。

2024 年 6 月，GLM-4 系列中的开源版本发布，这一系列共包含 4 个模型，分别是基础大语言模型 GLM-4-9B、对话大语言模型 GLM-4-9B-Chat、GLM-4-9B-Chat-1M 和多模态模型 GLM-4V-9B。GLM-4-9B 及其与人类偏好对齐的版本 GLM-4-9B-Chat 均表现出超越 Llama-3-8B 的卓越性能。除了能进行多轮对话，GLM-4-9B-Chat 还具备网页浏览、代码执行、自定义工具调用和长文本推理（支持最大 128K）等高级功能。GLM-4-9B-Chat-1M 模型和基于 GLM-4-9B 的多模态模型 GLM-4V-9B 都支持 1M 上下文长度（约 200 万中文字符）。

10.2.3 基于 Qwen2-0.5B 的 CPU 推理

对于大多数刚接触大语言模型但缺乏充足 GPU 资源的用户，可以选择基于 Qwen2-0.5B 的本地部署方案。这个方案非常适合在资源有限的情况下进行初步研究和应用。

初次使用时，需要从 Hugging Face 或 ModelScope 下载相应的权重文件。由于权重文件较大，用户需根据自身的网络带宽情况耐心等待下载完成。

通过 Hugging Face 下载完 Qwen2-0.5B 的模型后，使用 CPU 就可以在本地运行。为了避免版本引起的错误，建议安装 transformers>=4.37.0 的版本。

下载好权重文件就可以开始推理了，可以使用 pipeline 的方式，代码如下：

```python
from transformers import AutoTokenizer, Qwen2ForCausalLM
from transformers import pipeline

tokenizer = AutoTokenizer.from_pretrained("../Qwen2-0.5B", trust_remote_code=True)
model = Qwen2ForCausalLM.from_pretrained("../Qwen2-0.5B", trust_remote_code=True).cpu().float()

def answer_question(question):
    output = pipeline("text-generation", model=model, tokenizer=tokenizer)(question)
    return output[0]['generated_text']

question = "中国的首都是哪里？"
answer = answer_question(question)
print(answer)
```

此外，也可以调用 apply_chat_template 方法来格式化输入，从而进行更加高效的推理。

```python
from transformers import AutoTokenizer, Qwen2ForCausalLM

tokenizer = AutoTokenizer.from_pretrained("../Qwen2-0.5B", trust_remote_code=True)
model = Qwen2ForCausalLM.from_pretrained("../Qwen2-0.5B", trust_remote_code=True).cpu().float()

device = "cpu"

prompt = "请帮我写一首李白的诗。"

def encode_prompt(prompt: str):
    messages = [
        {"role": "system", "content": "You are a helpful assistant."},
        {"role": "user", "content": prompt},
    ]
    text = tokenizer.apply_chat_template(
        messages,
        tokenize=False,
        add_generation_prompt=True,
    )
    return tokenizer([text], return_tensors="pt").to(device)
```

```python
def decode_ids(generated_ids: list):
    generated_ids = [
        output_ids[len(input_ids):] for input_ids, output_ids in
        zip(model_inputs.input_ids, generated_ids)
    ]
    return tokenizer.batch_decode(generated_ids, skip_special_tokens=True)[0]

model_inputs = encode_prompt(prompt)
generated_ids = model.generate(
    model_inputs.input_ids,
    max_new_tokens=512,
)
result = decode_ids(generated_ids)
print(result)
```

以上介绍了使用 CPU 推理的 2 种方案，CPU 版本的 Qwen2-0.5B 推理耗时较长，原因在于计算密集型任务对处理能力的要求较高。

因此，建议读者尽量采用 GPU 版本的模型进行后续的学习，以显著提升模型推理速度和整体性能。

10.2.4 基于 ChatGLM3-6B 的 GPU 量化推理

大语言模型已经在多个领域取得广泛应用，但其庞大的参数规模在推理过程中往往需要消耗大量的内存。量化技术是一种优化大语言模型推理效率的方法，它通过使用更低位数的数表示模型参数，从而减少内存占用和计算负担。常见的量化方法包括使用 INT4、INT8、FP16 或 FP32 等不同精度的表示方式。这些技术不仅降低了模型的内存需求，还可以加速计算，但会带来推理结果精度的损失。

1. INT4 量化

INT4，表示 4 位整数，是一种比较激进的量化精度，即在量化过程中，将模型的权重和激活值量化为 4 位整数。由于表示范围较小，精度也较低，INT4 量化通常会导致较大的精度损失，在实际应用中相对比较少见。

下面使用 INT4 格式来完成基于 ChatGLM3 的推理，代码如下：

```python
import torch
from transformers import AutoTokenizer, AutoModel

if torch.cuda.is_available():
    print("CUDA is available!")
else:
    print("CUDA is not available.")

chatglm_6b_path = "chatglm3-6b"

tokenizer = AutoTokenizer.from_pretrained(chatglm_6b_path, trust_remote_
    code=True)
with torch.no_grad():
    model = AutoModel.from_pretrained(
```

```
        chatglm_6b_path,
        trust_remote_code=True
    ).quantize(4).cuda()

model = model.eval()
prompt = f"""
        任务：回答下面的问题。
        问题：中国的首都在哪儿？
        限制：只告诉我答案，无关内容都不需要。
"""
response, history = model.chat(tokenizer, prompt, history=[])
print(response)
```

2. INT8 量化

INT8，表示 8 位整数，是目前常用的量化精度，即在量化过程中，将模型的权重和激活值量化为 8 位整数。虽然 INT8 表示的数值范围较小，精度也较低，但它可以显著减少存储和计算的需求。

如果想使用 INT8 格式进行推理，需要修改模型构建代码，如下：

```
with torch.no_grad():
    model = AutoModel.from_pretrained(
        chatglm_6b_path,
        trust_remote_code=True
    ).quantize(8).cuda()
```

3. FP16 量化

FP16，表示 16 位浮点数（float16），简称 half。相比于 32 位浮点数（float32），FP16 的内存占用减少了一半，这在大规模深度学习应用中具有显著优势。FP16 格式允许在相同的 GPU 内存限制下加载更大规模的模型或处理更多数据。FP16 格式也有其固有的缺点，即较低的精度，可能导致在某些情况下出现数值不稳定或精度损失的情况。

如果想使用 FP16 格式进行推理，需要修改模型构建代码，如下：

```
with torch.no_grad():
    model = AutoModel.from_pretrained(
        chatglm_6b_path,
        trust_remote_code=True
    ).half().cuda()
```

4. FP32 量化

FP32，表示 32 位浮点数（float32），能够准确表示大范围的数值。在进行复杂的数学运算或需要高精度结果的场景中，FP32 格式是首选。然而，高精度也意味着更多的内存占用和更长的计算时间。特别是当模型参数众多、数据量巨大时，FP32 格式可能会导致 GPU 出现内存不足或推理速度下降的情况。

如果想使用 FP32 格式进行推理，需要修改模型构建代码，如下：

```
with torch.no_grad():
```

```
model = AutoModel.from_pretrained(
    chatglm_6b_path,
    trust_remote_code=True
).float().cuda()
```

选择模型参数的精度通常需要在多种因素之间权衡。更高精度的数据类型能够提供更高的数值精度，但会消耗更多的内存，并可能降低计算速度。相比之下，较低精度的数据类型可以节省内存并提高计算速度，但可能会牺牲一些数值精度。在实际应用中，精度选择应根据具体任务、硬件条件和性能需求进行综合考虑，以达到最佳效果。

10.3 大语言模型部署实战

通常，我们部署大语言模型的目的是为用户提供服务，或者作为接口供其他服务调用。因此，大多数服务都采用 B/S（浏览器/服务器）架构进行部署，以便为用户提供便捷的网页访问服务。通过这种方式，用户可以通过浏览器访问模型，而开发者也能轻松集成模型接口到其他系统或服务中。

10.3.1 基于 Gradio 框架的网页部署

1. Gradio 简介

Gradio 是一个开源的 Python 库，专为数据科学家、算法工程师以及对 Web 开发不熟悉的用户设计，旨在快速构建机器学习模型、API 或任意基于 Python 函数的 Web 应用程序。

用户通过 Gradio 的内置共享功能，可以在几秒钟内轻松构建一个浏览器可访问的 Web 应用程序，而无须掌握 JavaScript、CSS 等前端知识。Gradio 提供了一个简洁且高效的开发接口，使用户能够专注于核心模型和算法的开发与展示。

Gradio 开发需要 Python 3.8 以上版本的环境。使用 Gradio 之前，需要先进行安装，并运行如下命令：

```
pip3 install gradio
```

Gradio 高级类 gr.ChatInterface，专为创建聊天机器人 UI 而设计。只需要提供一个函数，Gradio 就会创建一个完全正常运行的聊天机器人 UI。

该函数接收两个参数 message 和 history，需要注意参数可以任意命名，但必须按此顺序。参数 message 表示用户输入；history 是一个列表，用于记录之前的对话，每个内部列表都是一对 [用户输入 , 机器人响应结果]。

下面创建一个简单的聊天机器人示例，该聊天机器人没有记忆功能，功能类似掷骰子，用户输入"摇一摇"，机器人返回 1～6 中的 1 个随机数字，代码如下：

```
import random
import gradio as gr

print(gr.__version__)
```

```python
def chat(question, history):
    if question != '摇一摇':
        return "输入错误，请重新输入：摇一摇"
    result = random.choice([1, 2, 3, 4, 5, 6])
    output = f"结果是：{result}"
    return output

gr_chat = gr.ChatInterface(
    fn=chat,
    examples=["摇一摇"],
    title="ChatBot"
)

gr_chat.launch(share=True)
```

程序运行之后，可在浏览器访问 http://127.0.0.1:7860，默认端口是 7860。掷骰子聊天机器人页面如图 10-3 所示。

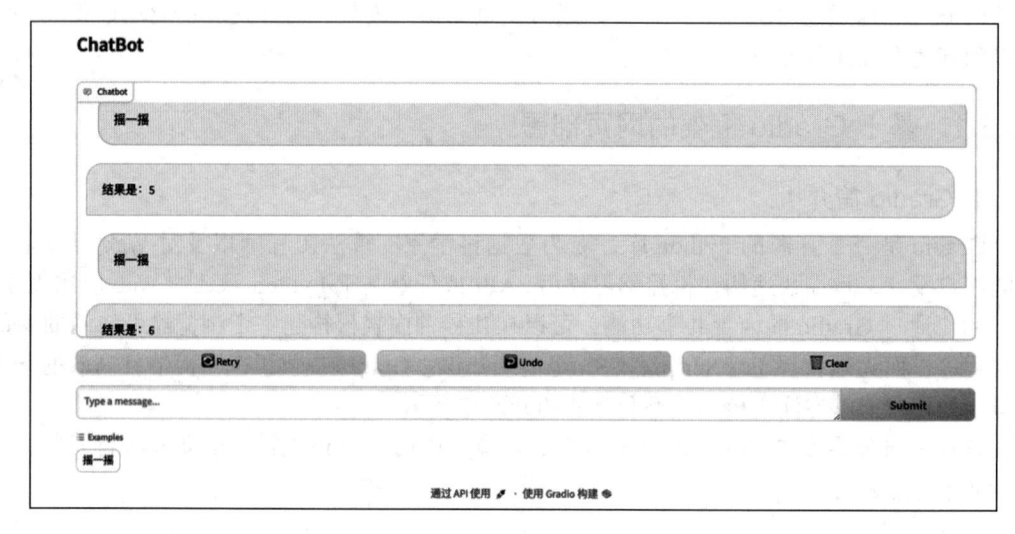

图 10-3　掷骰子聊天机器人页面

2. 基于 Gradio 部署 ChatGLM3-6B

通过上面几行简单的代码，我们已经基于 Gradio 搭建了一个聊天机器人的页面。接下来，我们对这个聊天机器人进行改造，集成 ChatGLM3-6B 大语言模型，从而构建出一个基于 ChatGLM3-6B 的聊天机器人。代码如下：

```python
import gradio as gr
import torch
from transformers import AutoTokenizer, AutoModel

print(gr.__version__)

if torch.cuda.is_available():
```

```python
    print("CUDA is available!")
else:
    print("CUDA is not available.")

chatglm_6b_path = "chatglm3-6b"

tokenizer = AutoTokenizer.from_pretrained(chatglm_6b_path, trust_remote_
    code=True)
with torch.no_grad():
    model = AutoModel.from_pretrained(
        chatglm_6b_path,
        trust_remote_code=True
    ).half().cuda()

model = model.eval()

def chat(question, history):
    prompt = f"""
            任务：回答下面的问题。
            问题：{question}
            限制：只告诉我答案，无关内容都不需要。
    """
    response, history = model.chat(tokenizer, prompt, history=[])
    return response

gr_chat = gr.ChatInterface(
    fn=chat,
    examples=[" 您好呀 ", " 你是谁？ "],
    title=" 基于ChatGLM3-6B 的聊天机器人 "
)

gr_chat.launch(share=True)
```

除了使用 Gradio 搭建 ChatGLM3-6B 的网页交互客户端，Streamlit 也是一个功能相似的框架，同样可以用于构建 ChatGLM3-6B 的网页客户端。由于 Streamlit 的使用方法也非常简便，这里不再赘述。感兴趣的读者可以自行尝试。

10.3.2　基于 FastAPI 框架的接口部署

建立大语言模型的 API 服务对于 AI 应用和服务至关重要。它能够简化开发流程、降低硬件资源消耗、促进不同系统间的信息共享和交互，以及提供持续更新和维护支持，从而提升应用的智能化水平和用户体验。下面使用 FastAPI 完成 API 的创建。

FastAPI 是一个现代的、高性能的 Python Web 异步框架，专为构建 API 而设计。它基于 Starlette 和 Pydantic，提供能与 NodeJS 和 Go 相媲美的卓越性能，是最快的 Python Web 框架之一。相较于传统框架如 Django 和 Flask，FastAPI 在速度和效率上的表现与它们不相上下。

FastAPI 不仅支持异步编程，还提供了强大的依赖注入机制、中间件支持和自动生成 API 文档等现代特性，使开发人员能够高效地构建和维护复杂的应用程序。通过自动化的文档生成功能，FastAPI 使得 API 的测试和调试变得更加便捷，提升了开发效率和应用的智能化水平。

以下是一个基于 FastAPI 框架开发的聊天对话接口服务示例。该接口接收用户输入问题，并返回由大语言模型生成的响应结果，代码如下：

```python
import uvicorn
from fastapi import FastAPI
from pydantic import BaseModel, Field
from typing import Union
from fastapi.responses import JSONResponse
from transformers import AutoTokenizer, AutoModel

app = FastAPI()

chatglm_6b_path = "chatglm3-6b"
tokenizer = AutoTokenizer.from_pretrained(chatglm_6b_path, trust_remote_code=True)
model = AutoModel.from_pretrained(
    chatglm_6b_path,
    trust_remote_code=True
).half().cuda()
model = model.eval()

class Input(BaseModel):
    question: str = Field(..., description="提问")
    history: Union[list, None] = Field(None, description="记忆信息")
    top_p: float = Field(..., description="核采样")
    temperature: float = Field(..., description="温度")

@app.post("/chat")
def chat(data: Input):
    question = data.question
    history = data.history
    top_p = data.top_p
    temperature = data.temperature
    if not history:
        history = []
    response, history = model.chat(
        tokenizer,
        question,
        history=history,
        top_p=top_p,
        temperature=temperature
    )
    content = {"response": response, "history": history}
    return JSONResponse(content=content)

if __name__ == "__main__":
    uvicorn.run(app, host="127.0.0.1", port=8080)
```

运行以下脚本可以在本地 8080 端口启动服务，并提供聊天对话功能。接着，我们编写一个测试请求，并向 API 发送。

```
import requests

if __name__ == "__main__":
    url = "http://127.0.0.1:8080/chat"
    data = {
        "question": "中国的首都在哪里？",
        "top_p": 0.9,
        "temperature": 0.95
    }
    response = requests.post(url, json=data).json()
    print(response)
```

以上就是大语言模型常见的两种实现方式。然而，还有许多其他框架和工具可供选择，感兴趣的读者可以自行探索。

10.4 小结

本章主要讨论了从 DevOps 到 MLOps 和 LLMOps 的演变过程。

首先，简单介绍了 DevOps，强调了持续集成和持续部署（CI/CD）在现代软件开发中的重要性。接着，介绍了 MLOps 和 LLMOps 的发展，它们分别针对机器学习模型和大语言模型的部署与维护提出了系统化的解决方案，确保模型能够高效地训练、部署和监控。

随后，本章深入探讨了大语言模型的量化部署。大模型在实际应用中，由于其巨大的参数规模，往往需要消耗大量的计算资源。为了提高模型的部署效率，我们介绍了量化优化技术，使用较低位数的整数（如 INT4、INT8、FP16 或 FP32）来表示模型参数，从而大幅减少内存占用和计算复杂度。本章特别对大语言模型在 GPU 上的部署进行了详细说明，希望能帮助读者掌握在资源有限的情况下如何高效地部署大语言模型。

最后，本章通过实际案例讲解了大语言模型的网页部署技术。我们介绍了如何基于 Gradio 和 Streamlit 搭建交互式的网页客户端。此外，我们还讨论了基于 FastAPI 的接口部署技术，提供了一种高效的后端服务解决方案，使得大语言模型能够通过 API 供其他服务调用。这些实战案例不仅帮助读者掌握了具体的部署方法，还展示了如何灵活运用不同的框架和工具来满足实际应用需求。

通过本章的学习，读者不仅能理解从 DevOps 到 MLOps 和 LLMOps 的演变，还能掌握大语言模型的量化优化和多种部署技术，为今后的模型应用和部署打下坚实的基础。

PART 3

第三篇

项目实战

本篇聚焦数字人电商直播应用,包括数字人口播台词生成项目、数字人直播间问答分类项目、数字人直播间互动问答项目,以及数字人直播间数据分析 Text2SQL 项目等实战案例。这些内容都基于当前热门的数字人应用开发,具有很高的实践价值和参考意义。

CHAPTER 11

第 11 章

数字人电商直播

在 AIGC 技术浪潮的影响下，内容生成的应用场景越来越成熟。其中，数字人直播已成为当前最热门的应用之一，并以惊人的速度改变着商业世界。作为企业实现降本增效和品牌推广的重要载体，数字人直播正发挥着越来越关键的作用。本节将深入讨论数字人在电商直播领域的应用价值和技术实现。

本章主要涉及的知识点有：

- 数字人直播概述：介绍数字人的分类、品牌虚拟代言人的价值、数字人与"人货场"的关系。
- 2D 数字人核心技术：介绍数字人应用的核心技术，包括 AI 生成文案、AI 语音合成、2D 数字人口型驱动和直播推流等相关知识。
- 2D 数字人电商直播项目实战：演示 2D 数字人在电商平台完整的商业落地实践案例。

11.1 数字人直播概述

11.1.1 数字人简介

1. 什么是数字人？

首先来看什么是数字人，根据《2020 年虚拟数字人发展白皮书》，数字人具备以下 3 个方面的特征：

- 拥有人的外观，具有特定的相貌、性别和性格等人物特征。
- 拥有人的行为，具有用语言、面部表情和肢体动作表达的能力。
- 拥有人的思想，具有识别外界环境，并能与人交流互动的能力。

小冰、洛天依和柳夜熙等，你是否听说过她们的名字？她们就是虚拟数字人，能够与用户进行聊天互动，提供情绪价值等。

2. 数字人的分类

从外观形象来看，数字人被划分为 2D 数字人和 3D 数字人。2D 和 3D 都是几何学上的含义，2D 表示平面空间，3D 表示立体空间。这两种数字人不仅在形象外观上不一样，制作技术也有很大的区别。而目前主流的还有一种 2.5D 数字人，通过 AI 技术复刻真人，整体外形与真人几乎一模一样，也被称为仿真人。

从驱动模式来看，数字人被划分为真人驱动和 AI 驱动。真人驱动可以捕捉真人的动作、面部、语音等，实现数字人与现实的交互；而 AI 驱动则完全使用 AI 技术创建、驱动和生成数字人，赋予其感知和表达等交互能力。

3. 数字人的应用前景

数字人在各个领域展现出了广阔的应用前景。在娱乐行业，数字人可以作为虚拟偶像、虚拟主播参与直播和表演，与粉丝互动，带来全新的娱乐体验；在教育领域，数字人可以作为虚拟教师，提供个性化的教学内容和互动，提升学习效果；在商业领域，数字人可以作为虚拟客服，为客户提供 7×24 小时的服务，提升客户满意度，降低运营成本。

以电商直播为例，随着电商直播趋于成熟和规范化，支持的商品品类更加丰富，直播间也更加注重内容运营和品牌运营。当前国内大部分的数字人直播仅被允许在私域播放，但是可以做到 7×24 小时不停地直播，解决了主播不足、语言地域限制和人力成本逐渐攀升的问题，帮助商家获取更多的流量。

4. 数字人的发展与挑战

尽管数字人技术已经取得了显著进展，但仍面临许多技术挑战：

- 数字人直播产品的能力仍然受限。例如，数字人的互动和情感表达不够自然，自主学习和决策能力也有待提升。
- 具备自研算法和技术闭环能力的供应商较少，导致市场上产品质量参差不齐。例如，数字人的制作效率和成本等差异较大。
- 直播平台政策尚未完全放开，数字人直播面临一定的限制。例如，国内大部分电商平台只支持私域播放。

随着 AI 技术的不断进步，这些挑战有望逐步得到解决。未来，数字人将不仅仅局限于虚拟世界，还将与物理世界深度融合，成为我们生活中不可或缺的一部分。无论是在工作、学习还是在娱乐中，数字人都将发挥重要作用，为用户带来前所未有的体验和便利。

11.1.2 品牌虚拟代言人

2024 年第 53 次《中国互联网络发展状况统计报告》指出，我国互联网普及率达到了 77.5%。作为数字经济的重要业态，网购消费持续发挥稳增长、促消费作用。

电商直播势头正劲，成为主流网购的消费方式之一。随着直播品类的不断丰富和直播间内容的多样化，平台对商家直播的监管力度也在不断加强，这将促使直播电商越来越成熟和走向标准化。

电商直播的发展也促进了 MCN 机构的发展。根据机构统计，截至 2024 年国内 MCN

机构超过 2.4 万家，在经历了爆发式增长后，目前增长趋势也逐渐放缓。但人才问题一直是 MCN 机构面临的问题，比如：第一，存量流量下，培养出超级红人越来越难；第二，一旦主播走红，成本就需要增加，否则主播很可能会跳槽，这使得用人的边际成本不断增大；第三，如果主播或红人出现负面事件，也会带来无法估量的损失。以上问题，不断促使平台和 MCN 机构弱化对主播的依赖，比如开展多元化业务模式。

与此同时，越来越多的品牌开始尝试自播。在自己的直播间，品牌以自播的方式直接与消费者建立连接，并进行互动。一方面，通过互动交流能更好地了解消费者的需求；另一方面，介绍自己的产品，增强了品牌与消费者之间的信任和用户黏性，从而提高了产品的购买率和复购率。

例如，2024 年 4 月 16 日，数字人东哥上线京东家电家居采销直播间，上播 30 分钟，直播间观看人数突破千万，近 1 小时观看量超过 2000 万。直播时段的用户平均停留时长达到日常均值的 5.6 倍。在 40 分钟内，直播间整体订单量突破 10 万。

平台自播虽然有其优势，但也存在一些问题。尽管自播对主播的要求没有达人主播那么高，但仍然面临一些挑战，尤其是持续性和人力资源方面的限制。人类主播不可能做到 7×24 小时连续直播。即使轮班，也需要大量的人力资源来维持长时间的直播，这对企业来说是一项不小的开支。长时间的自播容易导致内容单调乏味，观众可能会失去兴趣，直播间难以保持高水平的观众参与度。

为了克服这些挑战，人们开始利用人工智能和虚拟现实技术，创建虚拟主播。虚拟主播具有以下几点优势：

- 持续性：虚拟主播可以 24 小时不间断地进行直播，可以实现全天候的直播，确保观众无论何时进入直播间，都能得到及时的互动和服务，解决人力限制问题。
- 互动性：虚拟主播可以通过预设的交互逻辑和智能算法，与观众进行实时互动，回答问题、展示产品，提升观众的参与感和满意度。
- 吸引力：虚拟主播可以通过不同的形象和风格吸引不同的观众群体，增加直播的多样性和趣味性。虚拟主播的形象和表现还可以根据不同的品牌与产品特点进行个性化定制，提供更有针对性的营销和推广。
- 可复制：虚拟主播可以轻松实现复制，一旦创建了一个成功的虚拟主播形象，就可以轻松地将其复制和部署到不同的直播间与平台中，快速扩大覆盖范围。
- 降成本：虚拟主播不需要人类主播的薪资和福利，可以显著降低人力成本。

所以，品牌选择虚拟代言人不仅可以显著降低成本和风险，还能通过个性化定制和智能互动，提升品牌的吸引力和用户体验。随着人工智能、虚拟现实等技术的不断发展，虚拟代言人的应用场景和效果将会越来越丰富，成为品牌推广和营销的重要工具。

11.1.3　数字人与"人货场"

在人类历史的长河中，零售业经历了无数次的变革与发展。从原始的以物换物，到货币的出现和广泛应用，再到古代集市和现代电商平台，零售的本质始终围绕着 3 个关键要素：人、货、场。这三者的相互作用，构成了零售业不断创新和进化的基础。

在传统的线下零售模式中，消费者面对的零售终端主要包括超市、百货商店、便利店、以及直营店、加盟连锁店等。零售的重点通常是"场"，即零售地点的选择，因为好的地段能带来更多的客流量。这种情况下，决定消费者购买的因素为：场（场地）>人（消费者/流量）>货（商品/品牌）。

随着电商网购的兴起和快递物流效率的提升，越来越多的品牌开始多元化发展，不再单一依赖线下门店，而是倾斜更多资源给线上电商零售。因为平台的选择直接影响到品牌的曝光和销量。这种情况下，决定消费者购买的因素变为：场（电商平台）>货（商品/品牌）>人（消费者/流量）。

随着移动互联网的发展，越来越多的应用开始占据人们的时间，全网数量庞大的网红、KOL和自媒体也都在打造自己的流量池。在有流量的前提下，品牌需要先打通电商闭环，然后引导用户下单完成消费，并通过构建各种"带货"场景，如自媒体植入广告和直播推荐等，引导用户消费和购买商品。这种情况下，决定消费者购买的因素变为：人（消费者/流量）>场（电商平台）>货（商品/品牌）。

在AI技术突飞猛进的当下，数字人作为新兴的工具正在融入零售领域。数字人可以通过虚拟形象与消费者互动，提升用户体验，加深用户对品牌的认知。数字人可以同时优化"人"和"场"的作用，成为人货场的有力补充，使得品牌能够更高效地触达和服务消费者。数字人的引入不仅增强了零售的互动性和个性化，还开创了新的营销和服务方式，进一步推动零售业的数字化转型。

11.2 2D数字人核心技术

从电商数字人产品功能来看，商家可以利用数字人进行无人直播带货、无人售后问答、智能导购与个性化推荐等服务。然而，要实现这些功能，需要先掌握背后的一些技术要点。本书将介绍其中比较重要的一些技术点。

11.2.1 AI生成文案

对于电商运营来说，文案或者商品脚本是运营中最基本的要素，是与用户进行沟通的载体，也是引导用户购买下单的金钥匙。

常见的文案包括：产品标题、产品描述、产品图片和视频、促销信息、品牌故事、购买话术、问题解答和与社交媒体的互动等。通过这些电商文案的各个部分，商家可以全面展示产品信息，吸引潜在客户，提高产品的购买转化率。

传统的文案制作需要大量的人工投入，不仅耗时，还容易出现人为错误。

然而，随着人工智能和自动化技术的发展，这一过程变得更加高效和精准。利用大语言模型和多模态技术，商家可以自动生成高质量的产品标题和描述，快速处理和优化产品图片与视频，以及自动推送促销信息和品牌故事。智能推荐系统可以根据用户的浏览和购买行为，生成个性化的购买话术和问题解答，提升用户体验和满意度。通过与社交媒体的无缝集成，商家还可以实时监控和分析用户反馈，进一步优化文案和运营策略。

AI生成文案的技术已经相当成熟，并且有许多优秀的开源和收费软件可供选择。下面简单介绍一些当前比较主流的工具软件。

1. AI 文生文

（1）ChatGPT

目前全球影响力最大的 GPT 系列大语言模型，在理解和生成自然语言方面表现出色，能够与用户进行流畅对话、回答问题、提供信息和建议。它在全球范围内拥有庞大的用户基础，许多个人和企业都在使用它来提高工作效率和解决问题。

ChatGPT 的开发和应用受到了广泛的关注，促成了各大科技公司、研究机构和开发者社区之间的合作，推动了人工智能技术的发展。

如图 11-1 所示，用户可以方便地在网页端使用 ChatGPT。

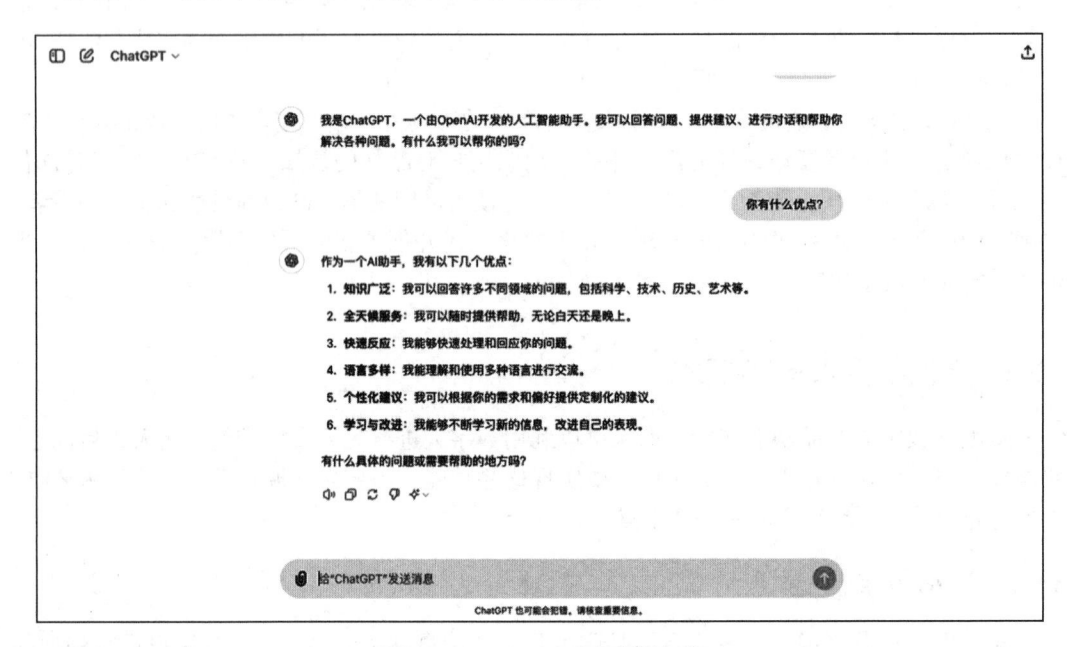

图 11-1　ChatGPT 网页端界面

（2）Kimi

它是国内企业推出的一款智能助手，主要应用场景为专业学术论文的翻译和理解、辅助分析法律问题、快速理解 API 开发文档等，是全球首个支持输入 20 万汉字的智能助手产品。如图 11-2 所示，它可以处理非常大量的信息，对需要处理大量文本的用户来说非常有帮助。

除此之外，文心一言和通义千问等国产大语言模型也被越来越广泛地应用。它们在自然语言处理任务中表现出色，如对话系统、文本生成和翻译等，在科学研究、技术开发和教育等领域也发挥了重要作用。它们的广泛应用不仅提升了各行业的工作效率，也推动了国内人工智能技术的发展和进步。

图 11-2　Kimi 网页端界面

2. AI 文生图

AI 文生图是一项利用人工智能技术基于文本生成图像的创新应用，其特点包括根据文字描述自动生成高质量图像，快速实现从概念到视觉的转换，以及支持创意设计、教育培训和市场营销等多种场景。该技术的价值在于显著提高了内容创作的效率，降低了专业设计的门槛，同时为各行业提供了丰富的视觉表达手段，推动了数字媒体和创意产业的变革。

（1）Midjourney

这是一款基于人工智能的图像生成工具，可以根据用户的文本描述生成高质量和有创意的图像。其价值在于大大提升了设计和创意工作的效率，能帮助用户快速实现从概念到视觉的转换，广泛应用于广告、艺术创作、产品设计和市场营销等领域，为用户提供强大的视觉表达能力。

用户要使用 Midjourney，可通过 Discord 的机器人指令进行操作。用户需要先注册一个 Discord 账号，然后加入 Midjourney 的 Discord 频道。

早期 Midjourney 为新用户提供了免费账户的限量使用，每个账户拥有 25 分钟的快速作图时间。然而，由于大量新用户的涌入，目前 Midjourney 已经关闭了这一限量使用的体验时间。

（2）Stable Diffusion

这一款更加开放且使用灵活的 AI 绘画工具，能生成高质量的图片和艺术作品，能满足各种视觉创意需求，提供丰富的图片样式和效果。用户可以根据需求选择在云端或本地部署该工具。由于开放性和灵活性，Stable Diffusion 允许用户自定义模型和参数，以适应不同的创作需求，极大地扩展了其应用范围。

用户可以在 Hugging Face 的 Spaces 中体验 Stable Diffusion，无须自行部署，如图 11-3 所示。这一体验版由 Stable Diffusion 的开发公司 Stability AI 在 Hugging Face 上提供。用户只需输入正向提示词和反向提示词，然后单击"Run"即可生成图像。然而，由于平台上的参数设置较为有限，用户可能无法体验到 Stable Diffusion 的全部精妙之处。

图 11-3　Stable Diffusion 示例

除了 Midjourney 和 Stable Diffusion，文生图领域还包括其他产品，如 DALL·E 和 DeepAI 等。这些工具各具特色，DALL·E 由 OpenAI 开发，专注于生成高质量和创造性的图像，支持复杂的文本描述；DeepAI 提供易于使用的图像生成服务，具有较高的灵活性和适应性。这些产品在文生图领域的应用不断扩展，涵盖创意设计、广告、艺术创作等多个场景，各具优势，能够满足不同用户的需求。

3. AI 文生视频

（1）HeyGen

该工具专注于根据文本描述生成高质量的图像，并提供多种生成视频的方式，包括通过自然语言描述生成动态画面，将文本脚本转换为动画；利用现有视频片段进行风格转换和增强，以匹配用户设定的视觉风格；使用图像视频的技术，将静态图像转换为动态视频序列。这些功能使 HeyGen 能够提供丰富的视频生成选项，满足各种创作需求，HeyGen 首页如图 11-4 所示。

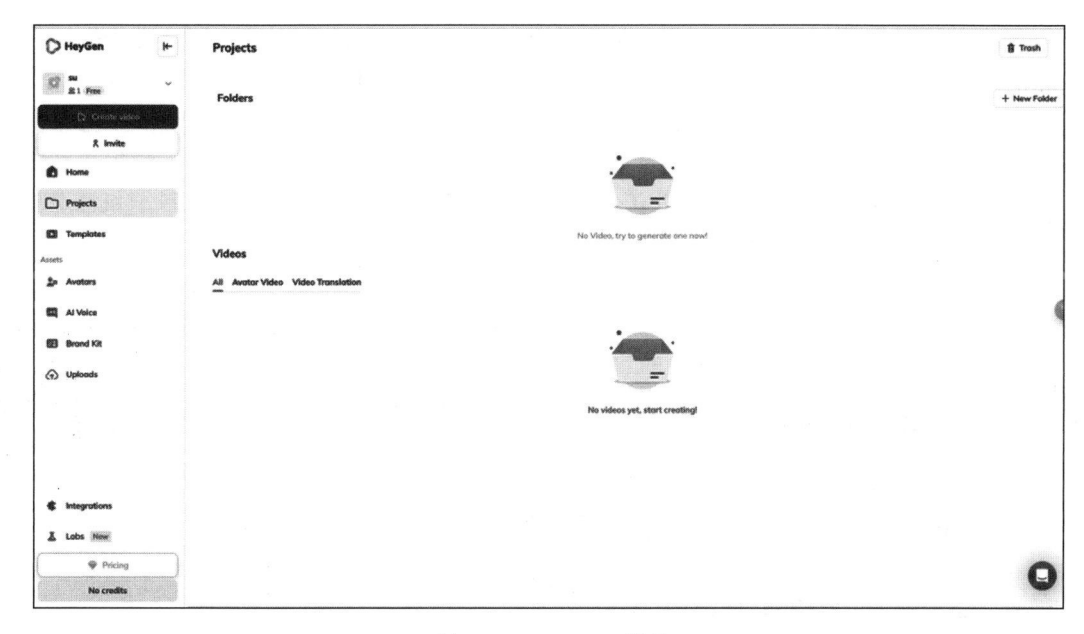

图 11-4　HeyGen 首页

（2）可灵

这是快手推出的新一代 AI 创意生产力平台，基于快手自研的大模型可灵和可图。该平台专注于提供高质量的视频和图像生成能力，拥有更加便捷的操作、更丰富的功能、更专业的参数设置以及更惊艳的效果，旨在全面满足创作者在创意素材生产与管理方面的需求。无论是制作专业级视频，还是创建精美图像，可灵 AI 都能为创作者提供强大的支持。

如图 11-5 所示，用户只需编写简单的提示信息，可灵就可以完成视频的生成。

图 11-5　可灵控制台

在文生视频和图生视频领域，除了 HeyGen 和可灵 AI，还有其他工具和平台，如 Runway、Synthesia、Pictory 和 DeepBrain。Runway 提供了多种 AI 生成工具，包括文生视频功能；Synthesia 专注于将文本转换为高质量的合成视频，适用于企业培训和市场营销；Pictory 使用 AI 将文本和图像转换为视频，适合社交媒体内容创作；DeepBrain 提供了视频生成和编辑工具，并支持深度视频分析。这些工具各具特色，广泛应用于创意内容的制作和管理等领域，为用户提供了丰富的选择。

总的来说，AI 生成文案已经成为现代内容创作的重要工具。它显著提升了电商运营的效率，通过自动生成高质量的内容，帮助商家更好地吸引和转化客户。根据具体需求选择合适的软件，将能够为电商运营带来显著的效果和收益，优化内容创作流程并增强市场竞争力。

11.2.2　AI 语音合成

AI 语音合成是人工智能领域的重要技术，能够生成自然、流畅的语音输出。通过将文本转化为语音，为用户提供了一种更直观和人性化的交互体验。这项技术被广泛应用于智能助手、客服机器人、导航系统、教育软件和娱乐内容等多个领域，不仅提高了信息传递的效率，还增强了用户的参与感和满意度。

1. AI 语音合成历史发展

AI 语音技术的演进是一场跨越时代的技术革命，它的发展脉络包含了一系列创新的里程碑事件和关键技术突破。下面是对 AI 语音发展历程中一些关键阶段和事件的简要介绍。

- 20 世纪 50 年代，早期的语音合成技术主要基于规则，如贝尔实验室的 Audrey 系统，它能够将数字转换为语音。
- 20 世纪 90 年代，基于统计的方法开始被用于语音合成，如 HMM（隐马尔可夫模型）和 DNN（深度神经网络）。
- 2012 年，深度学习技术开始被引入语音合成领域，显著提高了合成语音的自然度和逼真度。
- 2016 年，谷歌的 WaveNet 模型引入了生成模型和深度卷积神经网络（CNN）的概念，使语音合成更加自然流畅。这一技术突破进一步提高了语音合成的质量和逼真度。
- 现阶段，随着深度学习和大语言模型技术的不断发展，AI 语音合成正在变得越来越逼真，声音更加接近人类，为各行业带来了革命性的变化和机遇。

AI 语音合成技术的发展历程是一个不断进步和创新的过程，从早期的规则驱动到现代的深度学习与大语言模型，每一次技术突破都极大地推动了语音合成技术的发展，使其更加自然、流畅和富有表现力。随着技术的发展，我们可以预见 AI 语音合成将在智能助手、虚拟角色、辅助技术等领域发挥越来越重要的作用。

2. TTS 语音合成案例

TTS（Text-to-Speech，文本到语音）技术是一种将文本信息转换为口语的 AI 语音合成技术。近年来，TTS 技术已经取得了显著的进步，能够生成更加自然流畅的语音。

目前，国内许多云服务提供商都推出了自己的 TTS 服务，这些 TTS 服务通常具备多语言支持、多种音色、高自然度、实时合成和定制化服务等优势,以满足不同用户的需求。

下面以微软的 TTS Python 库 edge-tts 为例来演示文本转语音。它支持 40 多种语言和 300 多种声音。

使用 edge-tts 之前,需要先进行安装,在命令行中运行以下命令:

```
pip3 install edge-tts
```

查看声音列表,可通过如下命令:

```
edge-tts --list-voices
```

通过代码也可查看声音列表:

```python
import asyncio
import edge_tts

async def get_voices():
    voices = await edge_tts.list_voices()
    return voices

if __name__ == "__main__":
    voices = asyncio.run(get_voices())
    print(voices)
```

文字转语音可以使用如下命令:

```
edge-tts --voice zh-CN-XiaoxiaoNeural --text "大家好,这是测试。" --write-media hello_test.mp3
```

文字转语音也可以通过代码执行:

```python
import asyncio
import edge_tts

async def tts(words, voice, output, **kwargs) -> None:
    """
    生成 tts
    :return:
    """
    rate = kwargs.get('rate', "+0%")
    volume = kwargs.get('volume', "+0%")
    communicate = edge_tts.Communicate(words, voice, rate=rate, volume=volume)
    await communicate.save(output)

if __name__ == "__main__":
    words = "大家好,这是测试。"
    voice = "zh-CN-XiaoxiaoNeural"
    output = "hello_test.mp3"
    kwargs = {}
    asyncio.run(tts(words, voice, output, **kwargs))
```

总的来说,edge-tts 是一个功能强大且容易上手使用的工具,可以快速将文本转换为语音。

11.2.3 2D 数字人口型驱动

2D 数字人角色的表达主要依靠语音驱动其嘴型动作，实现智能合成。通过精准的语音匹配和流畅的嘴型变化，2D 数字人能够呈现出逼真的口型同步效果，从而提高用户的沉浸感和互动体验。

现阶段，语音驱动的 2D 数字人主要通过两种方式生成口型同步视频，分别是基于单张图片生成和基于视频生成：

- 图片生成视频：输入一张人脸图和一段音频，通过口型驱动模型即可生成逼真的口型同步视频，展现出真人讲话般的效果。
- 视频生成视频：输入一段视频和一段音频，通过口型驱动模型即可改变原视频中的人物口型，同时保持原视频其他内容不变，通常不需要额外的训练。

截至 2024 年 8 月，2D 数字人大部分仍然基于预合成技术。实时 2D 数字人技术尚在发展中，仍需等待相关技术的进一步成熟。

下面介绍一些国内外常见的数字人合成工具。

1. Wav2Lip

Wav2Lip（https://github.com/Rudrabha/Wav2Lip）是一项先进的口型同步技术，其模型是在 LRS2 数据集上训练的。它能够根据输入的音频对视频中的人脸进行口型同步，使嘴唇的动作与声音完美匹配，生成逼真的讲话效果。它支持多种语言和口音，适用于电影配音、虚拟主播、语言学习软件等多个领域，可以提升用户的视听体验和视频的互动性。

下载预训练权重文件之后，可以使用下面的命令完成 Wav2Lip 口型驱动任务：

```
python inference.py --checkpoint_path <ckpt> --face <video.mp4> --audio <an-audio-source>
```

这段代码用于运行一个名为 inference.py 的 Python 脚本。参数 checkpoint_path 是指定模型检查点文件路径的参数；face 是指定输入视频文件路径的参数；audio 是指定输入音频文件路径或音频源的参数。默认情况下，输出结果保存在 results/result_voice.mp4 文件中，用户也可以通过 outfile 参数指定位置。

关于更多 Wav2Lip 的内容，可以阅读论文"A Lip Sync Expert Is All You Need for Speech to Lip Generation In the Wild"。

2. SadTalker

SadTalker（https://github.com/OpenTalker/SadTalker）是一款非常实用的语音驱动口型的数字人视频生成工具，它能够将静态图像与音频结合，通过口型驱动模型生成逼真的说话视频。

其原理是通过分析语音信号中的音节、音高、音长等信息，提取出与唇形变化相关的特征，然后将这些特征映射到数字人的唇形模型上，再利用深度学习算法生成与语音同步的口型和面部动作。

SadTalker 广泛应用于虚拟主播、视频配音、社交媒体内容创作等领域。其主要价值在于提升内容创作的效率和生动性，使得用户可以轻松创建高质量的视频内容。

下载预训练权重文件之后，可以使用下面的命令完成 SadTalker 口型驱动任务：

```
python inference.py --driven_audio <audio.wav> \
                    --source_image <video.mp4 or picture.png> \
                    --enhancer gfpgan
```

上面这段代码用于运行 SadTalker 的命令行脚本 inference.py，该脚本接收音频和图像或视频文件作为输入，并生成一个带有口型同步的视频输出。参数 driven_audio 表示用于驱动嘴形同步的音频文件；参数 source_image 表示输入的图像或视频文件；参数 enhancer 表示指定使用 GFPGAN 作为图像增强器。GFPGAN 是一种用于提升图像质量的工具，它可以在生成过程中改善图像的清晰度和视觉效果。

除了上述的 Wav2Lip 和 SadTalker 之外，还有许多用于生成数字人的其他工具，例如 Video-Retalking、GeneFace++ 和 DINet。这些工具各具特色，提供了多种生成虚拟数字人视频的方法，进一步丰富了虚拟形象的创建方式和应用场景。

11.2.4　2D 数字人直播推流

在音视频领域中，推流通常是指将媒体内容实时传输到服务器，然后由服务器分发给观众的过程。预合成的 2D 数字人视频可以通过推流工具，使用 RTMP（Real-Time Messaging Protocol）推送到电商直播间，使观众能够实时观看到数字人进行的卖货直播。

在数字人推流过程中，常用的推流工具有 OBS 和 FFmpeg 等。下面简要介绍一下这两个工具的特点和使用方法。

1. OBS

OBS 是一款功能强大的开源直播和录制软件，广泛应用于直播和视频制作。它为用户提供了直观的图形用户界面，易于设置和操作，支持多种视频源和场景切换。

OBS 不仅能够进行高质量的录制和直播，还支持多种媒体源的输入，并提供场景切换功能，使得直播内容更加丰富多样。此外，用户还可以通过插件扩展 OBS 的功能，添加更多直播特效和增强功能，满足各种直播和制作需求。

从 OBS 官网（https://obsproject.com/）下载并安装 OBS，如图 11-6 所示。

图 11-6　OBS 官网

安装好OBS后，首先在"来源"中添加媒体源，将数字人视频文件导入OBS，如图11-7所示。

图11-7　导入数字人视频文件

然后，进入"设置"中的"直播"选项，选择直播平台并输入服务器地址和推流码，如图11-8所示。

图11-8　配置直播信息

最后，单击"开始直播"按钮，OBS会将数字人视频推送到平台直播间。

2. FFmpeg

FFmpeg 是领先的多媒体开源框架，专用于处理音视频数据，能够解码、编码、转码、多路复用、解复用、流式传输、过滤和播放人类与机器创建的几乎所有音视频。它还具有高度的可移植性，可以在 Linux、macOS 和 Windows 等各种环境下编译和运行。

FFmpeg 特别适合拥有技术背景的用户使用，因其主要通过命令行进行操作，支持自动化和批量处理。作为开源工具，FFmpeg 完全免费使用，用户无须支付任何费用即可利用其强大的功能。

从 FFmpeg 官网下载并安装 FFmpeg，如图 11-9 所示。

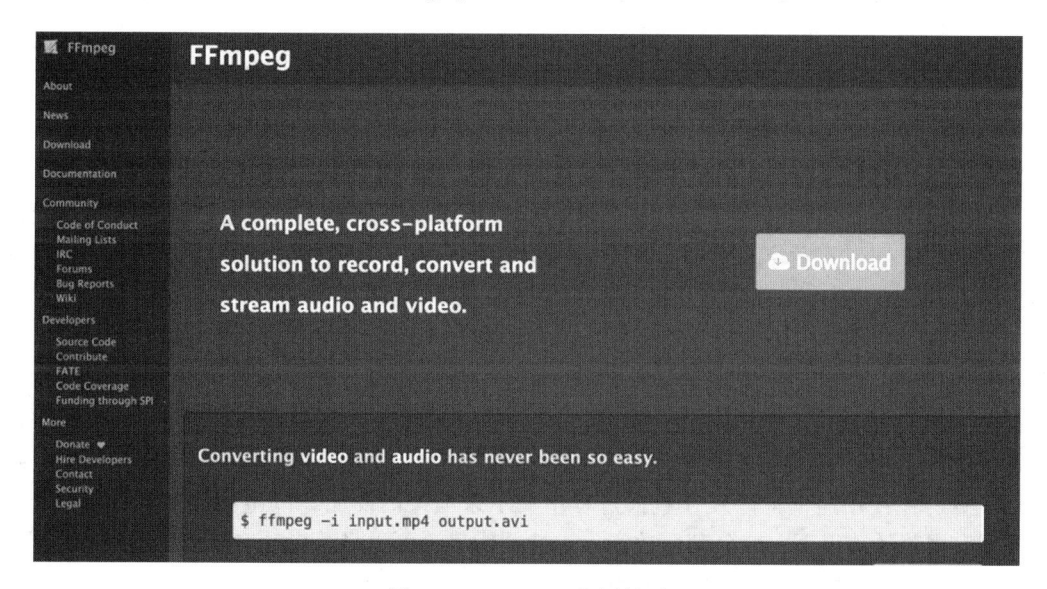

图 11-9　FFmpeg 官网首页

使用 FFmpeg 进行 RTMP 推流，可以将视频流推送到平台直播间，命令如下：

```
ffmpeg -re -i <input_video> -c:v libx264 -preset veryfast -maxrate 3000k
    -bufsize 6000k -pix_fmt yuv420p -g 50 -c:a aac -b:a 160k -ar 44100 -f flv
    <rtmp_url>/<stream_key>
```

FFmpeg 拥有许多优势，如强大的功能和灵活性，但对于初学者来说，其命令行操作可能相对复杂，需要学习命令和参数，这比图形化工具的使用难度更高。由于 FFmpeg 缺乏图形用户界面，调试推流问题可能会更具挑战性，用户通常需要依赖日志文件和命令行输出来排查问题。此外，FFmpeg 可能消耗大量计算资源，特别是在进行高分辨率和高比特率推流时，需要较高性能的硬件支持。FFmpeg 虽然可以支持多种格式和协议，但在某些特定环境中，可能需要额外的配置或调整以确保兼容性。

因此，虽然 FFmpeg 的灵活性和功能使其成为专业用户的首选，但其复杂的命令行界面和较高的调试难度可能对新手构成挑战。了解这些优缺点可以帮助用户在选择和使用 FFmpeg 时做出更明智的决策。

综上所述，使用 AI 技术生成数字人涉及多个关键技术，包括 AI 生成文案、AI 语音合成、2D 数字人口型驱动和直播推流等。此外，我们还会对数字人视频进行去噪点和降低模糊处理，以改善视频质量和清晰度。通过使用超分辨率技术，将低分辨率提升为高分辨率，进一步改善视频的细节和画面质量。同时，对数字人进行美颜、瘦脸、磨皮等处理，也能使其形象更符合观众的审美喜好。所有这些技术共同作用，提升了 AI 数字人的整体表现和用户的观赏体验。

11.3 2D 数字人电商直播项目实战

电商数字人直播带货，是指通过生成的数字人主播在电商平台店铺的直播间进行直播带货。这些数字人主播能够像真人主播一样介绍商品、进行售卖，并与观众互动问答。这种方式不仅解决了专业主播培养难的问题，还解决了直播人才薪资高昂的困境。同时，数字人直播还可以实现 7×24 小时无间断带货，大大提高了直播带货的效率和灵活性。

我们以某电商店铺为例，假设该店铺主要销售大型品牌的美妆护肤产品。为了优化运营，该店铺计划引入数字人主播进行直播带货。接下来，我们将详细介绍如何快速启动一场数字人带货直播。

11.3.1 数字人直播流程简介

数字人直播带货作为电商领域的新兴力量，以高质量、低成本、高效率的直播方式，显著优化和提升了用户的购物体验。进行数字人直播带货时，需要熟悉平台的运营规则，特别注意避免使用违禁词以及在直播过程中展示未上架的商品，以避免被封禁和限流。在遵守平台规范的前提下，充分利用数字人主播的优势，可以显著提升 GMV（商品交易总额）和流量，成为品牌商家业务发展的新驱动力。

下面简单介绍数字人直播流程中的一些关键步骤，如图 11-10 所示。

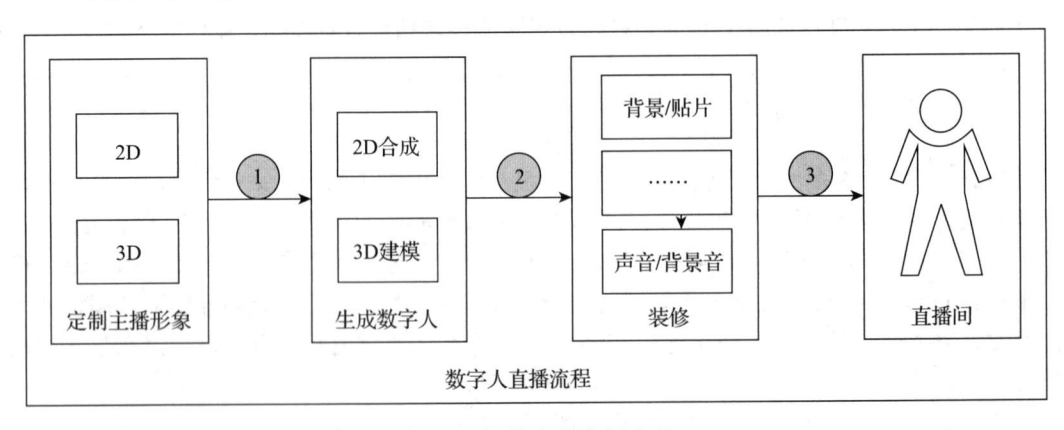

图 11-10 数字人直播流程

❑ 撰写商品台词：撰写商品销售台词，并利用大语言模型进行润色和改写。

- 合成 2D 数字人：通过数字人合成工具，生成可用的 2D 数字人。
- 选择推流工具：选择一个支持 RTMP 的推流工具，如 OBS 或 FFmpeg。
- 获取 RTMP 推流地址：在电商平台创建直播间，并获取直播间的 RTMP 推流地址和流键（Stream Key）。
- 配置推流软件：在推流软件中设置视频源，将数字人视频作为输入；配置 RTMP 推流地址和流键；根据网络条件和目标观众的设备配置，设置合适的视频比特率、分辨率和帧率。
- 测试并开启推流：在正式直播前进行测试推流，确保视频和音频同步且质量达标。一切准备就绪后，开始推流。
- 结束直播：待直播结束后，停止直播推流，并保存直播内容以供回放。

完成上述步骤，就可以开始直播间数字人直播带货了。

11.3.2 大语言模型生成商品台词

假设我们要为××护手霜撰写一段 100 字以内的商品卖点台词，在深入了解了该护手霜的产品功效和特点之后，可以通过提示词高效完成护手霜卖点台词的创作。

首先，撰写一个包含产品功效和特点等信息的提示词，提示词内容如下：

角色：你是一位资深美妆领域文案撰写专家。

功能：根据商品详细描述，撰写促进商品直播间销售的商品卖点台词。要求具有良好的语言表达能力，能够突出商品的卖点。

商品描述：
 - 直播场地：×× 直播间
 - 产品名称：×× 护手霜
 - 面向人群：男女通用
 - 产品价格：20 元
 - 产品优惠：买二送一
 - 产品承诺：正品包装，有质量保障
 - 快递物流：京东物流，送货上门，包邮哦

限制：不带图，要求字数在 100 字以内，且不能包含敏感词列表中的任何一个敏感词。

敏感词列表：绝对、宝妈、王牌。

有了提示词，我们就可以利用大语言模型生成商品卖点台词。这里使用的是 ChatGPT-4o，它的作用是帮助分析、总结和提炼产品卖点，生成的商品卖点台词如下：

各位小伙伴们，欢迎来到××直播间！今天为大家带来的是一款超实惠的××护手霜，不论是男士还是女士，都能用它呵护双手。这款护手霜每支仅售 20 元，现在更有买二送一的超值优惠，让你用最少的钱享受最好的护理。我们承诺，所有产品均为正品包装，质量有保障，放心选购。更有京东物流为您保驾护航，包邮送货上门，快捷又安心。这个夏天，让××护手霜给你带来一双柔滑细嫩的双手，还等什么，快来下单吧！

生成好的商品卖点台词，还需要经过人工审核和敏感词检测，以确保内容准确、合规，避免出现任何可能的违规或误导性信息，从而维护品牌形象和消费者权益。

11.3.3 TTS 将商品台词转成音频

生成式 AI 的迅猛发展极大地推动了语音技术的快速升级。作为一种高频交互形式，语音在多个领域的需求日益强烈。相比于传统的小模型语音合成，大模型语音合成能够更好地理解上下文，洞察文本中隐含的情绪和说话人角色，从而提供更加富有表现力和自然韵律的精准表达。

在使用 TTS 技术将商品卖点台词转换为语音时，可以利用微软 AI 配音、科大讯飞 TTS 和火山 TTS 等常用工具进行高效转换。

对于一些大品牌或对语音质量要求较高的场景，可能需要先进行真人声音的小样本克隆，然后再使用 TTS 技术进行生成。国内支持小样本声音克隆的云服务包括火山小样本声音克隆和腾讯小样本声音克隆等，这些工具可以帮助实现更加自然和个性化的语音效果。

由于大多数数字人平台已经内置了文字转语音功能，为了节省篇幅，接下来我们将直接进行数字人合成的演示。

11.3.4 口型驱动生成 2D 数字人

11.2.1 节已经介绍了如何使用 HeyGen 进行视频合成。HeyGen 也是一款优秀的数字人合成产品，但由于在国内访问存在一定的门槛，因此我们将介绍一款国内的可以快速生成数字人的平台——腾讯智影平台。

腾讯智影是一款云端智能视频创作工具，无须下载安装即可通过 PC 浏览器访问。它提供视频剪辑、素材库、文本配音、数字人播报、自动字幕识别等多种功能，能帮助用户轻松实现高效的视频创作和表达。腾讯智影控制台如图 11-11 所示。

图 11-11 腾讯智影控制台

使用腾讯智影制作数字人时，首先选择"数字人播报"模块。播报方式分为文字驱动和音频驱动。在文字驱动模式下，用户输入文字，系统将根据用户输入生成音频并驱动数字人进行合成；如果已经有自定义语音，也可以选择音频驱动模式进行播报。

接下来，选择数字人主播，这里使用预置的免费主播进行演示。然后，设置背景、贴片和背景音等元素。最后，单击右上角的"合成视频"按钮，即可生成 2D 播报数字人，如图 11-12 所示。

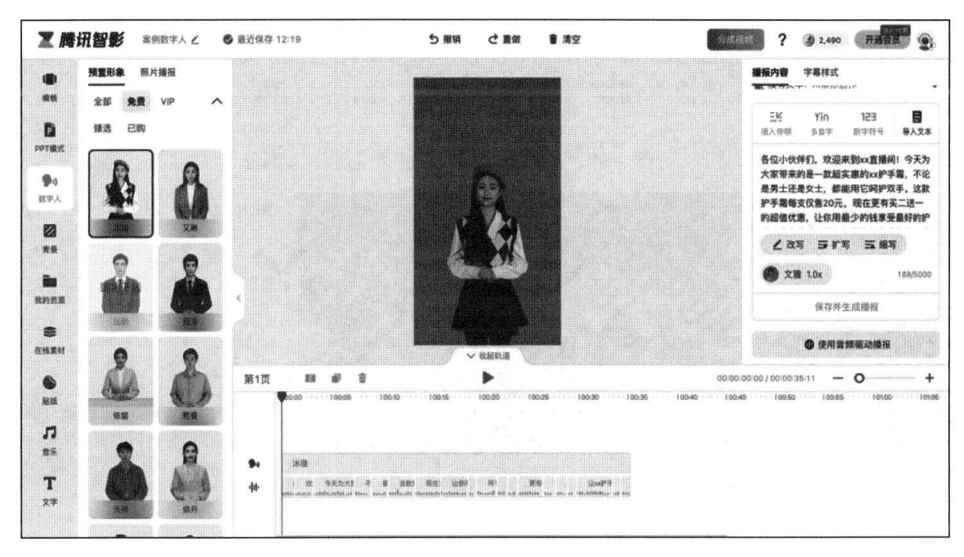

图 11-12 数字人合成设置

合成数字人需要稍等一段时间。数字人合成完成后，结果如图 11-13 所示。确认无误后，即可将数字人下载到本地。

图 11-13 数字人合成结果

11.3.5 2D 数字人推流到直播间

要将合成的数字人推送到电商平台的直播间，首先需要在平台店铺上创建一个直播间。随后，通过 OBS 进行本地推流，即可完成数字人的直播推流。

1. 创建直播间

假设你已经拥有一个合法的京东平台店铺，如果没有也没关系，可以快速、免费地注册一个。接下来，在京东店铺中创建一个测试直播间，如图 11-14 所示。

图 11-14　测试直播间

单击右上角的"推流地址"按钮，获取直播间的 RTMP 地址和密钥。

```
URL: rtmp://jdpush-ai.jd.com/live/
密钥：27242549?auth_key=1730528495-0-0-c0295e1a244c80b4cc981d8a87323f8a
```

2. OBS 推流

根据 11.2.4 节中介绍的 OBS 推流配置，将本地生成的数字人视频添加到媒体源中，设置为循环播放，并在设置中配置直播间的推流地址和推流码。最后，单击 OBS 中的"开始直播"按钮即可开始直播，如图 11-15 所示。

接下来，在京东直播间的右上角单击"开始直播"按钮，即可开始直播。这时在手机端就可以看到数字人的直播效果了，如图 11-16 所示。

图 11-15　OBS 开始直播

图 11-16　手机端数字人直播效果

通过上述步骤，我们已经完成了 2D 数字人在电商直播间的开播。但在实际店铺运营中，直播间运营是一项复杂的工作。除了上述关键环节，还需要对直播间进行全面装修，包括制作品牌 Logo 和商品贴片、进行产品讲解等。创建直播间时，还需要在购物袋中挂上商品链接和设置优惠券等。此外，直播还要支持数字人互动问答等功能，这些都是运营过程中不可忽视的环节。通过这些细致的工作，才能更好地提升直播效果，吸引观众，提高转化率。

11.4　小结

本章内容围绕电商数字人直播展开，介绍了数字人技术及其在电商直播中的应用。

首先，我们对数字人直播进行了概述，介绍了数字人的分类、品牌虚拟代言人的价值，以及数字人与"人货场"关系的紧密联系。通过这些内容，读者可以了解到数字人如何在现代商业环境中扮演重要角色，提升品牌影响力和用户互动体验。

接着，我们探讨了 2D 数字人的核心技术。这部分内容涵盖了 AI 生成文案、AI 语音合成、2D 数字人口型驱动以及直播推流等相关知识。通过对这些技术的介绍，读者能够了解 2D 数字人从文本生成到最终呈现的全过程，以及各个环节的技术要点。

最后，我们通过 2D 数字人电商直播的实战演示，展示了 2D 数字人在电商平台上的完整商业落地实践案例。通过讲解具体的操作步骤和实际应用场景，读者可以清晰地看到如何将 2D 数字人应用于电商直播中，了解从创建直播间、配置推流到最终实现直播的全过程。

CHAPTER 12

第 12 章

数字人口播台词生成

在大语言模型和 AIGC 技术飞速发展的浪潮下，电商直播和网红带货等商业模式迎来了革命性的变革。数字人主播作为这场变革的典型代表，为电商直播注入了新的活力和创新动力，大幅提升了直播效能。电商直播和数字人主播的结合不仅提升了观众的互动体验，也为品牌提供了更灵活和高效的营销手段。未来，随着 AI 技术的不断进步，这一领域将涌现出更多创新应用，进一步推动电商行业的发展。

本章主要涉及的知识点有：
- ❏ 数字人口播台词生成概述：深入了解数字人口播台词在公域和私域的特点，掌握数字人口播台词的编排技巧和防封策略，确保内容合规并提升直播效果。
- ❏ 数字人口播台词提示词模板：学习如何撰写和优化用于生成数字人口播台词的提示词模板，确保生成的内容精准、富有吸引力和符合品牌调性。
- ❏ 数字人口播台词生成项目实战：通过实际项目演练，将所学的口播台词生成技术应用于真实场景，并结合知识库进行优化，达到学以致用的目的。

12.1 数字人口播台词生成概述

数字人口播台词生成的背后有直播运营自己的一套独特的逻辑和规则，提前掌握这些逻辑和规则，将会有效提升电商直播的效率，并最大限度地避免直播过程中可能出现的突发事件，从而保障直播的顺利进行和成功。

12.1.1 数字人直播的台词特点

随着市场环境的变化，流量的获取和管理变得越来越关键。在这种背景下，公域流量和私域流量成为讨论的重点，并且开始受到不同运营策略的对待。理解这两种流量的不同属性和管理方式，有助于制定更加有效的营销策略，从而在竞争日益激烈的市场环境中获取并维持竞争优势。

1. 公域和私域

公域（Public Domain）营销：在公开平台和渠道上进行的营销活动，这些活动面向所有公众。公域的特点是广泛的覆盖面和较高的曝光度。常见的公域渠道包括社交媒体、搜索引擎、第三方电商平台和公共媒体。公域营销的目标是吸引尽可能多的潜在客户，提高品牌知名度和影响力。

例如，当你在搜索引擎上推广自己的店铺或产品，或者在京东和淘宝等电商平台上投放广告时，平台上的所有用户都能看到你的店铺和商品。这种推广方式属于公域流量的范畴，因为它面向的是广泛的公众，旨在提高品牌的知名度和产品的曝光度。

私域（Private Domain）营销：在自有平台或私密渠道上进行的营销活动，这些活动面向已有客户或特定的受众群体。私域的特点是较高的用户黏性和精准的营销效果。常见的私域渠道包括品牌自有的微信社群、邮件订阅、会员系统、店铺粉丝和企业自营的电商平台。私域营销的目标是深度运营客户关系，提高客户的忠诚度和复购率。

例如，在京东和淘宝等平台上，商家的店铺粉丝和会员属于该店铺的私域。这些用户是商家自有的客户群体，能够通过专属的沟通和服务来进行精准营销与客户关系管理。

表 12-1 展示了公域和私域在多个维度的不同特点，这可以帮助企业在制定营销策略时，选择合适的流量管理方式。

表 12-1 公域和私域不同维度的对比

维度	公域	私域
人群	广泛的公众，通常不特定	已有客户群体或特定受众
人群规模	规模大，覆盖范围广	相对较小，更加精准
渠道	搜索引擎、社交媒体和第三方平台	品牌自有社群、会员系统、邮件订阅
运营方式	高曝光、广泛推广，目标是吸引新用户	精准营销、个性化服务，目标是维系和激活现有用户
运营精细度	较低，关注广泛覆盖	高，注重细节和用户个性化体验
用户价值	相对不确定，取决于转化率	高，通常有较高的用户终身价值
用户转化周期	较长，需要多次接触才能转化	较短，用户对品牌有一定的认知和信任
用户付费意愿	较低，付费转化依赖于广告和推广策略	较高，用户已经建立了品牌忠诚度
用户维护成本	较高，需要持续的推广投入	较低，主要是客户关系管理和维护费用
运营数据	数据较为分散，需要整合分析	数据集中，能直接获取用户行为和反馈
营销策略	广泛营销，注重品牌曝光	深度营销，注重用户参与和互动

2. 不同直播模式台词脚本的差异

增长黑客起源于美国硅谷，指通过数据分析的方法驱动用户增长的过程，其中最具代表性的莫过于 AARRR 增长模型。增长黑客的核心在于利用 AARRR 模型，通过获客、激活、留存、营收和推荐这 5 个步骤，划分和优化用户的生命周期。

理论上，AARRR 模型是用户增长的有效分析工具，但在实践中，它并非万能。平台在拉新获客上的成本不断增加，而用户的高流失率进一步加剧了这一挑战。因此，企业对增长黑客的理解也发生了转变，AARRR 模型也被优化为 RARRA 模型。

RARRA 模型将关注点依次放在留存、激活、推荐、营收和获客上，其核心理念是将增长策略的重心从拉新获客转向用户留存，旨在通过提升用户留存率，实现更加可持续的增长。

对于电商来说，在流量获取和转化运营的过程中，公域流量的增长趋于饱和，这为私域流量的崛起提供了机会。私域流量的价值不断上升，越来越多的品牌开始重视私域流量池的建设和维护，积极开展粉丝运营。

在这一背景下，对数字人直播的分析也从平台类型、用户体量、增速、用户时长和粉丝质量等多个角度逐渐深入，目的是更好地理解数字人直播在公域和私域中的运作模式及其策略差异，从而制定更加精准的营销和运营策略。对于公域来说，企业重视流量获取和品牌曝光，目的是提高品牌的知名度等；对于私域来说，企业注重用户关系管理和深度运营，目的是提高用户留存和忠诚度等。

数字人直播公域模式和私域模式在运营策略上的不同，直接导致了台词脚本的显著差异，具体见表 12-2。

表 12-2　数字人直播公域模式和私域模式台词脚本对比

维度	公域模式	私域模式
目标人群	面向全网用户，追求大规模曝光和高流量吸引	品牌的忠实粉丝和会员，注重深度互动和用户关系维护
连接方式	依赖平台的流量机制，如算法推荐和广告推广来提升曝光率	利用品牌自有平台和私密社群的机制，建立与用户的深度关系
内容特点	强调品牌宣传、产品亮点，通常采用引人注目的语言和视觉效果	包含个性化内容，强调与用户的情感连接和品牌的长期价值
内容深度	内容浅显易懂，主要聚焦于产品的核心卖点和关键特性	内容专业深入，主要聚焦于产品使用方法、用户体验和个性化建议
产品特点	侧重于展示产品的主要功能和卖点，往往具有视觉冲击力	强调产品与用户的具体需求和个性化匹配，展示产品的实际应用场景
卖点	突出产品的独特卖点和市场优势，以快速吸引用户的注意	侧重于满足用户的个性化需求和提升用户的体验，突出长期价值
促销	促销信息直接且显眼，通常包括限时折扣、优惠券等	促销策略更加隐性和定制化，通常包括提供专属优惠、会员福利等
互动	互动方式较为广泛和浅显，鼓励用户进行评论、点赞和分享等基本行为	互动更加专一和个性化，涉及一对一交流、用户反馈、个性化建议等。

通过表 12-2 可以清晰地看出，公域模式和私域模式在运营策略上的差异直接影响数字人直播的台词设计与内容。这种对比有助于品牌制定更有效的脚本策略，从而显著提升数字人直播的整体效果。

12.1.2 数字人直播的台词编排

随着电商运营的日益精细化，数字人直播的台词编排也从过去的整段式结构逐步优化为更为标准的分段式结构。这种分段式的台词编排模式不仅提高了直播内容的可操作性和一致性，还使得不同场景下的台词编写更为灵活、高效。通过清晰的结构和层次，品牌能够更精准地传递关键信息，并根据公域或私域的具体需求快速调整脚本内容，从而显著提升直播的互动效果和转化率。

下面使用 HeyGen 为某款护手霜产品分段式生成直播台词，输入的信息为：

```
Topic：护手霜，一种能治愈及抚平由干燥引起的肌肤裂痕，能够有效预防及治疗秋冬季手部粗糙干裂的护
       肤产品。
Target language: Chinese
Tone: 甜美
Additional info: 包邮，会员有优惠
```

如图 12-1 所示，HeyGen 利用 AI 共生成了 7 段直播台词。但比较遗憾的是，HeyGen 没有为每段台词起一下有实质意义的标题，而是用 SCENE 表示。

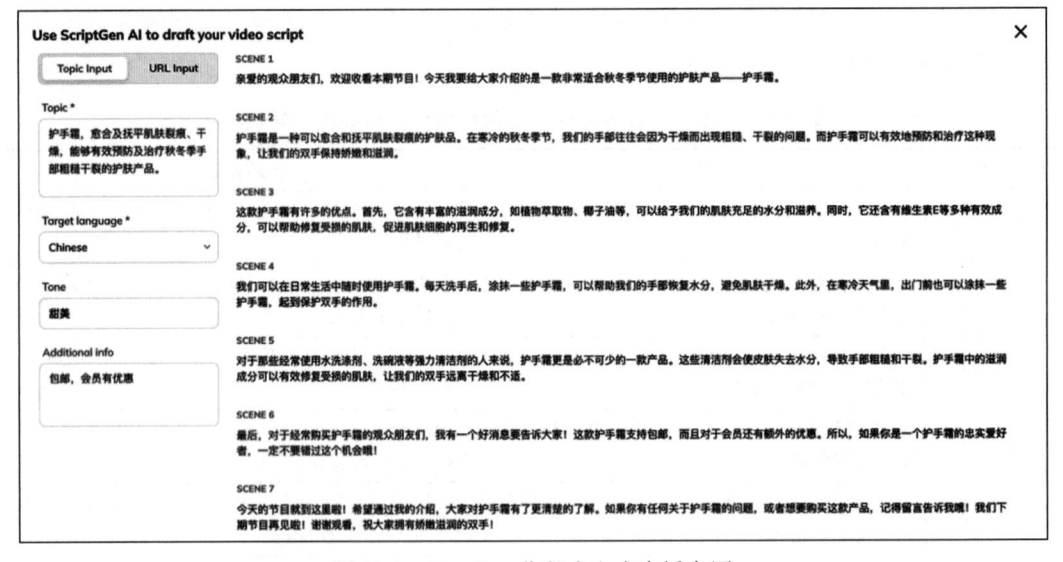

图 12-1　HeyGen 分段式生成直播台词

因此，编写直播台词时需要确保内容简洁明了，能够与观众产生共鸣。编写直播台词的目的是有效传达信息，与观众建立更深层次的联系，从而提升直播的效果和转化率。结合作者近两年的数字人研发经验，这里提供一个简明的直播台词分段式撰写框架，具体见表 12-3。

表 12-3　直播台词分段式撰写框架

序号	话术类型	话术内容概览
1	引导话术	开场白吸引观众，简明介绍主题
2	用户痛点	放大用户痛点，提供解决方案

(续)

序号	话术类型	话术内容概览
3	产品卖点	介绍产品规格、成分、材质、功能、优点及独特之处
4	使用方法	说明产品的使用方法及使用场景
5	优惠机制	会员优惠、满减活动、节假日优惠、店铺周年庆等
6	商品促单	突出核心卖点、展示口碑、好评及优惠折扣等
7	互动话术	强调与观众的互动，真实回应并解决观众的问题

12.1.3 数字人直播的防封策略

1. 平台对数字人直播的态度

大模型时代的到来推动了 AI 电商的蓬勃发展，数字人直播带货迅速成为行业新风口。数字人直播对企业的降本增效起到了显著的促进作用：一方面，数字人具备低成本、24 小时不间断直播、无须考虑休息和离职问题等优势，性价比极高；另一方面，数字人技术可以克隆名人分身，通过矩阵化运营放大名人 IP 效应，比传统的"直播切片"方式更加灵活自然。

然而，尽管许多电商品牌积极拥抱数字人直播，但是部分平台却对其持有不同的态度。数字人直播存在内容质量低、真实互动不足、可能降低用户购物体验，甚至容易出现虚假宣传或误导消费者等问题。对此，部分平台已明确减少对数字人直播的流量扶持，甚至对严重违规者采取限制直播或封号的措施。

截至 2024 年 8 月，结合国内各大平台的政策，作者整理了部分平台对数字人直播态度的清单，详见表 12-4。

表 12-4 国内部分平台对数字人直播的态度

平台名称	平台分类	平台对数字人直播的态度
京东	货架电商	鼓励数字人私域直播，积极促进行业发展
淘宝	货架电商	支持数字人私域直播，技术方案相对比较受限
唯品会	货架电商	支持数字人私域直播
抖音	兴趣电商	既鼓励又限制，如要求真人实时互动、内容不能重复等
快手	兴趣电商	减少对数字人直播的流量扶持
视频号	兴趣电商	对数字人直播做出禁止规则
美团	本地生活	鼓励使用数字人直播，积极赋能本地生活
小红书	内容电商	不鼓励也不限制，暂未推出相关规则

从各大平台对数字人直播的态度可以看出，传统电商平台（如京东和淘宝）积极推广数字人直播，将其视为 AI 赋能的重要工具，而抖音、视频号和快手等短视频平台则对数字人直播持谨慎态度，甚至将其列为限制对象。这种截然不同的态度源于平台定位的差异：传统电商平台作为工具提供者，更看重数字人直播带来的流量和效率；而内容平台则更关注内容质量和用户体验，担心数字人直播可能导致内容污染和生态破坏。

为了确保数字人直播能顺利进行并避免被平台封禁，可以采取以下关键的防封策略。这些策略不仅有助于避免直播被平台封禁，还能提升直播的整体效果，从而增强观众的黏性，提高直播的转化率。

（1）高质量内容和清晰画面

直播必须具有高质量内容，确保信息的准确性和专业性，从而提升观众的观看体验，减少平台干预的可能性。

（2）画面多样化，避免重复

通过定期更换场景、调整摄像机角度或添加动态元素来避免画面重复。这不仅能提升直播的观赏性，还能有效规避平台对重复内容的检测。

（3）增加真实时钟显示

在直播画面中增加真实时钟显示，增强观众对直播实时性的信任，能有效避免平台将直播误判为录播。

（4）使用背景音乐

背景音乐可以极大地丰富直播氛围，消除内容的单调感。需要注意的是，使用的音乐必须符合版权要求，避免因侵权问题直播中断或被封禁。

（5）双人搭档

引入双人搭档直播，两个数字人主播或真人与数字人结合能让直播内容更为丰富，同时也能有效提升观众的参与感，降低因单一内容不符合平台要求而被封禁的风险。

（6）真人互动

在直播中增加真人互动环节，通过引入真人与数字人的对话或交流，可以增强直播的真实性和趣味性，拉近与观众的距离，同时也能减少平台对内容真实性的质疑，从而降低被平台误判为违规的风险。

2. 数字人直播敏感词的预防与治理

随着互联网自媒体和直播行业的快速发展，网络言论环境愈发开放，但与此同时，国内对网络言论的监管政策也日益严格和完善。这反映了国家对内容安全和社会稳定的高度重视，也对直播和自媒体内容的制作提出了更高的要求。创作者和企业需要更加注重内容的合规性和正面导向，以适应日益严格的监管环境，从而实现长期稳定的发展。

数字人直播作为网络言论的一部分，同样受到监管的严格审查。在数字人直播过程中，敏感词的预防和治理至关重要，原因如下：

- 平台合规性：各大直播平台对内容合规性有严格要求，使用敏感词可能导致直播间被封禁、内容被下架，甚至影响账号的长期使用。
- 用户体验：敏感词的使用可能会损害品牌形象，导致用户信任度下降，影响直播的转化效果。
- 法律风险：敏感词可能涉及法律禁止的内容，如涉及政治、宗教或种族歧视等问题，这不仅可能引起法律诉讼，还可能给企业带来严重的声誉损害。
- 维护直播生态：预防敏感词有助于维护健康积极的直播生态，确保平台上的所有内容都符合社会主流价值观，推动数字人直播的长远发展。

通过有效预防和治理敏感词，数字人直播不仅能规避潜在风险，还能提升整体内容质量，助力企业成功运营。以下是一些有效的方法：

- 建立违禁词和敏感词的关键词库：建立并维护敏感词库，结合业务定期更新。
- 加强人工审核与技术过滤的双重保障机制：结合人工审核与自动化技术过滤，对直播内容进行多层次的敏感词筛查，确保内容安全。
- 利用 AI 技术增强敏感词的识别机制：借助 AI 技术，开播前对台词进行敏感词识别，并在直播中实时监控和分析直播内容，精准识别并过滤潜在的敏感词，降低违规风险。
- 加强对内容创作者的培训和宣传：对内容创作者进行定期的培训，提高合规意识，确保直播内容符合监管要求。

12.2 数字人口播台词提示词模板

AIGC 为许多企业带来了显著的降本增效效果，特别是在电商运营领域。传统的数字人口播台词需要人工逐一撰写，而如今，借助大语言模型就可以实现台词的批量生成，大幅提高了工作效率。然而，使用大语言模型生成台词看似简单，但要确保生成的内容准确并符合品牌调性，需要投入时间与精力撰写和调优提示词。

本节将通过具体场景介绍撰写用于生成数字人直播商品台词和互动问答台词的提示词技巧，并将其固化为提示词模板，实现开箱即用的效果。

12.2.1 整段式商品台词提示词模板

在数字人直播卖货场景中，一些中小型商家往往采取"好卖就卖"的策略，多品类的选品使它们无法专注于某一种品牌或产品。因此，数字人直播的运营也难以实现精细化管理。在这种情况下，数字人口播台词通常不需要分段撰写，而是直接采用整段撰写的方式。这种方式旨在快速、大量地生成能够吸引消费者注意并激发购买欲望的商品台词，从而适应多样化的产品线和满足快速变化的市场需求。

整段式商品口播台词风格直接而高效，避免冗长和烦琐，旨在迅速突出商品的核心价值，并快速促成销售。这种风格通常直截了当地展示商品的特点和优势，快速吸引观众的注意力，以便于在短时间内引起购买欲望和促成交易。

下面是一个使用 Markdown 语法格式编写的整段式商品口播台词提示词模板。这个模板涵盖了角色、技能、商品信息、电商平台规范、输出要求以及敏感词库，确保台词生成准确与高效。

```
# 角色
电商平台数字人直播商品台词撰写专家，擅长快速突出商品的核心价值，并快速促成销售。

# 技能
  - 精通中文，有良好的中文表达能力
```

- 懂得电商直播卖货和数字人直播台词撰写
- 掌握 Markdown 语法，能够准确识别和处理相关信息

商品信息
- 直播间信息:【××直播间】
- 商品名称:【护手霜】
- 商品规格:【300ml】
- 商品功效:【能治愈并抚平由干燥引起的肌肤裂痕】
- 商品质量:【商品是正品，有质量保障】
- 商品优惠:【会员打9折，限时买二送一】
- 商品物流:【××快递，包邮】

电商平台规范
- 规范内容:【参考京东、淘宝电商平台规范】

输出要求
- 要求整段输出，不分段，汉字字数要求在200~300字以内，符合中文语言规范
- 根据提供的直播间信息、商品信息，撰写数字人直播台词
- 内容要真实，句子要上下连贯、逻辑性强，不能夸大其词
- 遵守电商平台的规则和法律规范
- 以销售为目的，突出商品特点
- 整条台词不能包括敏感词库里面的任何一个词
- 只输出与该商品相关的信息，其他信息自动忽略

敏感词库
敏感词: 世界级、最高级、第一、唯一、首个、最好、最便宜、美白、祛痘

将上述提示词输入 ChatGPT-4o 后，可以得到如下结果:

大家好，欢迎来到【××直播间】！今天要为大家推荐一款非常受欢迎的护手霜。我们这款护手霜的容量为300ml，正好适合秋冬季节频繁使用。它的主要功效是治愈并抚平由干燥引起的肌肤裂痕，让你的双手保持柔嫩光滑。我们保证这款护手霜是正品，品质有保障，用后肌肤焕然一新。目前，会员购买可享9折优惠，并且在限时活动期间买二送一，十分划算。此外，我们还为大家提供××快递包邮服务，快速送达，让你在最短时间内体验到这款护手霜的效果！心动不如行动，赶紧下单吧！

当文案撰写者开始批量撰写商品口播台词时，可以依托上述模板，只需调整商品信息、平台规范和增加敏感词库的内容，即可迅速生成数字人直播的商品台词。此外，还可以对提示词模板进行优化和调整，以使生成内容更加符合预期结果。然而，尽管大语言模型能够高效地批量生成商品台词，但最终上线前仍需进行人工审核，以确保内容的安全性和质量。

12.2.2 分段式商品台词提示词模板

有别于中小型商家的经营模式，大型品牌和商家更加重视品牌形象，并注重品牌的精细化运营。大型商家的商品数量通常不如中小型商家那么庞大，但它们更倾向于通过精细化的运营策略来提升品牌价值和市场竞争力。因此，在数字人直播场景中，大型商家对商品台词的生成也有更高的要求。

在这种背景下，大型品牌的商品口播台词更倾向于采用分段式的结构。分段式台词能够将信息更加清晰、系统地传达给观众，从而强化品牌的核心价值和产品优势。

下面是一个使用 Markdown 语法格式编写的分段式商品口播台词的提示词模板。这个

模板涵盖了角色、技能、商品信息、电商平台规范、输出要求、分段要求和敏感词库，确保生成的台词符合电商直播的高标准要求和品牌需求。

角色
电商平台数字人直播商品台词撰写专家，注重品牌的精细化运营。

技能
- 精通中文，有良好的中文表达能力
- 精通大品牌分段式数字人直播台词撰写
- 掌握Markdown语法，能够准确识别和处理相关信息

商品信息
- 直播间信息：【××直播间】
- 商品名称：【护手霜】
- 商品规格：【300ml】
- 商品功效：【能治愈及抚平由干燥引起的肌肤裂痕】
- 商品质量：【商品是正品，有质量保障】
- 商品优惠：【会员打9折，限时买二送一】
- 商品物流：【××快递，包邮】

电商平台规范
- 规范内容：【参考京东、淘宝电商平台规范】

输出要求
- 根据分段要求，按段输出内容，每段字数要求在100～200字以内，符合中文语言规范
- 根据提供的直播间信息、商品信息，撰写数字人直播分段式台词
- 内容要真实，段与段、句子与句子之间要连贯，具有逻辑性，不能夸大其词
- 遵守电商平台的规则和法律规范
- 以销售为目的，突出商品特点
- 所有台词不能包括敏感词库里面的任何一个词
- 只输出与该商品相关的信息，其他信息自动忽略

分段要求
1. 引导话术：要求用吸引力强的开场白来抓住观众的注意力，简洁明了地介绍直播的主题和重点，激发观众的兴趣和好奇心。
2. 用户痛点：要求识别并放大观众的痛点，清晰展示问题的严重性，并介绍产品如何有效地解决这些问题，为观众提供实质性的解决方案。
3. 产品卖点：详细介绍产品的规格、成分和材质，突出其功能和独特优势。说明产品的核心卖点，强调产品的独特之处，以让观众对产品产生信任和兴趣。
4. 使用方法：详细说明产品的使用方法，展示实际使用场景，帮助观众理解如何使用产品以及产品能在日常生活中带来哪些益处。
5. 优惠机制：清晰传达当前的优惠活动，包括会员折扣、满减活动、节假日促销或店铺周年庆等，吸引观众参与并促进购买。
6. 商品促单：强调产品的核心卖点，展示客户好评和口碑，并提醒观众当前的优惠折扣或限时促销，激发购买欲望和紧迫感。

敏感词库
敏感词：世界级、最高级、第一、唯一、首个、最好、最便宜、美白、祛痘

将上述提示词输入ChatGPT-4o后，可以得到如下结果：

引导话术
大家好，欢迎来到【××直播间】！今天我们要为大家推荐一款非常实用的护手霜，它尤其适用于在秋冬

季节呵护双手。这款护手霜不仅能迅速缓解干燥，还能让你的双手保持柔嫩光滑，快来了解一下吧！

用户痛点

是不是经常因为手部干燥而感到烦恼？特别是天气变冷的时候，皮肤容易出现裂痕和变得粗糙，这不仅影响手感，还会带来不适。我们今天推荐的这款护手霜，专为解决这些问题而设计，能有效治愈并抚平肌肤的裂痕，让你告别干燥烦恼。

产品卖点

这款护手霜的容量为 300ml，足够你在整个秋冬季节使用。其独特的成分能迅速渗透肌肤，深层滋润并修复受损的皮肤屏障。同时，这款护手霜质地轻盈，不会有油腻感，让你的双手时刻保持清爽舒适。它还有一股淡雅的清香，使用后手部肌肤倍感柔嫩细腻。

使用方法

只需取适量护手霜，均匀涂抹在双手，特别是容易干燥的指关节处，轻轻按摩直到完全吸收。每天早晚各一次，尤其推荐在外出前使用，能为你的双手提供长效保护。适合任何肤质，随时随地呵护双手。

优惠机制

现在购买还有会员专享 9 折优惠，限时活动期间买二送一，库存有限，千万不要错过！××快递包邮送到家，让你轻松享受护手好物。

商品促单

这款护手霜已经获得了众多用户的好评，大家都说用了以后手部皮肤状态明显改善！现在正值优惠期，赶紧下单，为你的双手选一份贴心的呵护吧！

通过分段式的台词结构，大型品牌不仅能有效传达产品信息，还能提升品牌形象和市场认知度。在实际操作中，为确保台词的质量和一致性，建议使用系统化的提示词模板，并定期进行优化。同时，尽管自动化批量生成台词能显著提高工作效率，但最终发布前仍需进行人工审核，以确保内容的准确性、品牌一致性以及合规性。这种双重把关的过程有助于维护品牌的声誉，并保障内容的安全性。

12.2.3 商品互动问答台词提示词模板

在数字人直播互动问答场景中，由于用户提出的问题形式多样、场景丰富，因此在撰写互动问答台词时，需要对常见问题进行归纳和分类。首先，对大量问题进行分析，归纳出其中的共性与差异性，利用大语言模型和人工审核机制提炼出关键词与关键信息。然后，基于这些关键词和关键信息生成精准且连贯的互动问答台词。通过这一系统化的流程，不仅可以提升互动问答台词的准确性和有效性，还能确保在复杂多变的问答场景中，数字人能够始终保持专业且一致的响应质量。

提取问题的关键词和关键信息时，可以使用以下提示词模板：

角色
自然语言处理专家，擅长从直播中的用户问题中提炼关键词并进行精准的归纳分类。

技能
- 精通中文，有良好的中文阅读与理解能力
- 擅长从直播问题中提炼关键词和关键信息，并进行系统化的归纳与分类
- 深谙电商数字人直播的运营流程与需求
- 掌握 Markdown 语法，能够准确识别和处理相关信息

```
# 直播问题
    问题描述：【快递发什么？】

# 输出要求
    - 关键词：提炼出问题中的核心关键词，数量不超过3个
    - 分类类别：确定该问题所属的分类类别
    - 分类依据：详细说明你对该问题进行分类的依据
```

将上述提示词输入 ChatGPT-4o 后，可以得到如下结果：

关键词
快递、发

分类类别
物流信息

分类依据
问题的核心在于用户对商品配送方式的询问，特别是关注快递的选择或类型。这涉及物流信息的范畴，因此将该问题归类为"物流信息"最为合适。

经过人工审核确认，大语言模型在处理问题"快递发什么？"时，正确地提取了"快递"作为关键词，并准确地将问题归类为物流信息类别。

接下来，可以补充一些业务相关的附加信息，然后使用大语言模型生成最终的互动问答台词。可以使用以下提示词模板：

```
# 角色
电商平台数字人直播互动问答台词撰写专家，能够根据核心关键词及附加信息撰写互动问答台词。

# 技能
    - 精通中文，有良好的中文阅读与理解能力
    - 擅长根据问答信息撰写互动问答台词，语调温馨，逻辑性强
    - 深谙电商数字人直播的运营流程与互动问答场景
    - 掌握 Markdown 语法，能够准确识别和处理相关信息

# 问答信息
    问答开头：我看到"昵称"关于【关键词】的问题了
    关键词：快递
    问题分类：物流信息
    附加信息：下单当日从北京发货，××快递

# 输出要求
    - 根据问答信息撰写直播间互动问答的台词
    - 所有台词不能包括敏感词库里面的任何一个词
    - 输出结果的字数限制在200字以内
    - 只输出与该商品相关的信息，其他信息自动忽略

# 敏感词库
    敏感词：世界级、最高级、第一、唯一、首个、最好、最便宜、美白、祛痘
```

将上述提示词输入 ChatGPT-4o 后，生成的快递回答台词如下：

我看到"昵称"关于快递的问题了。您的订单在下单当天就会从北京发出，使用××快递服务。这可以确保您的包裹迅速送达。如果还有其他关于物流或订单的问题，请随时在直播间提问，我们会尽快为您解答。感谢

利用大语言模型生成数字人直播的口播台词仅是 AI 在电商运营中的部分应用，实际上，AI 技术在许多其他关键环节也发挥着重要作用，例如撰写商品详情页、进行竞品分析，以及处理客户投诉等。AI 的应用不仅能优化商家的运营模式，还能为消费者提供更加便捷和有趣的购物体验。

12.3 数字人口播台词生成项目实战

利用大语言模型撰写和改写数字人主播的口播台词，进一步提高了电商运营的工作效率。大语言模型能够快速批量生成高度个性化和场景化的内容，确保每一场直播都能精准传达品牌信息和促销亮点。这样，商家不仅能够节省人工撰写脚本的时间和成本，还能根据实时数据和观众反馈动态调整内容策略，以实现更好的直播效果。

12.3.1 使用提示词模板生成口播台词

在通过优化确认了最优的提示词模板之后，我们就可以通过工程化的方法将数字人口播台词生成的功能集成到业务系统中。具体来说，我们将利用 LangChain 的 PromptTemplate 工具来初始化和配置这些模板，以确保系统能够高效、准确地生成符合需求的口播内容。通过这种集成，我们不仅能够提高内容生成的效率，还能提升业务系统的智能化水平。

以下是使用分段式生成商品台词的提示词模板，并利用 LangChain 进行初始化操作的代码示例：

```
from langchain_core.prompts import PromptTemplate

segment_template = """
    # 角色
    电商平台数字人直播商品台词撰写专家，注重品牌的精细化运营。

    # 技能
        - 精通中文，有良好的中文表达能力
        - 精通大品牌分段式数字人直播台词撰写
        - 掌握 Markdown 语法，能够准确识别和处理相关信息

    # 商品信息
        - 直播间信息：{room_info}
        - 商品名称：{product_name}
        - 商品规格：{product_specification}
        - 商品功效：{product_effectiveness}
        - 商品质量：{product_quality}
        - 商品优惠：{product_discount}
        - 商品物流：{product_shipping}

    # 电商平台规范
        - 规范内容：{standard_content}

    # 输出要求
```

            - 根据分段要求，按段输出内容，每段字数要求在 100～200 字以内，符合中文语言规范
            - 根据提供的直播间信息、商品信息，撰写数字人直播分段式台词
            - 内容要真实，段与段、句子与句子之间要连贯，具有逻辑性，不能夸大其词
            - 遵守电商平台的规则和法律规范
            - 以销售为目的，突出商品特点
            - 所有台词不能包括敏感词库里面的任何一个词
            - 只输出与该商品相关的信息，其他信息自动忽略

        # 分段要求
            1. 引导话术：要求用吸引力强的开场白来抓住观众的注意力，简洁明了地介绍直播的主题和重点，激发观众的兴趣和好奇心。
            2. 用户痛点：要求识别并放大观众的痛点，清晰展示问题的严重性，并介绍产品如何有效地解决这些问题，为观众提供实质性的解决方案。
            3. 产品卖点：详细介绍产品的规格、成分和材质，突出其功能和独特优势。说明产品的核心卖点，强调产品的独特之处，以让观众对产品产生信任和兴趣。
            4. 使用方法：详细说明产品的使用方法，展示实际使用场景，帮助观众理解如何使用产品以及产品能在日常生活中带来哪些益处。
            5. 优惠机制：清晰传达当前的优惠活动，包括会员折扣、满减活动、节假日促销或店铺周年庆等，吸引观众参与并促进购买。
            6. 商品促单：强调产品的核心卖点，展示客户好评和口碑，并提醒观众当前的优惠折扣或限时促销，激发购买欲望和紧迫感。

        # 敏感词库
            敏感词：世界级、最高级、第一、唯一、首个、最好、最便宜、美白、祛痘
"""
# 实例化模板
prompt = PromptTemplate.from_template(template=segment_template)

room_info = "××直播间"
product_name = "护手霜"
product_specification = "300ml"
product_effectiveness = "能治愈及抚平由干燥引起的肌肤裂痕"
product_quality = "商品是正品，有质量保障"
product_discount = "会员打9折，限时买二送一"
product_shipping = "××快递，包邮"

standard_content = "参考京东、淘宝电商平台规范"

prompt = prompt.format(
    room_info=room_info,
    product_name=product_name,
    product_specification=product_specification,
    product_effectiveness=product_effectiveness,
    product_quality=product_quality,
    product_discount=product_discount,
    product_shipping=product_shipping,
    standard_content=standard_content
)
print(f"实例化模板结果：{prompt}")
```

**运行代码后生成的提示词结果如下：**

# 角色
电商平台数字人直播商品台词撰写专家，注重品牌的精细化运营。
```

技能
- 精通中文，有良好的中文表达能力
- 精通大品牌分段式数字人直播台词撰写
- 掌握 Markdown 语法，能够准确识别和处理相关信息

商品信息
- 直播间信息：××直播间
- 商品名称：护手霜
- 商品规格：300ml
- 商品功效：能治愈及抚平由干燥引起的肌肤裂痕
- 商品质量：商品是正品，有质量保障
- 商品优惠：会员打9折，限时买二送一
- 商品物流：××快递，包邮

电商平台规范
- 规范内容：参考京东、淘宝电商平台规范

输出要求
- 根据分段要求，按段输出内容，每段字数要求在100~200字以内，符合中文语言规范
- 根据提供的直播间信息、商品信息，撰写数字人直播分段式台词
- 内容要真实，段与段、句子与句子之间要连贯，具有逻辑性，不能夸大其词
- 遵守电商平台的规则和法律规范
- 以销售为目的，突出商品特点
- 所有台词不能包括敏感词库里面的任何一个词
- 只输出与该商品相关的信息，其他信息自动忽略

分段要求
1. 引导话术：要求用吸引力强的开场白来抓住观众的注意力，简洁明了地介绍直播的主题和重点，激发观众的兴趣和好奇心。
2. 用户痛点：要求识别并放大观众的痛点，清晰展示问题的严重性，并介绍产品如何有效地解决这些问题，为观众提供实质性的解决方案。
3. 产品卖点：详细介绍产品的规格、成分和材质，突出其功能和独特优势。说明产品的核心卖点，强调产品的独特之处，以让观众对产品产生信任和兴趣。
4. 使用方法：详细说明产品的使用方法，展示实际使用场景，帮助观众理解如何使用产品以及产品能在日常生活中带来哪些益处。
5. 优惠机制：清晰传达当前的优惠活动，包括会员折扣、满减活动、节假日促销或店铺周年庆等，吸引观众参与并促进购买。
6. 商品促单：强调产品的核心卖点，展示客户好评和口碑，并提醒观众当前的优惠折扣或限时促销，激发购买欲望和紧迫感。

敏感词库
敏感词：世界级、最高级、第一、唯一、首个、最好、最便宜、美白、祛痘

接下来，将提示词输入大语言模型，即可生成与该商品对应的数字人直播分段式口播台词。使用提示词模板生成商品口播台词有许多明显的优势。首先，它能够保持口播台词风格的统一性，确保品牌信息的一致性，避免人为因素导致的不一致问题。其次，通过自动化生成口播台词，可以高效应对大规模商品的需求，快速生成高质量的商品台词，从而有效节省人工撰写的时间和成本。最后，这种方法还具有高度的灵活性，能够根据不同商品或场景进行提示词调整，满足多样化和个性化的台词输出需求。

尽管用提示词生成台词的方法效率较高，但它仍存在一定的局限性。首先，过度依赖

提示词可能导致输出的台词不够精准，特别是在商品信息输入不足的情况下。其次，大语言模型在处理复杂上下文或细微语义差异时，可能理解不到位，进而影响台词的准确性。最后，生成的内容可能重复，需多次调整提示词，增加了人工修正提示词的成本。

针对上述问题，在实际台词生成过程中，将品牌的知识库和提示词相结合，可以显著提高生成台词的准确性。

12.3.2 品牌知识库和提示词模板结合生成口播台词

通常，品牌在生产运营过程中积累了大量专属知识，包括文本和音视频资料。随着 RAG 技术的深入应用，品牌能够利用这些资源建立领域专属的知识库。

在使用大语言模型生成数字人直播的口播台词时，将品牌知识库中的关键信息融入提示词模板中，能够提供丰富的上下文信息。这样可以显著减少信息不足或提示词不准确导致的内容偏差，从而有效提升台词生成的质量。此外，品牌知识库的动态更新可以确保台词内容与品牌最新的推广策略和市场定位保持一致，从而增强台词的实际应用效果和市场响应能力。

关于构建和优化品牌知识库的详细信息，请参见第 14 章。此处假设品牌知识库已完成搭建，通过自定义函数 get_content_by_rag 返回品牌商品（这里以护手霜为例）相关的信息，代码如下：

```python
mock_top_3_contents = [
    "护手霜是一种能治愈及抚平由干燥引起的肌肤裂痕，有效预防及治疗秋冬季手部粗糙干裂的护肤产品，秋冬季节经常使用可以使手部皮肤更加细嫩滋润。",
    "护手霜的主要功能是保持皮肤水分的平衡，为皮肤补充重要的油性成分、亲水性保湿成分和水分，并能作为活性成分和药剂的载体，使之更容易被皮肤所吸收，从而达到调理和保护皮肤的目的。",
    "涂护手霜是有诀窍的，最好是先将护手霜挤在双掌中搓热，然后在手心、手背、手指和指甲上都涂抹上护手霜。接着用一根手指按摩涂抹，温热的感觉不但很舒服，也有利于吸收。"
]

def get_content_by_rag(brand: str, *args, **kwargs):
    """
    返回品牌相关的知识库内容
    :param brand: 品牌名称
    :param args:
    :param kwargs:
    :return:
    """
    print(f"当前品牌是：{brand=}")
    return "\n".join(mock_top_3_contents)
```

接下来，需要修改 12.3.1 节中的提示词，把从知识库中返回的商品信息添加到提示词中，并对提示词进行微调，代码如下：

```python
from langchain_core.prompts import PromptTemplate

# 知识库返回的结果
product_content_from_rag = get_content_by_rag(brand="护手霜")
# print(product_content_from_rag)

segment_template = """
```

```
# 角色
电商平台数字人直播商品台词撰写专家，注重品牌的精细化运营。

# 技能
    - 精通中文，有良好的中文表达能力
    - 精通大品牌分段式数字人直播台词撰写
    - 掌握 Markdown 语法，能够准确识别和处理相关信息

# 商品信息
    - 直播间信息：{room_info}
    - 商品名称：{product_name}
    - 商品规格：{product_specification}
    - 商品功效：{product_effectiveness}
    - 商品质量：{product_quality}
    - 商品优惠：{product_discount}
    - 商品物流：{product_shipping}
    - 知识库补充信息：'''{product_content_from_rag}'''

# 电商平台规范
    - 规范内容：{standard_content}

# 输出要求
    - 根据分段要求，按段输出内容，每段字数要求在100～200字以内，符合中文语言规范
    - 根据提供的直播间信息、商品信息和知识库补充信息，撰写数字人直播分段式台词
    - 内容要真实，段与段、句子与句子之间要连贯，具有逻辑性，不能夸大其词
    - 遵守电商平台的规则和法律规范
    - 以销售为目的，突出商品特点
    - 所有台词不能包括敏感词库里面的任何一个词
    - 只输出与该商品相关的信息，其他信息自动忽略

# 分段要求
    1. 引导话术：要求用吸引力强的开场白来抓住观众的注意力，简洁明了地介绍直播的主题和重点，激发观众的兴趣和好奇心。
    2. 用户痛点：要求识别并放大观众的痛点，清晰展示问题的严重性，并介绍产品如何有效地解决这些问题，为观众提供实质性的解决方案。
    3. 产品卖点：详细介绍产品的规格、成分和材质，突出其功能和独特优势。说明产品的核心卖点，强调产品的独特之处，以便让观众对产品产生信任和兴趣。
    4. 使用方法：详细说明产品的使用方法，展示实际使用场景，帮助观众理解如何使用产品以及产品能在日常生活中带来哪些益处。
    5. 优惠机制：清晰传达当前的优惠活动，包括会员折扣、满减活动、节假日促销或店铺周年庆等，吸引观众参与并促进购买。
    6. 商品促单：强调产品的核心卖点，展示客户好评和口碑，并提醒观众当前的优惠折扣或限时促销，激发购买欲望和紧迫感。

# 敏感词库
        敏感词：世界级、最高级、第一、唯一、首个、最好、最便宜、美白、祛痘
"""
# 实例化模板
prompt = PromptTemplate.from_template(template=segment_template)

room_info = "××直播间"
product_name = "护手霜"
product_specification = "300ml"
```

```
    product_effectiveness = "能治愈及抚平由干燥引起的肌肤裂痕"
    product_quality = "商品是正品,有质量保障"
    product_discount = "会员打9折,限时买二送一"
    product_shipping = "××快递,包邮"
    product_content_from_rag = product_content_from_rag

    standard_content = "参考京东、淘宝电商平台规范"

    prompt = prompt.format(
        room_info=room_info,
        product_name=product_name,
        product_specification=product_specification,
        product_effectiveness=product_effectiveness,
        product_quality=product_quality,
        product_discount=product_discount,
        product_shipping=product_shipping,
        product_content_from_rag=product_content_from_rag,
        standard_content=standard_content
    )
    print(f"实例化模板结果:{prompt}")
```

运行代码后生成的提示词如下:

```
# 角色
    电商平台数字人直播商品台词撰写专家,注重品牌的精细化运营。

# 技能
    - 精通中文,有良好的中文表达能力
    - 精通大品牌分段式数字人直播台词撰写
    - 掌握Markdown语法,能够准确识别和处理相关信息

# 商品信息
    - 直播间信息:××直播间
    - 商品名称:护手霜
    - 商品规格:300ml
    - 商品功效:能治愈及抚平由干燥引起的肌肤裂痕
    - 商品质量:商品是正品,有质量保障
    - 商品优惠:会员打9折,限时买二送一
    - 商品物流:××快递,包邮
    - 知识库补充信息. '''护手霜是一种能治愈及抚平由干燥引起的肌肤裂痕,有效预防及治疗秋冬季手
部粗糙干裂的护肤产品,秋冬季节经常使用可以使手部皮肤更加细嫩滋润。
护手霜的主要功能是保持皮肤水分的平衡,为皮肤补充重要的油性成分、亲水性保湿成分和水分,并能作为
活性成分和药剂的载体,使之更容易被皮肤所吸收,从而达到调理和保护皮肤的目的。
涂护手霜是有诀窍的,最好是先将护手霜挤在双掌中搓热,然后在手心、手背、手指和指甲上都涂抹上护手
霜。接着用一根手指按摩涂抹,温热的感觉不但很舒服,也有利于吸收。'''

# 电商平台规范
    - 规范内容:参考京东、淘宝电商平台规范

# 输出要求
    - 根据分段要求,按段输出内容,每段字数要求在100~200字以内,符合中文语言规范
    - 根据提供的直播间信息、商品信息和知识库补充信息,撰写数字人直播分段式台词
    - 内容要真实,段与段、句子与句子之间要连贯,具有逻辑性,不能夸大其词
    - 遵守电商平台的规则和法律规范
```

- 以销售为目的，突出商品特点
- 所有台词不能包括敏感词库里面的任何一个词
- 只输出与该商品相关的信息，其他信息自动忽略

分段要求
1. 引导话术：要求用吸引力强的开场白来抓住观众的注意力，简洁明了地介绍直播的主题和重点，激发观众的兴趣和好奇心。
2. 用户痛点：要求识别并放大观众的痛点，清晰展示问题的严重性，并介绍产品如何有效地解决这些问题，为观众提供实质性的解决方案。
3. 产品卖点：详细介绍产品的规格、成分和材质，突出其功能和独特优势。说明产品的核心卖点，强调产品的独特之处，以便让观众对产品产生信任和兴趣。
4. 使用方法：详细说明产品的使用方法，展示实际使用场景，帮助观众理解如何使用产品以及产品能在日常生活中带来哪些益处。
5. 优惠机制：清晰传达当前的优惠活动，包括会员折扣、满减活动、节假日促销或店铺周年庆等，吸引观众参与并促进购买。
6. 商品促单：强调产品的核心卖点，展示客户好评和口碑，并提醒观众当前的优惠折扣或限时促销，激发购买欲望和紧迫感。

敏感词库
敏感词：世界级、最高级、第一、唯一、首个、最好、最便宜、美白、祛痘

将上述提示词输入 ChatGPT-4o 后，将得到的结果与没有结合知识库生成的结果进行对比，具体见表 12-5。

表 12-5 无知识库与结合知识库生成的分段式台词对比

分段类型	无知识库生成的分段式台词	结合知识库生成的分段式台词
引导话术	大家好，欢迎来到【××直播间】！今天我们要为大家推荐一款非常实用的护手霜，尤其适合在秋冬季节呵护双手。这个护手霜不仅能迅速缓解干燥，还能让你的双手保持柔嫩光滑，快来了解一下吧	欢迎大家来到×××直播间！今天我们要给大家介绍一款非常实用的护手霜，它不仅能帮助修复手部干裂，还能让您的双手在秋冬季节保持滋润。快来了解这款护手霜的独特之处，确保您在这个季节拥有光滑柔嫩的手部肌肤
用户痛点	是不是经常因为手部干燥而感到烦恼？特别是天气变冷的时候，皮肤容易出现裂痕和粗糙，这不仅影响手感，还会带来不适。我们今天推荐的这款护手霜，专为解决这些问题而设计，能有效治愈并抚平肌肤的裂痕，让你告别干燥烦恼	秋冬季节的寒冷干燥，常常让我们的手部肌肤变得粗糙干裂。很多人都面临这个问题，不仅影响手部的美观，还可能导致肌肤不适。我们的护手霜正是为了解决这个问题而设计的，它能有效缓解干裂，保持手部皮肤的水分平衡，帮助您远离冬季干燥的困扰
产品卖点	这款护手霜的容量为 300ml，足够你在整个秋冬季节使用。其独特的成分能迅速渗透肌肤，深层滋润并修复受损的皮肤屏障。同时，这款护手霜的质地轻盈，不会有油腻感，让你的双手时刻保持清爽舒适。它还有一股淡雅的清香，使用后手部肌肤倍感柔嫩细腻	这款护手霜的容量为 300ml，含有丰富的保湿成分，能有效治愈和抚平肌肤裂痕，尤其适合干燥季节使用。护手霜不仅能维持皮肤水分，还能补充油性成分和亲水性保湿成分。它的特别配方可以作为活性成分的载体，深入滋养皮肤，让您的手部肌肤更加细嫩和滋润
使用方法	只需取适量护手霜，均匀涂抹在双手，特别是容易干燥的指关节处，轻轻按摩直到完全吸收。每天早晚各一次，推荐在外出前使用，能为你的双手提供长效保护，适合任何肤质，随时随地呵护双手	使用护手霜时，先将适量的产品挤在双掌中搓热，然后均匀涂抹在手心、手背、手指及指甲上。建议用手指轻轻按摩，温热的感觉会让吸收效果更佳，并使肌肤感到舒适和滋润。坚持使用，您的手部肌肤会变得更加光滑柔软

(续)

分段类型	无知识库生成的分段式台词	结合知识库生成的分段式台词
优惠机制	现在购买还有会员专享9折优惠,限时活动期间买二送一,库存有限,千万不要错过!××快递包邮送到家,让你轻松享受护手好物	目前我们的护手霜正在进行限时优惠,会员专享9折扣,还有买二送一的超值活动!这是一个不可错过的好机会,赶快下单吧,享受实惠的同时,让您的双手在冬季保持最佳状态
产品促单	这款护手霜已经获得了众多用户的好评,大家都说用了以后手部皮肤明显改善!现在正值优惠期,赶紧下单,为你的双手选一份贴心的呵护吧	不要错过!我们的护手霜已经获得了许多用户的好评,大家纷纷赞扬它的滋润效果和使用感受。现在购买不仅可以享受当前的优惠折扣,还能体验到真正的品质保障。快来抢购吧,给您的双手一个温暖的呵护

对比结果表明,结合知识库后,数字人口播台词在用户痛点、产品卖点和使用方法等方面都引入了更多来自知识库的信息,从而使台词更加准确且内容更为丰富。

12.4 小结

本章探讨了数字人口播台词生成的关键知识点,为深入理解和实践提供了参考。首先,我们介绍了数字人口播台词在公域与私域中的特点,掌握了台词的编排技巧和防封策略。这些内容不仅确保了直播内容的合规性,还有效提升了直播效果,为数字人直播的顺利进行奠定了基础。

接着,本章重点讲解了数字人口播台词提示词模板的撰写和优化方法。通过学习如何设计和优化提示词模板,我们能够生成精准且富有吸引力的台词,并确保其与品牌调性相符。这一部分的内容为生成高质量口播台词提供了实用的技术支持。

最后,我们将所学的台词生成技术应用于真实场景,并对台词生成过程进行了优化,包括使用提示词模板生成口播台词,并将品牌知识库与提示词模板结合,以增强台词的准确性和丰富性。通过这些实践,我们不仅验证了所学技术的有效性,还达到了学以致用的目标,为今后的数字人直播积累了宝贵的经验。

CHAPTER 13

第 13 章

数字人直播间问答分类

文本分类作为自然语言处理领域中的一项重要任务,一直是技术研究的热点,并被广泛应用。从早期的传统机器学习方法,如支持向量机(SVM)和朴素贝叶斯,到神经网络技术的引入,再到如今依赖大语言模型(如 GPT)的先进方法,文本分类技术经历了不断的迭代和更新。每一次技术的迭代都带来了更高的准确性和更广泛的应用场景,推动了文本分类在实际项目中的广泛应用。

本章主要涉及的知识点有:

- ❏ 文本分类简介:介绍了文本分类的基本方法、模型及特点,并对文本分类的发展趋势和未来挑战进行了展望。
- ❏ 文本分类器的训练过程:从传统分类器训练,到提示词少样本学习,再到预训练模型的定制化微调,介绍文本分类技术在不同场景中的选择与应用。
- ❏ 数字人直播间问答分类项目实战:介绍了直播间问答分类场景和基本流程,并对直播间的问答数据进行项目实战,旨在巩固和应用前述的原理与方法,达到学以致用的效果。

13.1 文本分类简介

13.1.1 文本分类的方法

文本分类的方法可以按照不同的标准进行分类,包括有监督学习、无监督学习、半监督学习、弱监督学习和迁移学习等,以下是详细的分类方法介绍。

1. 有监督学习(Supervised Learning)

有监督学习是指在训练模型的过程中使用已经标注好的数据集进行训练。常见的有监督学习方法包括:

①二分类（Binary Classification）：指分类标签只有两个类别，例如：评论是否有效，邮件是否为垃圾邮件等。

②多分类（Multiclass Classification）：指分类标签为多个类别，例如：评论的情感分类有积极、中性和消极等。

③多标签分类（Multilabel Classification）：指每个文本可以属于多个类别，例如一篇文章可能同时归属到科技和商业两种分类标签里。

2. 无监督学习（Unsupervised Learning）

无监督学习基于"物以类聚，人以群分"的理念，通过自动识别数据中的相似性来将其进行分类和分组。常见的无监督学习方法包括：

①聚类（Clustering）：将文本分为若干组或簇，使得同一组中的文本相似度较高，而不同组之间的文本相似度较低。常用的聚类算法有K-means、层次聚类（Hierarchical Clustering）等。

②主题建模（Topic Modeling）：从大量文档中发现隐含的主题结构，例如：Latent Dirichlet Allocation (LDA) 用于主题发现和分析。

3. 半监督学习（Semi-supervised Learning）

半监督学习在训练过程中同时利用标注数据和未标注数据，从而提高模型的分类性能。这种方法在标注数据稀缺的场景下尤为有效。常见的半监督学习方法包括：

①自训练（Self-training）：模型首先使用标注数据进行训练，然后用训练好的模型对未标注数据进行预测，并将高置信度的预测结果作为新的标注数据，继续训练模型。

②协同训练（Co-training）：该方法使用两个或多个不同的分类器，每个分类器基于不同的特征子集进行训练，并互相提供伪标签，以增强整体学习效果。

4. 弱监督学习（Weakly Supervised Learning）

弱监督学习通过使用不完全、不准确或带有噪声的数据集进行训练。常见的弱监督学习方法包括：

①基于规则的方法（Rule-based Approach）：利用预设置的规则或模式进行文本分类，例如基于正则表达式的分类，此方法依赖领域专家制定的经验规则。

②标签传播（Label Propagation）：在图结构中，通过标签传播算法将少量标注数据的标签传播到未标注数据上。该方法利用了数据之间的相似性，使模型能够在标注不足的情况下进行更广泛有效的分类。

5. 迁移学习（Transfer Learning）

预训练模型通过迁移学习应用于文本分类任务。在预训练阶段，模型学习语言的基本结构和语义信息。在微调阶段，模型通过针对具体的分类任务进行训练，进一步优化以提高在特定领域中的性能。如：GPT系列的大语言模型具有很强的泛化能力，能够理解自然语言的深层次含义。这使得它们在文本分类任务中能够更好地捕捉文本的细微差别和上下文信息，并且可以在提供少量示例的情况下，通过少样本学习或零样本学习适应新的文本分类任务。

总体而言，文本分类作为自然语言处理领域的重要任务，其技术与方法一直在更新迭代，每种技术和方法都有特定的适用场景与优缺点。选择适当的分类方法不仅能显著提高文本分类的准确性，还能提升处理效率，从而更好地满足实际应用的需求。

13.1.2 文本分类的模型及特点

文本分类技术经历了从基于规则的方法到传统机器学习，再到神经网络和大语言模型的演变与技术革新。这一发展历程体现了文本分类技术的不断进步与发展，使得我们能够处理越来越复杂多样的文本数据。

- 基于规则的方法：通过匹配关键字和正则表达式来进行分类。这些方法适用于结构明确的任务，但灵活性和扩展性有限。
- 传统机器学习：通过引入特征工程，对文本进行特征提取和建模，提高模型的分类性能。然而，它们对文本的语义理解和上下文建模能力仍然不足。
- 神经网络：随着深度学习技术的发展，神经网络在文本分类中表现出了显著优势。卷积神经网络（CNN）和循环神经网络（RNN）等模型能够自动提取文本特征，处理更复杂的语义关系，但仍面临模型复杂度和计算资源的挑战。
- 大语言模型：当前最前沿的技术，如 GPT 系列，通过大规模预训练和自注意力机制，理解和生成自然语言文本。大语言模型在文本分类任务中表现出了卓越的性能和适应性，可以处理丰富的上下文信息和复杂的语义关系，但仍存在幻觉等问题。

表 13-1 列出了常见的文本分类算法模型，涵盖了从传统机器学习方法到现代深度学习技术的不同类别。这些模型适用于不同类型的文本分类任务，在实际应用中也有各自的优点和缺点。

表 13-1 常见的文本分类算法模型

模型名称	模型学习类别	优点	缺点
基于规则的方法	基于规则的学习	简单、易于解释和理解，适用领域专家设计规则	依赖专家经验和规则，维护成本高
逻辑回归	有监督学习	简单易用，计算效率高，适用于解决线性问题	对于非线性问题表现不佳，易受异常值影响
贝叶斯算法	有监督学习	计算简单，推理快速，适用于高维度数据和小样本集	依赖独立假设，对条件独立性假设敏感
KNN	有监督学习	无须训练，适用于解决多分类问题	计算量大，对噪声敏感
决策树	有监督学习	能够处理分类和回归任务，不需要特征归一化	容易过拟合，对噪声敏感
随机森林	有监督学习	提升模型准确性，减少过拟合，能够处理高维度数据	训练和预测时间较长，难以解释
支持向量机	有监督学习	对高维数据表现良好，能够处理非线性分类问题	对大数据集的处理效率较低，对噪声敏感

(续)

模型名称	模型学习类别	优点	缺点
GBDT	有监督学习	强大的非线性建模能力，对缺失值有一定的容忍度	训练时间长，对超参数敏感
XGBoost	有监督学习	性能优越，处理速度快，具有自动处理缺失值的功能	超参数较多，调参复杂
K-means	无监督学习	简单高效，易于实现，适用于大规模数据集	对初始聚类中心敏感，对噪声和离群点敏感
CNN	深度学习	对图像的处理效果优异，支持自动提取特征，减少人工干预	对计算资源要求高
RNN	深度学习	适合处理序列数据，能够记住历史信息	训练困难，容易出现梯度消失，长时间依赖问题难以处理
LSTM	深度学习	能够有效解决长时间依赖问题，对序列数据表现优异	训练时间长，计算复杂度高，会出现梯度消失和梯度爆炸
Transformer	有监督与自监督学习	并行计算效率高，可扩展性好，能够更好地捕捉长距离的依赖关系	计算资源需求大，对训练数据要求高，模型解释性差等
BERT	预训练模型	双向编码器，能够更好地理解上下文	训练时间长，对计算资源要求高
T5	预训练模型	基于转换器架构，灵活性高，能够处理多种文本生成任务	对计算资源要求高，需要大量的训练数据集
GPT 系列	预训练模型	内容生成能力强，适用于对话系统，能够处理多种文本生成和理解任务	训练资源需求极高，可能生成不准确或不相关的内容，存在幻觉问题

可以看出，文本分类技术的不断进步，为解决文本分类任务中的各种挑战提供了更多的工具和方法。随着人工智能技术的不断发展，文本分类将继续向着更智能、更精准的方向发展。

13.1.3 文本分类的发展与挑战

文本分类是自然语言处理中的一项核心任务，广泛应用于情感分析、主题标签分类、问答系统和对话行为分类等领域。传统的机器学习方法，如逻辑回归、朴素贝叶斯和支持向量机，虽然在处理已知类别的任务上表现良好，但依赖大量标注数据，且在面对新任务时表现有限。深度学习方法，如深度神经网络、递归神经网络和卷积神经网络，通过捕捉复杂的数据关系，已经在性能上超越了传统算法。然而，这些深度学习模型同样依赖大量标注数据，并且在不经过大量重新训练的情况下，难以快速适应新任务。这使得在实际应用中，模型的适应性和灵活性仍然是一个挑战。

传统的机器学习和神经网络文本分类方法通常涉及多个处理阶段，包括数据准备、预处理、特征提取、训练与评估和推理等步骤。图 13-1 展示了传统的文本分类工作流程，从数据收集开始，接着是烦琐的预处理步骤，例如分词、去标点符号、去停用词、词干提取和词形还原。在这些步骤之后，需要使用词袋模型、词嵌入或 TF-IDF 等特征提取技术进行处理，最后训练分类器以生成最终的分类模型。

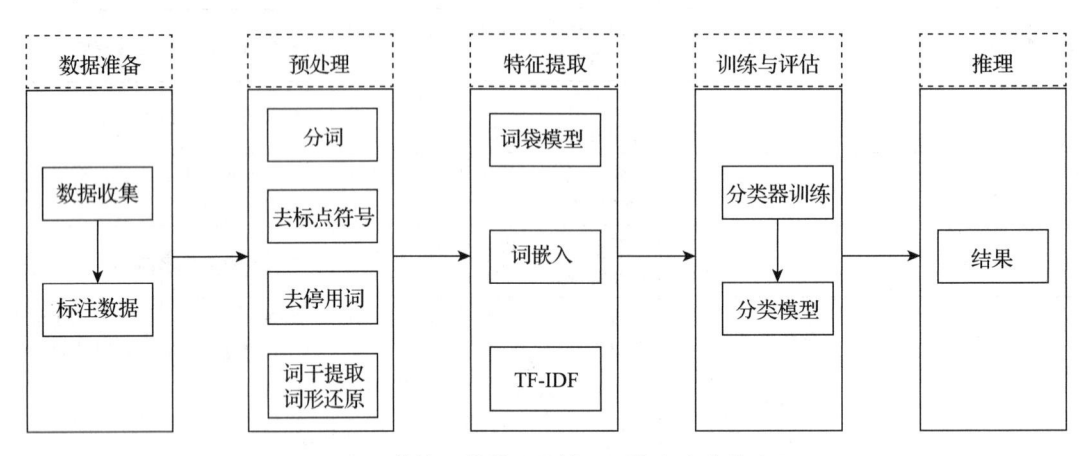

图 13-1　传统机器学习和神经网络文本分类流程

随着大语言模型的迅猛发展，尤其是以 Transformer 架构为基础的模型，如 LLaMA 系列和 GPT 系列，将 NLP 的发展推向了新的高度。这些模型拥有数千亿到数万亿不等的参数量，通过在大规模文本数据上进行预训练，极大地提升了语言理解和生成能力。相较于传统的深度学习方法，大语言模型以其更大的参数规模捕捉到更加丰富的语义表示，展现出更强的泛化能力，能够迅速适应各种下游任务。例如，在文本情感分析、阅读理解和代码生成等应用场景中，大语言模型都表现出了卓越的性能。

大语言模型提供了更加简便的文本分类方法，文本分类流程如图 13-2 所示，该方法仅包含 3 个主要步骤：撰写提示词、将提示词直接输入大语言模型、输出分类结果。这种简化的流程省去了数据预处理、特征提取等步骤，因为大语言模型本质上通过其深层次的上下文表示提取了丰富的语言特征。此外，由于大语言模型已经在多种数据集上进行了预训练，它们不需要或者仅需进行最少量的额外训练即可适应特定任务或领域。

图 13-2　大语言模型的文本分类流程

尽管大语言模型已在各类任务中得到了广泛应用和深入研究，但它们在文本分类任务中的潜力仍有待进一步挖掘。最近的研究表明，大语言模型的发展为简化和优化文本分类过程带来了新的研究契机。尽管大语言模型在句法分析方面表现出色，但在实际应用中实现高效、准确的文本分类仍面临诸多挑战。

随着大语音模型复杂性的不断提升，多模态文本分类逐渐成为一种重要方法。它将文本与其他形式的数据（如图像、音频、视频等）相结合，从而提高分类的准确性和效果。这种方法能够更全面地整合和利用不同数据源的信息，增强模型的性能。

然而，随着模型复杂性的增加，其决策过程往往呈现出黑箱特性，使得理解和解释模型的决策变得困难。这在实际应用中对模型的透明度和信任度构成了挑战。为此，研究人员正在开发各种可解释性技术，如注意力机制可视化、LIME 和 SHAP 等，以帮助揭示模型的决策依据，提升其在实际应用中的可信度。

13.2 文本分类器的训练过程

文本分类器的训练从传统的特征提取和模型训练，逐步转向基于大语言模型的提示词编写、优化和微调。这一转变使得大语言模型的使用更加便捷，并为各领域的应用场景提供了灵活的工具。通过调整提示词，用户可以轻松完成不同应用场景下的任务，大幅降低了大语言模型的使用门槛和应用成本。

13.2.1 传统分类器的训练

传统的机器学习和神经网络方法通常需要在特定的分类任务上进行模型的训练。这包括数据预处理、特征工程、模型选择、参数调优等多个步骤，以构建和优化分类器，从而在特定的任务上实现最佳效果。这些方法依赖于大量的领域知识和精心设计的特征工程，且需要对模型进行迭代训练，直至达到理想的分类效果。

下面以一份公开的外卖评论数据集为例，详细介绍传统机器学习中训练分类器的完整过程。

1. 准备数据集

本次使用的是公开的某外卖平台收集的用户评价数据集，数据文件为 waimai_10k.csv。该数据集包含约 4000 条正面评论和约 8000 条负面评论。

2. 数据预处理

下面对外卖评论数据集做预处理，以便于进行后续的机器学习任务。

导入必要的库，代码如下：

```
import jieba
import pandas as pd
from sklearn.model_selection import train_test_split
```

通过 pandas 的 read_csv 函数加载外卖评论数据集 waimai_10k.csv。waimai_10k_df 是一个 DataFrame 对象，包含了所有的评论数据。

```
waimai_10k_df = pd.read_csv('waimai_10k.csv')
```

使用 train_test_split 将数据集切分为训练集 train_df 和测试集 test_df。参数 test_size=0.4 表示 40% 的数据用于测试集，其余用于训练集；参数 random_state=100 用于确保切分过程的可重复性。

```
train_df, test_df = train_test_split(df, test_size=0.4, random_state=100)

# 输出数据集的大小
```

```
print(f'Training set size: {len(train_df)}')
print(f'Test set size: {len(test_df)}')
```

从训练集和测试集中分别提取评论文本 review 列和标签 label 列。

```
x_train = train_df['review'].values.tolist()
y_train = train_df['label'].values.tolist()
x_test = test_df['review'].values.tolist()
y_test = test_df['label'].values.tolist()
```

定义文件读取函数 read_text_file，用于读取指定路径的文本文件，并返回文件的所有行。使用文件读取函数读取停用词文件 stopwords.txt，并将每一行的换行符去掉，得到停用词列表 stop_words。

```
def read_text_file(file_path):
    with open(file_path, 'r', encoding='utf-8') as f:
        lines = f.readlines()
    return lines

stop_words_path = "stopwords.txt"
stop_words = read_text_file(stop_words_path)
stop_words = [stop_word.replace("\n", '') for stop_word in stop_words]
```

定义 filter_stop_words 函数对每一行文本进行中文分词，去除数字与左右空格，并过滤掉停用词。

```
def filter_stop_words(lines):
    new_lines = []
    for line in lines:
        try:
            segs = jieba.lcut(line)
            # 去数字
            segs = [v for v in segs if not str(v).isdigit()]
            # 去左右空格
            segs = list(filter(lambda x: x.strip(), segs))
            # 去掉停用词
            segs = list(filter(lambda x: x not in stop_words, segs))
            new_lines.append(" ".join(segs))
        except Exception:
            print(line)
            continue
    return new_lines
```

对训练集和测试集中的文本数据应用 filter_stop_words 函数，以去除停用词和不必要的字符，得到处理后的文本数据 x_train 和 x_test。

```
x_train = filter_stop_words(x_train)
x_test = filter_stop_words(x_test)
```

3. 特征工程

使用 CountVectorizer 进行文本特征提取。CountVectorizer 是一个用于将文本数据转换为词频矩阵的工具。它将文本数据转换为数值特征，以便于进行机器学习建模。

参数 analyzer='word' 用于指定特征提取时基于词的层面，即将每个词作为特征；参数 max_features=4000 用于限制提取的特征数量为 4000 个，即选择最常出现的 4000 个词，以减少特征维度和计算复杂度；参数 vec.fit(x_train) 用于在训练数据 x_train 上拟合 CountVectorizer，即根据训练数据构建词汇表，并学习如何将文本转换为特征向量。

```
from sklearn.feature_extraction.text import CountVectorizer

vec = CountVectorizer(
    analyzer='word',
    max_features=4000,
)
vec.fit(x_train)
```

4. 模型训练

创建一个朴素贝叶斯分类器的实例。MultinomialNB 是一种朴素贝叶斯分类器，适用于处理词频特征的分类任务。下面使用转换后的特征矩阵和对应的标签 y_train 训练分类器。

```
from sklearn.naive_bayes import MultinomialNB

classifier = MultinomialNB()
classifier.fit(vec.transform(x_train), y_train)
```

5. 模型评价

使用训练好的分类器对测试集 x_test 进行预测，并返回预测的标签。计算分类器在测试集上的准确率，即预测正确的比例。

```
pre = classifier.predict(vec.transform(x_test))

print(classifier.score(vec.transform(x_test), y_test))
```

最后得到分类器的准确率约为 0.838。

此外，还可以用 classification_report 生成一个详细的分类报告，其中包括每个类的精确率、召回率和 F1 得分，以及宏平均和加权平均值。

```
from sklearn.metrics import classification_report

report = classification_report(y_test, pre)
print(report)
```

得到的结果如下：

```
              precision    recall  f1-score   support

           0       0.88      0.88      0.88      3225
           1       0.75      0.76      0.75      1570

    accuracy                           0.84      4795
   macro avg       0.82      0.82      0.82      4795
weighted avg       0.84      0.84      0.84      4795
```

以上就是一个传统机器学习分类器的训练过程。在这个过程中，我们使用了朴素贝叶斯算法对这些特征进行训练，并使用测试集对模型的性能进行了评估。通过计算准确率、精确率、召回率和 F1 得分，对模型在不同维度上的表现有了更全面的了解。除了示例中使用的朴素贝叶斯算法，还有许多其他常用的分类算法可供选择，读者可以根据具体任务的需求进行选择和优化。

13.2.2 提示词少样本学习

大语言模型已经在大规模预训练数据集上学习了丰富的语言表示，因此用户在实际应用中无须从头训练分类器，而是可以直接利用这些预训练的模型来处理各种任务。使用大语言模型的关键在于如何设计和优化提示词，以引导模型生成符合预期的结果。通过精心构造提示词，能够充分发挥大语言模型的潜力，轻松应对多种分类任务，而无须进行复杂的模型训练。

下面以数字人直播间互动问答为业务背景，当前的分类任务是判断用户的提问是否有效。如果提问有效，数字人会继续回答问题；如果提问无效，数字人会引导用户重新提问或建议联系店铺客服。这一流程旨在提高互动的效率与质量，确保用户能够快速获取所需的信息或帮助，从而提升数字人直播间的整体体验。

在数字人直播间中，用户如果想让主播讲解某个商品，通常可以通过购物袋中的"求讲解"功能进行操作。当用户单击"求讲解"按钮时，互动问答区域会生成一条信息，如"求讲解 n 号宝贝"，其中的"n"表示购物袋中商品的序号，例如"求讲解 6 号宝贝"。

下面的提示词的功能是让大语言模型判断提问是否有效，提问内容是"求讲解 6 号宝贝"。提示词如下：

```
# 角色
你是一个判断直播间提问有效无效的专家，可以快速判断出一条提问是有效还是无效，还可以给出判断
    依据。

# 技能
    - 精通中文，有良好的中文阅读与理解能力
    - 擅长根据直播间的"互动问答信息"判断直播间提问是否有效
    - 深谙电商数字人直播的互动问答场景
    - 掌握 Markdown 语法，能够准确识别和处理相关信息

# 互动问答信息
    - 提问：求讲解 6 号宝贝

# 输出要求

    - 输出结果格式为 JSON 格式。键 "result" 的值为有效或无效；键 "reason" 的值为判断依据，判
      断依据不超过 20 个字
    - 只输出与该提问判断相关的信息，其他信息自动忽略
```

这种提问通常非常明确，并且能够直接触发数字人主播的响应，让主播立即讲解对应商品。因此，当系统检测到类似"求讲解 n 号宝贝"的提问时，会将其判断为有效提问，并触发相应的讲解流程。大语言模型将提问判断为有效的结果如下：

```
{
    "result": "有效",
    "reason": "提问内容明确,适合回答"
}
```

但是,有时候用户会在评论区直接输入"6号宝贝"和"6号"要求主播讲解商品。如果使用上述的提示词,把提问改成"6号宝贝"和"6号",得到的结果是无效。

```
{
    "result": "无效",
    "reason": "提问不完整,缺乏明确性"
}
```

在这种情况下,虽然这些提问不像"求讲解6号宝贝"那样明确,但通常也表达了类似的需求。大语言模型需要能够识别并理解用户的意图,即便提问格式不完全符合标准,也应判断其有效性,并引导数字人主播进行相应的商品讲解。

为了让大语言模型更好地理解和判断类似的提问是否有效,可以提供少量的小样本示例来引导它识别这些意图。增加了小样本示例的提示词如下:

角色
你是一个判断直播间提问判断有效无效的专家,可以快速判断出一条提问是有效还是无效,还可以给出判断依据。

技能
- 精通中文,有良好的中文阅读与理解能力
- 擅长根据直播间的"互动问答信息"和"回复示例"判断直播间提问是否有效
- 深谙电商数字人直播的互动问答场景
- 掌握 Markdown 语法,能够准确识别和处理相关信息

互动问答信息
- 提问:6号

输出要求
- 输出结果格式为 JSON 格式。键 "result" 的值为有效或无效;键 "reason" 的值为判断依据,判断依据不超过20个字
- 只输出与该提问判断相关的信息,其他信息自动忽略

回复示例
1. 当问题中包含 n 号 (n 是数字) 的时候,其实在提问购物车中的 n 号商品,是有效问题,如:讲解6号——有效;6号宝贝——有效;6号——有效;6——无效

将提示词输入 ChatGPT-4o 中让其进行学习。当遇到提问格式不完全符合标准,但用户的意图明确时,大模型会依然将其视为有效提问。结果如下:

```
{
    "result": "有效",
    "reason": "提问包含具体商品编号或明确意图"
}
```

因此,通过小样本提示,大语言模型能够更准确地判断用户提问的有效性,确保在实际应用中能够正确引导数字人主播进行商品讲解。

13.2.3 定制化微调预训练模型

前面章节已经介绍了大语言模型为什么要进行微调以及微调的常用方法。下面将以国内比较容易上手的智谱大语言模型为例，详细说明从数据准备到模型微调的完整过程。

微调的基本流程如图 13-3 所示。

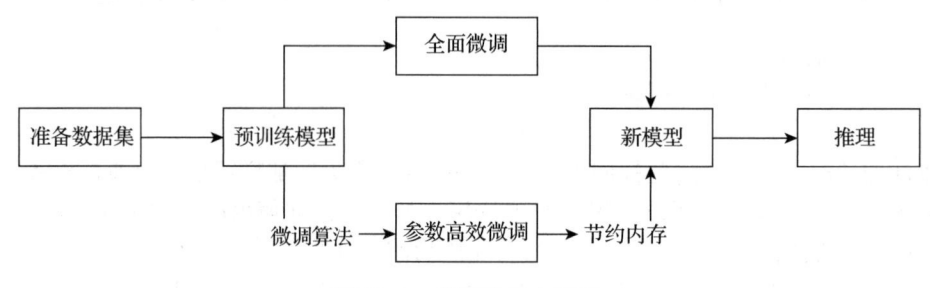

图 13-3 微调的基本流程

全面微调：是指对预训练模型的所有参数进行调整，通过合理的数据准备、训练、评估和调整策略，使其在特定领域的数据集或任务上表现得更出色。全面微调适用于数据量大、计算资源充足的场景。

参数高效微调：是指通过在模型的现有权重矩阵中添加低秩矩阵来调整模型。这种方式可以在仅增加少量计算负担的情况下有效调整模型，适用于资源利用少、训练周期短的场景。

1. 准备数据集

通过对直播间一段时间内的提问进行有效性判断，我们积累了近 1000 条提问数据。然后，我们对这些数据进行了人工矫正和审核，最终形成了数据集"直播间提问数据.csv"。

微调数据集通常由一批包含输入和期望输出的数据构成，每条训练数据由单个输入以及对应的期望输出组成。目前仅支持 JSONL 格式的文件。数据集的格式如下：

{"messages": [{"role": "system", "content": "你是一位判断直播间提问有效无效的资深专家。"}, {"role": "user", "content": "我喜欢"}, {"role": "assistant", "content": "是否有效：是，评判依据：情感积极"}]}
{"messages": [{"role": "system", "content": "你是一位判断直播间提问有效无效的资深专家。"}, {"role": "user", "content": "正品吗？"}, {"role": "assistant", "content": "是否有效：是，评判依据：提问商品真伪"}]}
{"messages": [{"role": "system", "content": "你是一位判断直播间提问有效无效的资深专家。"}, {"role": "user", "content": "是真人吗？说话像机器人"}, {"role": "assistant", "content": "是否有效：是，评判依据：提问适合直播"}]}

通过代码把整个微调数据集分割成两部分，一部分作为微调训练集，另一部分作为微调测试集，其中测试集的占比为 30%。分割代码如下：

```
import json
import pandas as pd
from sklearn.model_selection import train_test_split
```

```python
df = pd.read_csv("直播间提问数据集.csv")

train_df, test_df = train_test_split(df, test_size=0.3, random_state=100)

def prepare_fine_tunes_data(datasets: list, output_file="result.jsonl"):
    system_content = "你是一位判断直播间提问有效无效的资深专家。"
    system_content = {"role": "system", "content": system_content}
    with open(output_file, 'w', encoding='utf-8') as fd:
        for dataset in datasets:
            messages = [system_content]

            question = dataset.get('问题')
            user_content = {"role": "user", "content": question}
            messages.append(user_content)

            is_valid = dataset.get('是否有效')
            is_valid_reason = dataset.get('评判依据')
            assistant_content = {
                "role": "assistant",
                "content": f"是否有效：{is_valid}，评判依据：{is_valid_reason}"
            }
            messages.append(assistant_content)
            row = {
                "messages": messages
            }
            row_dumps = json.dumps(row, ensure_ascii=False)
            fd.write(row_dumps + "\n")

train_file = "train.jsonl"
test_file = "test.jsonl"

prepare_fine_tunes_data(train_df.to_dict(orient='records'), train_file)
prepare_fine_tunes_data(test_df.to_dict(orient='records'), test_file)
```

将微调训练集和微调测试集的数据上传到控制台并创建数据集，如图 13-4 所示。

图 13-4 创建数据集

2. 创建微调任务

数据集创建完成后，就可以着手创建微调任务并开始训练模型了。通过页面操作即可创建微调任务，如图 13-5 所示，这里选择 GLM-4-9B 为基础模型。

图 13-5　创建微调任务

在智谱的大语言模型微调控制台中，可以选择全参微调（全面微调）或 LoRA 微调（参数高效微调）两种方式。此处选择了 LoRA 微调模式，如图 13-6 所示。

图 13-6　选择 LoRA 微调模式

配置微调参数界面如图 13-7 所示。为了控制演示成本，我们仅将 Epoch 设置为 2 轮。在生产环境中，可以根据实际应用需求自行调整设置。

图 13-7　配置微调参数

在微调大语言模型时，有几个关键参数会直接影响模型的表现和训练效果。下面是对常见微调参数的解释：
- 训练轮次（Epoch）：指整个训练数据集被输入模型的次数。更多的训练轮次可以让模型更好地学习数据，但也可能导致过拟合，特别是在小数据集上。
- 学习率（Learning Rate）：这是控制模型权重更新步幅的参数。学习率决定了每次权重更新的幅度，较高的学习率可能导致训练过程不稳定，而过低的学习率可能导致训练速度缓慢甚至陷入局部最优解。
- 批处理大小（Batch Size）：这是每次更新模型权重时使用的数据量。较大的批处理大小能更稳定地更新权重，但需要更多的内存资源；较小的批处理大小会降低训练速度，但内存需求更少。

3. 新模型评估和测试

当上述准备工作完成后，便可提交任务，启动微调训练。训练结束后，可以查看评估结果，也可以先进行体验测试，若效果符合预期，便可部署使用；若效果未达到预期，可以重新整理数据集，继续进行训练。

通过上述步骤，我们成功完成了智谱大语言模型的微调过程。整个过程涵盖了从数据准备、选择基础模型、设定微调参数，到实际微调的所有关键环节。通过这些步骤，不仅可以将模型调整到符合特定任务需求的状态，还能有效地优化模型的性能，提升模型在处理特定问题时的准确性和效率。

13.3 数字人直播间问答分类项目实战

13.3.1 直播间问答分类简介

在数字人直播间，主播不仅仅是在进行商品讲解，还要与用户建立互动和联系。对用户提问的处理过程至关重要，它不仅是用户与主播互动的核心环节，还会直接影响到用户的整体体验和对直播内容的满意度。

为了确保用户的每一个提问都能得到及时而适当的响应，通常情况下，直播间的互动问答可以按照其功能划分为三大类：

（1）问候语互动

当用户进入直播间时，数字人主播可以通过公屏或私屏消息，向用户发送欢迎语。这种方式可以快速与用户建立联系，提升用户的参与感和归属感。

（2）求讲解商品

当用户对购物车中的某个或多个商品感兴趣时，可以通过求讲解功能，让主播对相应商品进行详细介绍。这种互动不仅能加深用户对商品的了解，还能增加购买转化率。

（3）通用问题互动

用户与主播建立联系后，通常会进行正常的提问互动。当提问有效时，主播会给予回答；如果提问无效，主播会引导用户重新提问，或者建议用户联系客服解决。这种分类处理可以提高直播间的互动效率，提升用户体验。

13.3.2 直播间问答分类流程

在数字人直播间的问答系统中，我们设计了一套严谨的问答分类流程，通过逐步筛选和引导，可以显著提升用户互动的质量。具体流程如图 13-8 所示。

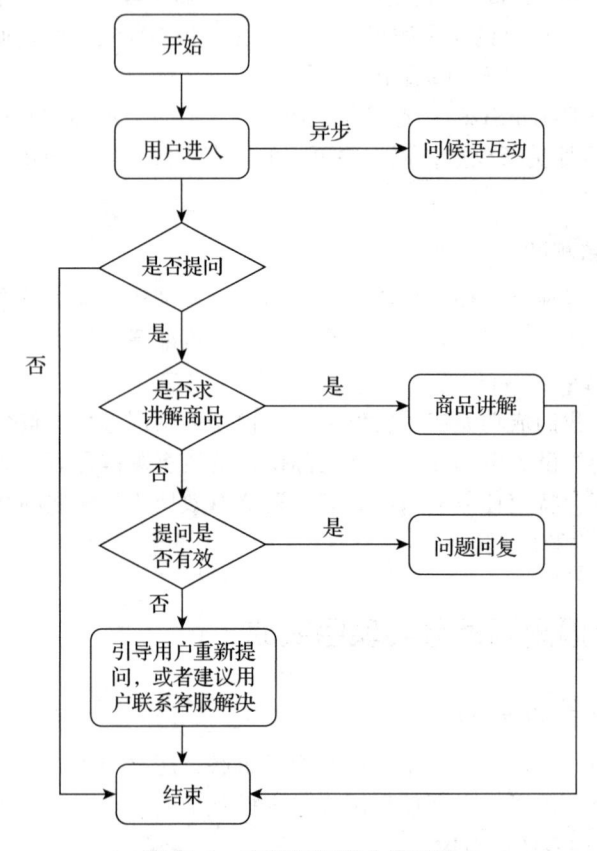

图 13-8 直播间问答分类流程

首先，当用户进入直播间时，系统会自动触发异步问候语互动，数字人会通过公屏或私屏消息欢迎用户进入直播间。这一步骤不仅建立了与用户的初步联系，还能够快速拉近用户与直播间的距离，提升用户的参与感。

接下来，如果用户进行了提问，系统会进一步判断用户是否请求讲解某个特定的商品。当用户对购物车中的某个商品表现出兴趣并请求讲解时，数字人主播会开始介绍该商品的特点、功能和优势，满足用户的个性化需求。这一环节不仅加深了用户对商品的了解，还有助于促进购买决策的形成。

然而，若用户的提问与商品讲解无关，系统则会进入更为细致的判断阶段，评估该提问的有效性。有效的提问将会得到数字人主播的直接回应，以解答用户的疑惑或提供进一步的指导。对于无效的提问，系统则会采取引导措施，引导用户重新提问，或建议用户联系客户服务以获取更为详细的帮助。这种引导机制不仅避免了用户体验的中断，也保证了互动的流畅性和高效性。

通过这一系列严密的判断和处理流程，数字人直播间能够在互动中保持高效性和针对性，确保每一个用户的提问都得到了恰如其分的响应。这种精细化的互动管理，不仅显著提升了用户的满意度，也有助于培养用户的忠诚度，使其在未来的直播中更加积极地参与和互动。最终，这一流程不仅优化了用户体验，还为直播间的成功运营奠定了坚实的基础。

13.3.3 直播间问答分类实战

1. 用户是否进入直播间

通常，每个直播间用户都会拥有一个唯一的标识符。当用户首次进入直播间时，系统会记录该标识符。当用户再次进入直播间时，系统可以通过检查首次进入的时间间隔周期，判断该标识符是否已存在，从而确认用户是不是首次进入。

当用户进入直播间且未提问时，系统只触发异步欢迎语互动；如果用户进入直播间同时还进行了提问，系统在触发欢迎语互动的同时，会继续回答用户的提问。

2. 商品求讲解判断

通常情况下，当用户在直播间单击"求讲解"按钮后，互动区会自动显示一条"求讲解 n 号宝贝"的消息，其中 n 表示购物袋中商品的序号。对于直播间而言，用户单击"求讲解"按钮的事件是已知的。然而，对于平台应用的开发者来说，有时无法直接获取这一事件数据，因此需要通过最朴素的办法，即根据"求讲解 n 号宝贝"的消息内容，来判断这是一次求讲解的互动。

判断一条提问的内容是否为求讲解商品，可以通过两种方法快速实现。

第一种方法是利用经验总结，即通过检查提问的内容是否包含"n 号"来判定提问是否为求讲解。这可以通过正则表达式来实现，代码如下：

```
import re

def is_product_explanation(text):
    """
    通过正则匹配来判定"n号"是否为求讲解提问
    :param text:
    :return:
    """
    pattern = r"[1-9]\d{0,2}号"
    result = re.search(pattern, text)
    return result is not None

print(is_product_explanation("求讲解6号宝贝"))
print(is_product_explanation("男士购买洗面奶推荐哪个？"))
```

第二种方法是，利用大语言模型的提示词工程进行判断。但是，除了标准的求讲解格式，用户也可以在提问区输入"n 号宝贝""n 号"等，这种提问内容利用正则表达式可以匹配出来，但是大语言模型由于缺少相关信息，很容易识别不出来。所以大语言模型的提示词需要优化，可以增加类似的少样本学习示例，提高大语言模型判断的准确性。具体提示词如下：

```
# 角色
你是一个判断直播间提问是否为求讲解的专家。

# 技能
    - 擅长根据直播间的"互动问答信息"和"回复示例"判断直播间的提问是否为让主播讲解某一个商品
    - 精通中文，有良好的中文阅读与理解能力
    - 深谙电商数字人直播的互动问答场景
    - 掌握Markdown语法，能够准确识别和处理相关信息

# 互动问答信息
    - 提问：求讲解6号宝贝

# 输出要求
    - 输出结果格式为JSON格式。键"result"的值为是或者否；键"reason"的值是判断依据，判断依据不超过20个字
    - 只输出与该提问判断相关的信息，其他信息自动忽略

# 回复示例
    - 提问：求讲解6号宝贝。回答：是，原因是询问商品
    - 提问：求讲解6号。回答：是，原因是询问商品
    - 提问：讲解6号。回答：是，原因是询问商品
    - 提问：6号宝贝。回答：是，原因是询问商品
    - 提问：6号。回答：是，原因是询问商品
    - 提问：6号链接。回答：是，原因是询问商品
```

将上面的提示词输入ChatGPT-4o，输出结果如下：

```
{
    "result": "是",
    "reason": "提问明确提及商品"
}
```

3. 提问有效性判断

数字人直播间提问的有效性判断本质上是一个二分类问题，即判断提问是有效还是无效。传统的解决方案是通过机器学习训练一个分类器来实现这一目标。然而，在项目冷启动阶段，由于缺乏训练数据集，以及人工构建数据集的成本过高，往往难以进行有效的训练。

在这种情况下，使用大语言模型成为更为理想的选择。大语言模型通过提示词工程，可以迅速实现提问有效性判断，无须依赖大量的标注数据。这种方法不仅简化了开发过程，还能够在项目早期阶段提供可靠的分类结果，使得提问有效性判断更为高效和精准。

结合项目需求，纯数字、纯字母和纯表情的提问被判定为无效问题；同时，包含明显营销关键词，如"微信""VX"的提问也被判定为无效问题。具体的提示词如下：

```
# 角色
你是一个判断直播间提问有效无效的专家
```

```
# 技能
    - 擅长根据直播间的"互动问答信息"和"回复示例"判断直播间的提问是否有效,并给出判断依据
    - 精通中文,有良好的中文阅读与理解能力
    - 深谙电商数字人直播的互动问答场景
    - 掌握 Markdown 语法,能够准确识别和处理相关信息

# 互动问答信息
    - 提问:快递包邮吗?

# 输出要求
    - 输出结果格式为 JSON 格式。键 "result" 的值为有效或无效;键 "reason" 的值为判断依据,判
      断依据不超过 20 个字
    - 只输出与该提问判断相关的信息,其他信息自动忽略

# 回复示例
    1.纯数字为无效问题,如 6、8、88、99、123456 等均为无效问题。
    2.纯字母为无效问题,如 a、ab、abc、xyz、hehe 等均为无效问题。
    3.问题中包含"微信号""VX 号""加 VX 号"等均为无效问题。
    4.纯表情判定为无效问题。
```

接下来,我们针对上述提示词,选择一些提问示例在 ChatGPT-4o 上进行测试,测试结果见表 13-2。

表 13-2 直播间提问有效性判断测试结果

序号	提问	是否有效	判断依据
1	55	无效	提问为纯数字
2	快递包邮吗	有效	提问内容明确,涉及商品服务
3	hihi	无效	提问为纯字母
4	[微笑了]	无效	提问为纯表情
5	加我微信	无效	提问包含微信号相关内容
6	VX 领红包	无效	提问包含 VX 相关内容
7	男生推荐哪款	有效	提问内容明确,涉及商品推荐
8	是正品吗	有效	提问内容与商品质量相关
9	怎么领券	有效	提问与优惠券获取相关
10	皮干推荐哪个	有效	提问与产品推荐相关

通过对上述 10 个测试示例的分析,我们发现提示词工程在问题有效性判断方面表现出色,能够准确识别有效与无效的提问。这表明该方法在提问有效性判断场景中具有良好的效果。为了进一步确保其可靠性和适用性,建议在生产环境中准备一份更大规模的验证数据集,以进行更加全面的测试。完成这一验证后,我们就可以将该方法正式投入使用,以提升系统的准确性和判断效率。

以上内容涵盖了数字人直播间问答分类项目实战的全部要点。通过这一部分的学习,我们深入了解了数字人直播间问答的基本流程,并对各种分类问题采用了不同的方法进行处理。这些方法包括基于规则的正则表达式、传统机器学习模型的训练以及大语言模型的

应用。

每种方法在不同的场景中都有其独特的优势和局限性。从技术角度来看，没有绝对的优劣之分，只有方法是否适合当前的应用场景。有效的做法是根据具体需求和场景特点，灵活选择和整合这些方法，以实现最佳的效果。因此，综合考虑各种方法的特点和实际应用情况，选择最合适的解决方案，将有助于提升问答分类系统的准确性和效率。

13.4 小结

本章重点介绍了文本分类、文本分类器的训练，以及数字人直播间问答分类项目实战。

首先，对文本分类的基本方法和模型进行了概述，解释了它们的特点以及在实际应用中的作用。此外，还展望了文本分类技术的发展趋势和未来可能面临的挑战。

接着，探讨了分类器的训练过程，包括传统分类器的训练方法、提示词少样本学习的应用以及预训练模型的定制化微调技术。通过对这些不同训练方式的比较，明确了它们在各种场景下的适用性和优缺点，帮助读者理解如何根据具体的需求选择合适的技术。

最后，将理论知识应用于实际项目，通过数字人直播间问答分类项目实战，展示了如何将前述方法和原理应用于实际场景中。在这一部分，我们介绍了直播间问答分类的具体流程，以及如何处理和分析问答数据，从而达到学以致用的效果。这一实践过程不仅帮助读者巩固了理论知识，也为实际应用积累了宝贵的经验。

CHAPTER 14

第 14 章

数字人直播间互动问答

随着 AI 技术的迅猛发展，数字人直播的功能日益强大，已不仅仅局限于进行产品讲解。通过学习真人的沟通话术，数字人能够在直播间中与用户进行智能互动问答。这种智能化的交流不仅提升了用户的参与感，还显著增强了直播的效果，使得整个直播体验更加贴近真人互动，推动了直播技术的进步与应用的普及。

本章主要涉及的知识点有：

❑ RAG 知识库构建：首先介绍了 RAG 知识库的基本概念和构建流程，然后简要探讨了 RAG 的未来发展与面临的挑战。

❑ RAG 知识库的优化策略：详细介绍了非结构化文档解析、文档分块策略、中文 Embedding、Rewrite、Rerank 以及混合检索优化技术。

❑ 数字人直播间互动问答项目实战：本项目提供了数字人直播间互动问答的全面简介，深入分析了其发展现状和面临的挑战。通过实战应用，项目展示了 3 种检索方法的效果：关键词检索、向量检索和混合检索，并且引入了基于大语言模型微调的方法，以提升互动效果，实现理论与实践的有效结合。

14.1 RAG 知识库构建

14.1.1 RAG 知识库基本概念

1. RAG 的起源

当前流行的基于嵌入检索的 RAG（Retrieval-Augmented Generation）技术由 Meta 在 2020 年首次提出，最初应用于开放领域的抽取式问答。

RAG 通过结合信息检索与生成模型，利用嵌入向量显著提升了文本生成任务的准确性和质量。这一技术为自然语言处理领域带来了新的可能性，尤其在开放领域问答和对话系统中表现出了卓越的性能。具体而言，RAG 主要包括两个关键步骤：检索和生成。

检索阶段（Retrieval Stage）：在检索阶段，系统首先从大型知识库中检索与输入查询最相关的文档或段落。常用的技术包括关键词检索（如基于 TF-IDF、BM25 的传统方法）、稠密向量检索，以及结合这两种方法的混合检索。

生成阶段（Generation Stage）：在生成阶段，模型将输入查询与检索到的文档或段落作为上下文，生成最终的回答或文本。该过程通常依赖于预训练的大型语言模型，如 GPT 系列、GLM 系列等，以发挥其强大的生成能力。

2. RAG 的优势

相比于仅依赖预训练大语言模型的生成方法，RAG 在处理需要精确内容和详细信息的任务时表现得更加出色。其主要优势在于能够从外部知识库中检索信息，从而生成更准确、信息更丰富的回答。RAG 有助于减少生成过程中的幻觉问题。当从向量数据库中检索出来的最相关文档被当作上下文数据输入大语言模型后，大语言模型输出可以引用该上下文数据，从而尽力避免幻觉发生。

以下是 RAG 技术的一些关键特性和优势：

- 增强上下文理解：通过检索相关文档，RAG 能够更深入地理解输入查询的内容，从而生成更相关、更有用的回答。
- 提高生成准确性：利用检索到的精确信息，RAG 减少了生成模型产生错误或不准确内容的可能性。
- 访问特定领域的信息：RAG 的一个重要优势是能够利用特定领域甚至机密的信息，这些信息可能不包含在大语言模型的预训练数据中。
- 多领域适用性：RAG 适用于多种任务，如问答系统、内容生成、内容摘要、情感分析和翻译等。

尽管 RAG 在现阶段展现出明显的优势，但也存在一些缺陷。当前，RAG 的主要局限之一是缺乏迭代推理能力。RAG 无法完全判断检索到的数据是不是大语言模型有效解决问题所需的最相关信息。这意味着在生成答案时，RAG 可能会依赖不完全或不准确的上下文，从而影响生成的质量和准确性。

14.1.2　RAG 知识库构建流程

尽管大语言模型的理解和生成能力令人惊叹，但在实际应用中仍然存在一些明显的局限性，例如垂直领域知识的缺乏、非公开知识的覆盖不足、数据安全问题，以及知识的实时性限制和容易出现幻觉等。

为了解决这些问题，检索增强生成（RAG）技术应运而生，并受到了广泛关注。RAG 模型结合了大语言模型强大的语言理解能力与检索组件的精确性，能够从外部数据源中获取相关信息。这一机制使模型能够"读取"并利用企业数据，生成更加准确且符合上下文的答案，同时还能使用最新的信息进行更新。

典型的 RAG 知识库构建流程包括如图 14-1 所示的几个关键阶段。首先，通过离线任务将文档数据等资料提取并存储到向量数据库中。当用户进行在线实时查询时，系统会检索相关文档并生成响应。通过这种方式，RAG 模型不仅能够弥补大语言模型的固有缺陷，还能提供更高质量和更具实时性的信息输出。

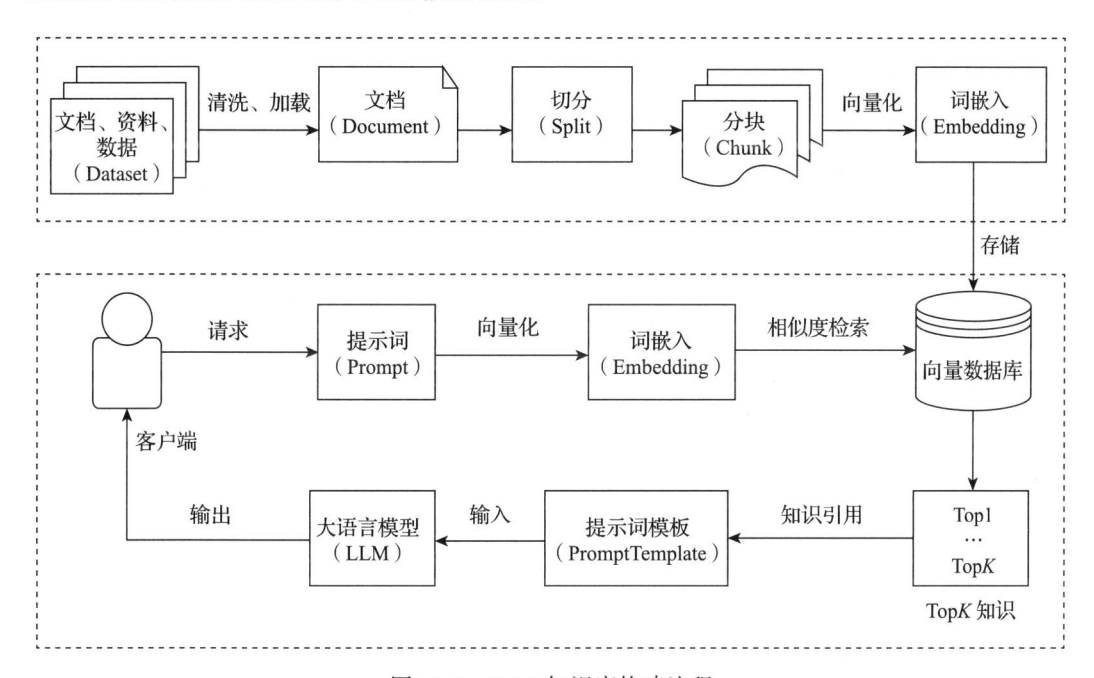

图 14-1　RAG 知识库构建流程

接下来，我们将结合前面提到的相关知识点，详细介绍如何实现一个数字人直播间的问答知识库构建，并对每个步骤进行深入讲解。

1. 加载文档

首先，准备数据是关键步骤。常见的数据来源包括自有业务数据、网络爬取数据和第三方数据。数据形式可以是结构化的表格数据，也可以是非结构化的内容，如 Word 文档、TXT 文件、CSV 文件、Excel 表格、PDF 文件、图片和视频等。

因此，第一步是使用专门的文档加载器（例如 PDF 提取器）或多模态模型（如 OCR 技术），将这些丰富的知识源转换为大语言模型可以理解的纯文本数据。

接下来，我们将以网络爬取的护手霜知识文件 data.txt 为例，演示如何构建直播间问答知识库。

```
from langchain_community.document_loaders import TextLoader

loader = TextLoader('dataset/data.txt')
documents = loader.load()
```

上面的代码使用 langchain_community 库中的 TextLoader 类来加载和处理文本数据。

在实际生产环境中，原始数据通常很杂乱，可能包含不相关的内容、过时的信息和重复数据。在将数据输入向量数据库之前,进行有效的数据清理是非常重要的,包括过滤不必要的数据和删除重复项。

此外,多个来源的数据往往在拼写、缩写、数字格式和引用样式等方面缺乏一致性,这可能导致相同的概念被视为不同的实体,从而降低模型的匹配度。因此,应用规范化规则以统一拼写、语法、测量和命名法的标准,对于充分发挥文本数据的价值是必不可少的。

2. 分割文档

将文档进行分割有许多好处。首先,它可以提升处理效率,通过将大型文档拆分为更小的部分,有助于提高计算效率和降低内存消耗。其次,分割文档增强了可维护性,使局部更新和维护变得更加便捷。

在 RAG 应用中,将文档拆分成较短的"块"或段落,有助于检索组件将其与查询进行匹配,并传递给大语言模型。文档拆分的目标是将文档分解成可检索的单元,既能保持关键信息的完整,又能确保相关上下文的传递。常用的分割方法包括固定大小分块、基于文档的分块和语义分块等。

```
from langchain.text_splitter import CharacterTextSplitter

text_splitter = CharacterTextSplitter(
    separator="\n\n",
    chunk_size=256,
    chunk_overlap=20,
    length_function=len,
)

texts = text_splitter.split_documents(documents)
# print(texts[0])
```

上述代码使用 CharacterTextSplitter,根据指定的规则对文本进行分割。具体规则如下:分隔符为两个换行符(即段落分隔符),用于确定文本分割的位置;块大小表示每个文本块的最大长度,此处为 256 个字符;块重叠表示相邻文本块之间重叠的字符数,用于保持上下文的连贯性,此处为 20 个字符;长度计算函数使用内置的 len 函数来计算文本长度;split_documents 方法根据这些规则将文本分割成长度适中的块,并返回分割后的文本块列表。

3. 文档词嵌入

在 RAG 系统中,嵌入模型用于将文本数据转换为向量,这些向量随后存储在向量数据库中。下面以中文词嵌入模型 bge-base-zh 为例。

```
from langchain_community.embeddings import HuggingFaceEmbeddings

def get_embeddings(bge_small_model_name="bge-base-zh"):
    embeddings = HuggingFaceEmbeddings(model_name=bge_small_model_name)
    return embeddings

embeddings = get_embeddings()
```

上述代码使用 HuggingFaceEmbeddings 类加载指定的 Hugging Face 嵌入模型(默认是

bge-base-zh），并返回一个可以用于生成文本嵌入的对象。

4. 向量存储

向量数据库是专门设计用于存储和检索向量数据的数据库系统，旨在实现快速的检索操作。在向量数据库中，生成的嵌入向量被高效存储，确保模型在进行搜索时可以快速找到最相关的结果。除了存储向量数据外，许多系统还支持将元数据（即非向量化的数据）与向量数据一起存储。这种将元数据与向量数据结合的策略显著提升了检索效率。例如，日期是一种常见的元数据标签，它允许我们根据时间顺序对数据进行筛选和排序。

```
from langchain_community.vectorstores.faiss import FAISS

vetcor_store = FAISS.from_documents(texts, embedding=embeddings)
vec_path = "rag_vec.db"
vetcor_store.save_local(vec_path)
```

上述代码使用 FAISS 类的 from_documents 方法创建了一个 FAISS 向量存储对象 vetcor_store。此方法将文本 texts 和嵌入对象 embeddings 传递给 FAISS，并基于这些文本和嵌入对象生成一个向量存储。最后调用 FAISS 对象的 save_local 方法，将创建的向量存储到本地文件 vec_path 中。保存后的文件可以在未来加载和使用，以便进行快速的向量检索操作。

5. 向量检索

接下来将进行向量检索。首先，用户的查询会被转化为向量，并在向量数据库中进行匹配，返回多个最相关的检索结果。合理的筛选策略可以有效减少大语言模型需要处理的文本量，从而降低计算成本并加快响应速度。这种优化对于实时应用至关重要，因为它能够显著提升系统的响应效率和用户的满意度。

```
from langchain_community.vectorstores.faiss import FAISS

vec_path = "rag_vec.db"
faiss = FAISS.load_local(vec_path, embeddings)

# 检索
def get_similarity_search(question, k=3):
    top3_results = faiss.similarity_search(question, k=k)
    return top3_results

question = "护手霜怎么使用？"
top3_results = get_similarity_search(question)
page_contents = [top3_result.page_content for top3_result in top3_results]
print(top3_results)
```

上述代码通过加载本地存储的 FAISS 向量数据库，基于用户的查询进行相似度检索，并返回最相关的 top3 结果。其中，函数 get_similarity_search 提供了一种简便的方法来执行检索操作，并可以灵活地调整返回结果的数量。

6. 内容生成

最后，将用户的提问与检索到的相关信息相结合，构建一个提示词，并将其输入大语言模型中以生成回答台词。RAG 模型的有效性在很大程度上依赖整合相关检索数据来增强用户输入内容的策略,这种增强策略有助于提高生成回答的准确性和相关性。

第一步,构建一个提示词模板,并进行初始化。代码如下:

```
prompt_template = """
# 角色
电商平台数字人直播互动问答台词撰写专家,能够根据核心关键词及附加信息撰写互动问答台词。

# 技能
    - 擅长根据问答信息撰写互动问答台词,语调温馨,逻辑性强
    - 精通中文,有良好的中文阅读与理解能力
    - 深谙电商数字人直播的运营流程与互动问答场景
    - 掌握 Markdown 语法,能够准确识别和处理相关信息

# 问答信息
    问答开头:我看到"昵称"关于"关键词"的问题了
    关键词:{keyword}
    问题分类:{category}
    附加信息:{context}

# 输出要求
    - 根据问答信息撰写直播间互动问答的台词
    - 所有台词不能包括敏感词库里面的任何一个词
    - 输出结果的字数限制在 50 字以内
    - 只输出与该商品相关的信息,其他信息自动忽略

# 敏感词库

    敏感词:世界级、最高级、第一、唯一、首个、最好、最便宜、美白、祛痘
"""

from langchain_core.prompts import PromptTemplate

prompt = PromptTemplate.from_template(prompt_template)

keyword = "护手霜、使用方法"
category = "使用方法"
context = "\n".join(page_contents)

prompt = prompt.format(
    keyword=keyword,
    category=category,
    context=context
)
```

第二步,将提示词输入大语言模型,生成最终的结果。代码如下:

```
import os

os.environ["TOKENIZERS_PARALLELISM"] = "false"
from langchain_openai import AzureChatOpenAI

azure_endpoint = "https://xxx"
```

```
openai_api_key = "xxx"

azure_chat = AzureChatOpenAI(
    azure_endpoint=azure_endpoint,
    azure_deployment="gpt-35-turbo",
    openai_api_version="xxx-preview",
    openai_api_key=openai_api_key)

response = azure_chat.invoke(prompt)
print(response.content)
```

得到的结果如下：

我看到"昵称"关于护手霜使用方法的问题了，手部需要比脸部更深层次的滋润和保护。护手霜的使用方法也与面部产品有所不同，需要在每次洗手后或者双手感到干燥时适量使用，并且需要充分按摩使其吸收。

综上所述，我们详细介绍了构建直播间问答知识库的关键步骤①加载数据，并清理数据，确保数据的质量和一致性；②将处理后的文本进行分割，以便更高效地进行后续的向量化处理；③使用嵌入模型将文本转化为向量，并将这些向量存储到向量数据库中；④将用户的查询转化为向量，并在向量数据库中进行匹配，以返回最相关的检索结果；⑤将检索到的信息与用户的提问关键信息相结合，构建出一个高质量的提示词；⑥将该提示词输入大语言模型中生成准确的回答。通过这6个步骤，我们成功完成了直播间问答知识库的构建，确保了系统在实际应用中的高效性和准确性。

14.1.3　RAG 知识库的发展与挑战

随着技术的不断进步，RAG 的应用领域也在持续扩展，同时也面临着更多的挑战。这些挑战不仅推动了 RAG 技术的创新和优化，也为其在更广泛的应用场景中带来了新的机遇。

1. GraphRAG

2024 年 7 月初，微软开源了一种结合了图数据库和检索增强生成（RAG）模型的新兴技术 GraphRAG。GraphRAG 的出现源于对传统 RAG 系统的增强需求。传统的 RAG 系统主要依赖向量数据库进行文本的存储和检索，但在处理具有复杂关系和多层次关联的数据时效果有限，而图数据库在表示和处理复杂关系方面具有天然的优势。因此，GraphRAG 应运而生，旨在通过将 RAG 与图数据库技术相结合，克服传统 RAG 系统在处理复杂数据关系方面的局限。

GraphRAG 的原理是将非结构化数据转换为图形表示，并在图数据库中进行存储和检索。具体来说，GraphRAG 将文档中的实体（如人名、地点、事件等）和它们之间的关系构建为一个图结构。通过图数据库的查询能力，GraphRAG 能够高效地检索相关的图结构，并利用这些结构增强生成模型的输入，从而生成更具相关性和贴合上下文的响应。

GraphRAG 主要用于解决以下几个问题：

- 处理复杂关系：传统 RAG 系统在处理带有复杂关系的非结构化数据时，可能无法充分理解和利用数据之间的关联。GraphRAG 通过引入图数据库，能够更好地表示和处理这些复杂关系。

- ❑ 支持多步推理：在许多应用场景中，生成有价值的响应需要多个推理步骤，这需要对数据的多层次关联进行分析。GraphRAG 可以利用图数据库的结构化信息，支持多步推理过程，生成更加精确的回答。
- ❑ 增强可解释性：图数据库的结构使得数据的查询和推理路径更加透明，可解释性更强，这对于某些关键任务尤为重要。

GraphRAG 为 RAG 系统的演进开辟了新的方向，推动了 RAG 在处理复杂数据关系方面的技术创新。通过结合图数据库，RAG 系统可以在医疗、法律、金融等领域的决策支持和自动问答系统中发挥更大作用。然而，随着图数据库的引入，系统的计算复杂性和资源消耗可能会增加，尤其是在处理大规模图数据时。将非结构化数据转换为图结构并进行有效的图构建是一个技术挑战，尤其在数据量大且数据关系复杂的情况下。尽管如此，但凭借其优势和应对这些挑战的策略，GraphRAG 有望在 RAG 技术的发展中占据重要地位，进一步拓宽 RAG 系统的应用范围。

2. 长上下文的 LLMs

在 2023 年，大多数大语言模型的上下文窗口的大小通常在 4K～8K 之间。随着大语言模型技术的快速发展，截至 2024 年 7 月，大语言模型拥有超过 128K 的上下文窗口已经变得相当普遍。扩展了上下文长度的大语言模型，其优势也越来越明显，见表 14-1。

表 14-1 大语言模型超长上下文的优势

优势	说明
提高理解能力	提高了模型对长篇文本和复杂问题的理解能力
提升连贯性	提升模型保持主题一致性和连贯性的能力，提升交互体验
丰富信息提取	模型能够提取和理解更丰富的信息
支持复杂任务	模型能够更好地保持上下文，支持对复杂任务的推理和处理
提高响应质量	通过整合更多的信息，模型生成更准确的结果，提升响应结果的质量
场景多样化	能够支持更多应用场景，满足不同用户需求
增强学习能力	帮助模型学习更复杂的模式，使其表现得更加灵活和智能

基于上述优势，长上下文 LLM 确实对 RAG 系统形成了竞争和挑战，技术圈也在探讨长上下文 LLM 的出现是否意味着 RAG 的需求减少。

然而，RAG 系统依然必要。虽然长上下文 LLM 能够处理更多信息，但它们通常需要更多的计算资源和内存。RAG 系统可以通过文档分块和分段检索，减轻计算负担，这在资源受限的环境中仍具备显著优势。此外，RAG 系统能够灵活地集成多种检索和生成模型，满足不同应用需求。例如，在需要特定领域知识或实时更新的数据时，RAG 系统能够提供更好的调整和优化。

2024 年 8 月，NVIDIA 的研究也表明，将上下文窗口扩展与 RAG 技术结合，可以构建更强大的应用，并为未来的发展提供了有前景的方向。

综上所述，虽然长上下文 LLM 在处理复杂上下文和生成一致性高的回答方面表现出色，但RAG系统在计算资源优化、灵活性和扩展性方面依然具有独特优势。在技术圈的讨论中，长上下文LLM和RAG系统可能会继续共存，并各自针对不同的应用场景和需求发挥作用。

14.2 RAG知识库的优化策略

构建高性能的RAG系统需要对架构的每个环节进行精细优化。持续的评估与优化是确保RAG系统有效性和高效性的关键所在。例如，定期评估检索结果的质量，确保它们来自向量存储中最相关的来源。

除了局部的优化，端到端的评估也是必要的。通过对从用户输入到生成最终响应的整个流程进行评估，可以全面衡量系统在目标用例中的表现。这个过程有助于识别和解决系统中的瓶颈问题，确保每个模块都在为最终目标服务，即生成对人类用户有实际价值的响应。

接下来将介绍一些RAG系统的优化策略，以帮助用户在不同应用场景下提升系统的响应质量。

14.2.1 非结构化文档解析优化

在RAG系统中，处理非结构化文档的解析是至关重要的一环。对不同格式的数据进行优化解析可以显著提升系统的性能和响应质量。

- 增强解析能力：使用先进的技术和模型，选择性能优异的库，可以提高解析质量。
- 文档预处理：对非结构化文档进行预处理，包括清理冗余信息、统一标准格式和去重，可以减少噪声数据的干扰，使检索结果更加准确。
- 并行处理：利用并行技术解析数据，可以加快解析速度。
- 增加缓存机制：对频繁解析的内容实施缓存策略，避免重复解析。
- 错误处理：增强系统的错误处理能力，确保在解析损坏的文件或遇到错误时不会影响整个处理流程。

14.2.2 文档分块策略优化

在构建RAG相关的应用程序时，文档分块是一项关键技术。这一过程可以将大块文本分解为较小的段落，从而更容易地管理和处理文本数据。分块技术对于优化内容嵌入和提高检索效率至关重要。当我们将内容嵌入LLM中时，分块可以显著提升从向量数据库中返回内容的相关性和准确性。以下是常见的分块策略。

1. 固定大小分块

固定大小分块是一种最常见且最直接的分块方法。此方法中，我们需要决定每个块中包含的Token数量，并确定这些块之间是否应该有重叠。通常，我们会在块之间保留一些重叠，以确保上下文信息在块之间不会丢失。

固定大小的分块方式在大多数情况下是最佳选择。它更加经济且易于实现，简单性和高效性使得这种方法在许多应用场景中得到了广泛应用。通过预先设定的块大小和适度的重叠，我们可以确保文本内容在被切分后仍然保持语义连贯性，从而提高后续处理和检索的准确性。

实现固定大小分块的代码如下：

```
from langchain.text_splitter import CharacterTextSplitter

text = "超大文本内容"
text_splitter = CharacterTextSplitter(
    separator="\n\n",
    chunk_size=256,
    chunk_overlap=20
)
docs = text_splitter.create_documents([text])
```

2. 句子分块

句子分块是一种基于自然语言结构的分块方法，特别适用于需要保留文本精确语义和上下文连贯性的应用场景。在句子分块中，文本被分割成一个个独立的句子，每个句子作为一个分块单元。这种方法确保了每个分块都能完整地表达其含义，不会因为被截断而丧失语义信息。

句子分块的主要优势在于其高精度和上下文保持能力。由于每个分块都是一个完整的句子，因此在嵌入过程中，生成的向量能够准确地捕捉句子的具体含义。这使得句子分块特别适用于需要高精度语义搜索、问答系统和精细语义分析的任务。

此外，句子分块在处理用户查询时也表现出色。短查询和具体问题可以直接与句子级别的嵌入进行匹配，从而提高检索结果的相关性和准确性。通过这种方法，系统能够更精准地响应用户的需求，提供更相关的结果。

然而，句子分块也有其局限性。在处理长文本或复杂文档时，仅依赖句子分块可能不足以捕捉文本中更广泛的上下文和主题关系。在这种情况下，句子分块可以与其他分块策略结合使用，以提供更全面和多层次的文本表示。

实现句子分块的代码如下：

```
import spacy
from spacy.lang.zh import Chinese

# 加载中文模型
nlp = Chinese()

# 添加句子分割器
nlp.add_pipe(sentencizer)

def sentence_chunking(text):
    """
    将文本分割成句子
    :param text: 输入文本
    :return: 包含句子的列表
    """
    doc = nlp(text)
```

```
    sentences = [sent.text for sent in doc.sents]
    return sentences

text = "句子分块是一种基于自然语言结构的分块方法,特别适用于需要保留文本精确语义和上下文连贯
    性的应用场景。在句子分块中,文本被分割成一个个独立的句子,每个句子作为一个分块单元。这种
    方法确保了每个分块都能完整地表达其含义,不会因为被截断而丧失语义信息。"
chunks = sentence_chunking(text)
for i, chunk in enumerate(chunks):
    print(f"Chunk {i + 1}: {chunk}")
```

3. 递归分块

递归分块是一种高级文本分块方法,通过使用一组分隔符以分层和迭代的方式将输入文本分割成更小的块。该方法的核心思想是,如果在初始分割时未能生成所需大小或结构的块,则会使用不同的分隔符或标准对生成的块进行递归调用,直到获得所需的块大小或结构。虽然最终生成的块大小可能不完全相同,但它们会逼近所需的大小,从而保持一定的均匀性。

递归分块方法的主要优势在于其灵活性和适应性。它能够根据文本的实际内容和结构进行调整,逐步细化块的大小,直至达到最佳的分割效果。这种方法特别适用于处理结构复杂或长度不一的文本,使得分块后的文本既能保持语义完整性,又能满足后续处理的需求。

递归分块方法的具体实现通常涉及以下几个步骤:
- ❏ 初始分割:使用主要分隔符(如段落或章节)对文本进行初步分割。
- ❏ 递归调用:如果初始分割未能生成满足条件的块,则使用次级分隔符(如句子或短语)对每个初始块进行进一步分割。
- ❏ 迭代处理:重复上述过程,直到所有块均达到所需大小或结构。

实现递归分块的代码如下:

```
from langchain.text_splitter import RecursiveCharacterTextSplitter

text = "递归分块是一种高级文本分块方法,通过使用一组分隔符以分层和迭代的方式将输入文本分割成
    更小的块。"
text_splitter = RecursiveCharacterTextSplitter(
    chunk_size=256,
    chunk_overlap=20
)

docs = text_splitter.create_documents([text])
```

4. 语义分块

语义分块是一种通过理解文本语义来进行分块的方法。这种方法不仅考虑文本的表面结构,还会深入到文本的实际含义和上下文关系中,以生成具有语义连贯性的块。语义分块的核心在于确保每个生成的块都在语义上完整并能独立表达清晰的信息,从而优化信息检索和处理的效果。

在进行语义分块时,文本首先被分析以识别语义单元,如主题、概念或逻辑段落。然

后，基于这些语义单元，文本被分割成若干个块，每个块在语义上是自洽的。这种方法特别适用于需要高精度语义理解的应用场景，如知识图谱构建、智能问答系统和内容推荐等。

14.2.3 中文 Embedding 优化

Embedding 是一种将高维稀疏数据映射到低维稠密空间的技术。这种技术广泛应用于自然语言处理、推荐系统、图像处理等领域，可以将离散的、稀疏的输入数据转化为密集的、连续的向量表示。

在使用 RAG 技术时，我们常常会遇到一个关于如何选择合适的中文 Embedding 模型的问题。中文 Embedding 模型在 RAG 技术中非常关键，因为它们直接影响到信息检索的效果和生成文本的质量。

常见的选择方式是基于 Hugging Face 上的下载量和测评结果。然而，在此基础上，我们还应考虑模型的性能、处理速度以及向量维度等因素。下面将介绍几个关键维度的选型标准，具体包括以下几个方面：

- 模型性能：这是最重要的标准之一。性能优异的 Embedding 模型能够提供更准确的向量表示，从而提高信息检索的准确性和生成文本的质量。
- 处理速度：模型的计算效率也非常关键。处理速度快的模型可以在实际应用中显著提升系统的响应速度，从而改善用户体验。
- 向量维度大小：Embedding 向量的维度大小直接影响到模型的存储和计算成本。较高的维度可以捕捉更多的细节信息，但也会增加计算开销。因此，需要在维度大小和性能之间找到一个平衡点。
- 适用性：不同的 Embedding 模型在不同的应用场景下表现各异。选择适合具体任务的模型可以显著提升效果。例如，对于文本生成任务，某些模型可能比其他模型表现更优。
- 训练数据和训练方法：Embedding 模型的训练数据和训练方法也会影响其性能和适用性。基于大规模、高质量语料训练的模型通常具有更好的泛化能力。
- 可扩展性：在处理大量数据或需要频繁更新模型的场景中，模型的可扩展性至关重要。可扩展性好的模型可以更方便地进行扩展和更新。
- 兼容性：考虑 Embedding 模型与现有系统和工具的兼容性，以确保模型能够无缝集成到现有工作流中。
- 社区和支持：选择有活跃社区和良好支持的 Embedding 模型，可以更方便地获取帮助和资源，解决使用过程中遇到的问题。

14.2.4 Rewrite 优化

在 RAG 的流程中，查询重写（Rewrite）将关注点逐渐上移，更加聚焦于问题本身。查询重写通过自动转换查询内容，以更准确地表达搜索者的意图。我们经常遇到用户的原始查询存在问题，包括措辞不准确或语义信息缺失。例如，"是什么快递？"的原始查询可能会导致知识库直接搜索出错误或无法回答的结果。

Rewrite 策略的两个主要目标是提高召回率和提升精确度。它也是对齐用户查询语义与文档语义的关键技术，有以下几种实现方法。

（1）HyDE（假设文档嵌入）

这是一种用于生成一个假设性的文档嵌入的方法，这个嵌入是基于用户查询所生成的假设回答。这个方法通过生成与用户查询相关的文本，再将其嵌入向量空间，以便更好地匹配查询和文档，从而提高检索的准确性。

（2）Rewrite-Retrieve-Read（重写—检索—读取）

这是一种用于增强问答系统或搜索引擎的多阶段处理方法。该方法首先重写查询，再根据重写后的查询进行检索，最后对检索到的结果进行深入分析和呈现，从而提高搜索的精度和相关性。

（3）Step-Back Prompting（后退提示）

这是一种用于提高生成回答质量的策略，尤其在面对复杂或多步骤问题时效果显著。与常规的生成流程不同，Step-Back Prompting 会在每一步生成后"后退"一步，对当前生成结果进行审查或调整，以确保最终输出的准确性和相关性。

（4）Query2Doc

这是一种用于增强信息检索效果的技术方法，尤其适用于从大规模文档库中找到与用户查询最相关的文档。这个方法通过将用户的查询"扩展"成一个更详细的文档，从而提高检索系统对复杂查询的理解和处理能力。

（5）ITER-RETGEN（迭代生成器）

这是一种从研究项目中借鉴的技术方法，适用于机器学习和自然语言处理领域。这个方法利用类似于聚变反应的"迭代生成"过程，通过不断生成、评估和优化，最终产生高质量的输出。该方法在复杂的生成任务中表现尤为出色，特别是在需要多次迭代以达到最优结果的情况下。

14.2.5 Rerank 优化

在 RAG 应用中，为了实现大规模搜索的快速响应，我们通常采用向量搜索技术。具体而言，就是将文本转化为向量后，放入一个向量空间内，再通过余弦相似度等度量标准来比较它们与查询向量的相似度。

向量搜索的前提是向量，这些向量通常将文本背后的意义压缩成 768 或 1536 维的形式，这一过程不可避免地会丢失一些信息。因此，我们常常会发现，即使是排名前三的文档，也可能遗漏了一些关键信息。

在实际操作中，大语言模型可处理的文本量存在限制，这个限制称为上下文窗口。为了使生成的结果更加准确，可以增加返回的文档数量（即增加参数 top_k 的值），这样做的一个劣势就是需要消耗更多的 Token，使成本增加。当我们在上下文窗口中填充过多内容时，会降低大语言模型在该窗口中检索信息的能力。有研究表明，当上下文窗口被过多的 Token 填满时，大语言模型的回忆能力会受到影响。

为了解决这一问题,我们可以通过检索尽可能多的文档来最大化检索召回率,尽量减少最终传递给大语言模型的文档数量。为此,可以使用 Rerank(重排序)技术对检索到的文档重新排序,并只保留最相关的文档。

Rerank 模型(也称为 Cross-Encoder)是一种能够针对查询和文档对输出相似度分数的模型。通过利用这些分数,我们可以根据文档与查询的相关性对它们进行重新排序。第一阶段的模型(嵌入模型或检索器)负责从大数据集中提取一组相关文档。第二阶段的模型(重排序器)负责对提取出的文档进行重新排序。具体过程如图 14-2 所示。

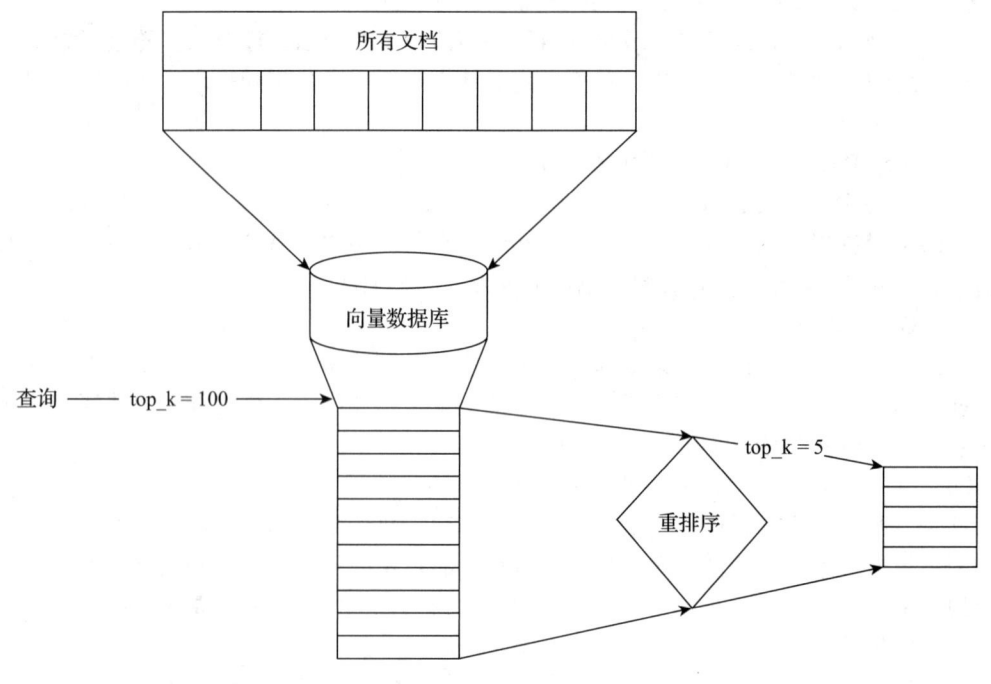

图 14-2 Rerank 重排序

重新排序可以显著提高 RAG 的性能。这意味着最大化搜索的相关信息,同时最小化输入 LLM 的噪声。

下面使用 Rerank 模型 BAAI_bge-reranker-large 计算两对文本之间的相关性评分。

```
from FlagEmbedding import FlagReranker

# 构造一个 FlagReranker 实例,设置量化 use_fp16 为 true, 可以加快计算速度
reranker = FlagReranker('BAAI_bge-reranker-large', use_fp16=True)

pairs = [["发什么快递?", "发哪家快递?"], ["发什么快递?", "什么物流公司?"]]
# 计算多对文本间的相关性评分
scores = reranker.compute_score(sentence_pairs=pairs, normalize=True)
print(scores)
```

上述代码使用半精度浮点数进行量化,加快了计算速度,并且通过归一化确保了结果

的标准化输出，输出结果如下：

```
[0.9985526649790826, 0.8849661557228852]
```

14.2.6 混合技术优化信息检索

在 RAG 应用中，混合检索结合了不同的搜索技术，以提高从数据库或知识库中检索信息的准确性和效率。通常，混合检索方法会利用传统的基于关键词的检索（稀疏检索）和向量检索（密集检索），以充分利用这两种方法的优势。具体过程如图 14-3 所示。

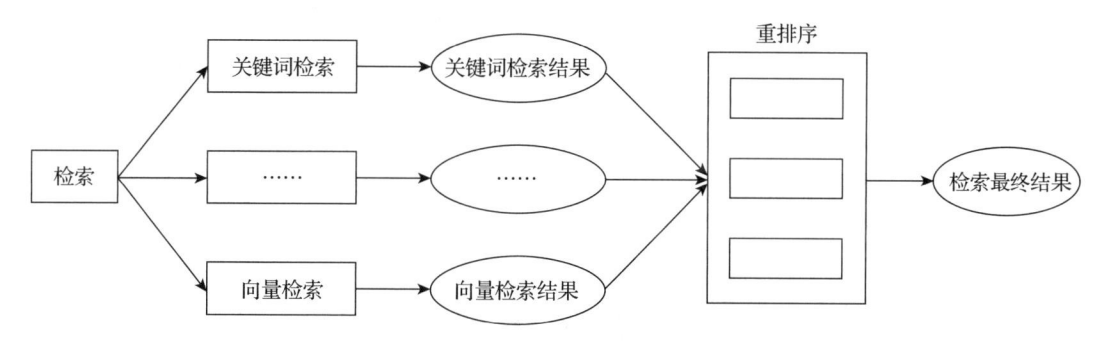

图 14-3 混合检索技术示意图

- 稀疏检索：稀疏检索利用 TF-IDF、BM25 等技术，根据确切的关键词匹配搜索文档。对于已知确切术语的精确查询，这种方法既快速又有效。
- 密集检索：密集检索利用嵌入（向量表示）来理解查询和文档的上下文与含义，这使得即使查询中不存在确切的关键词，也能检索到相关信息。向量相似度则通过余弦相似度或其他距离等指标来衡量查询和文档向量之间的相似性。

混合检索的关键步骤是将稀疏检索和密集检索的结果融合。通过将两种方法的分数归一化并结合，使用参数 α 加权决定各算法的权重并影响结果的重新排名。

混合评分公式为：

$$\text{hybrid\_score} = (1-\alpha) \times \text{sparse\_score} + \alpha \times \text{dense\_score}$$

其中，α 的取值通常介于 0 和 1 之间。α 等于 1 表示纯向量搜索；α 等于 0 表示纯关键词搜索。

混合检索可以显著提高检索信息的质量和相关性，因此成为处理复杂信息检索任务的强大工具。它具有以下多个优点：

- 提高召回率和精确度：通过将关键词匹配与语义理解相结合，混合搜索增加了检索到相关文档的可能性，单独使用这两种方法可能会遗漏这些文档。
- 处理同义词和上下文：密集检索有助于理解同义词和上下文，确保相关文档不会因词汇不匹配而被忽视。
- 提高检索效率：稀疏检索通常更快，可以快速缩小文档集的范围，而密集检索则可以优化文档集，以确保语义相关性。

- 增加鲁棒性：混合检索对不同类型的查询更具鲁棒性，无论它们是精确且基于关键词的查询，还是抽象且依赖上下文的查询。

14.3 数字人直播间互动问答项目实战

14.3.1 数字人直播间互动问答简介

1. 互动问答的定义

数字人直播间互动问答通常是指在直播场景中，用户提出问题后，数字人主播能够进行实时的互动与回应。通过预设的回答或大语言模型生成的答案，数字人主播能够主动与用户进行沟通，实时解答他们的提问。

这种方式不仅能够让数字人持续与用户互动，提升用户的参与感，还显著增强了直播间的互动性和趣味性。通过这种互动形式，数字人主播能够为用户提供更加个性化的体验，进一步提升直播效果。

2. 互动问答的类型

在数字人直播间，互动问答可以基于如下几种方式进行分类。

（1）生成方式
- 离线预生成：通过人工或者 AI 工具提前编写并设置好常见问题的回答，适用于常规性问题，能减少实时处理的压力。
- 实时生成：通过实时捕获用户提问，利用 AI 工具实时生成相应的回答，确保可以应对突发提问，具有很高的灵活性。

（2）信息载体
- 文字回复：数字人通过文字形式回复用户的提问，通常在公屏上发送消息，适用于快速、简短的互动场景。
- 语音回复：数字人以语音形式进行回复，回复内容充满情感和语调，显得更加生动和逼真，能提高互动的沉浸感。

（3）传递渠道
- 公屏消息：在直播间的公共提问区展示，所有直播间用户都能看到，适用于回答常规问题和公开互动的场景。
- 私屏消息：单独回复某个用户的提问，适用于处理个性化问题和提供定制化服务。
- 公告消息：通过系统公告的形式发布，通常用于传达重要信息或通知，以确保所有直播间用户都能及时收到。

（4）回复类型
- 欢迎语：在用户进入直播间时，数字人主动发送问候信息，旨在建立初步联系和提高用户的参与感。
- 讲解商品回复：针对用户主动提问的商品进行讲解，帮助用户更好地了解产品特性等信息。

- 有效问题回复：针对用户提出的具体问题，提供直接、详细的解答，确保用户需求得到满足。
- 无效问题引导：当用户提出无效或不明确的问题时，数字人引导用户重新提问或寻求客服帮忙，从而保持互动的流畅性。

通过这些分类，数字人直播间的互动问答可以更系统、更有针对性地进行，不仅提升了用户体验，还增强了直播内容的丰富性和互动性。

3. 互动问答的特点

受益于技术的进步，数字人直播间的互动问答功能得到了显著提升。先进的人工智能和自然语言处理技术，使得数字人能够更加精准地理解用户的提问，并生成更为自然、贴切的回复。

这不仅提升了数字人互动问答的智能化程度，还大大增强了系统的稳定性，提高了系统的响应速度，使直播间的互动体验更加顺畅、个性化和高效。在应对复杂的用户需求时，数字人能够表现得更加出色，为观众提供更为沉浸、独特和有趣的互动体验。

数字人直播间的互动问答具有以下几个显著的特点和优势：

- 实时性与高效性：数字人能够实时回应直播间用户提出的问题，无须等待人工客服的响应。这种实时性提高了用户的满意度和参与度，确保了互动的连续性和流畅性。
- 智能化与自动化：依托于先进的人工智能技术，数字人能够通过AI技术理解用户的提问，并生成相关答案。
- 多渠道互动：数字人可以在多个渠道（如公屏、私屏、公告等）与用户进行互动，确保不同类型的用户都能获得所需的信息。
- 个性化与定制化：通过分析用户的历史行为和偏好，数字人可以提供个性化的问答体验，增强用户黏性。
- 持续性与可预测性：数字人不会因为疲劳或情绪波动而影响互动质量，其持续性保证了直播的稳定性。
- 高可扩展性：数字人的互动问答功能可以根据直播间的需求进行灵活扩展，确保数字人能应对不断变化的观众需求。

以上这些特点使得数字人直播间的互动问答不仅能有效应对大规模观众的需求，还能提供独特而富有吸引力的互动体验。这种互动性不仅能帮助直播间吸引并留住用户，还能进一步促进转化率和销量的提升。

4. 互动问答的发展与挑战

数字人直播间的互动问答具有很多优势。直播间用户从被动的内容接受者转变为积极的参与者，能够实时表达观点并得到数字人的回应。这种双向互动不仅提高了直播间的活跃度，还增强了用户的归属感与忠诚度。基于用户的提问和互动数据，数字人可以实时调整回复内容，提供个性化服务，在提升用户观看体验的同时，还增强了直播内容的针对性和有效性。此外，通过分析用户的互动内容，商家能快速了解消费者的需求和痛点，从而优化产品和营销策略，使数字人直播成为品牌与消费者之间的重要沟通桥梁。

然而，尽管数字人直播互动问答具有显著优势，但它同样面临诸多挑战。在技术层面上，现有的技术水平对互动问答的精确度和可靠性提出了挑战。对于预生成的答案来说，由于问题和答案的匹配度较低，导致互动问答的准确性和召回率较差。这种匹配度不足的问题尤其明显，当用户提出的问题稍有变动或涉及较为复杂的情境时，预生成的答案往往无法满足用户的期望，进而影响用户的体验。

对于依赖 AI 自动生成答案的场景，构建一个涵盖行业领域的知识库是必不可少的。这不仅需要投入大量时间和资源，还涉及对特定领域的专业知识进行深入挖掘和整理。这种知识库的构建是一个烦琐且持续的过程，任何更新或补充都可能带来额外的工作量。此外，AI 自动生成的答案虽然可以提高互动的即时性，但如果不能进行实时审核，可能会导致在直播过程中触发平台的封禁规则，例如包含敏感词汇或不适当内容，从而对直播的合规性构成威胁。

用户隐私也是一个不可忽视的挑战。在互动问答过程中，用户往往需要提供一些个人信息或表达私人观点，这些信息在未经妥善保护的情况下，可能会被滥用或泄露。因此，如何在提供个性化服务的同时，确保用户隐私的安全，成为数字人直播互动问答亟待解决的关键问题。

综上所述，虽然数字人直播互动问答能够显著提升观众参与度并提供个性化服务体验，但在实际应用中，技术限制、知识库建设的复杂性、平台规则的合规性以及用户隐私保护等方面的挑战，都是该技术进一步发展所需克服的难点。这些挑战既反映了当前技术的不足，也为未来的技术创新和改进提供了重要方向。

14.3.2 基于关键词检索的互动问答实现

在数字人直播间的最早期，互动问答主要依赖于离线预生成的响应机制。具体而言，常见问题的回答通常由人工编写或借助 AI 工具提前准备，并在直播前进行设置。这种方法特别适用于处理常规性和重复性的问题，不仅能够确保回答的准确性，还能有效减轻系统在实时交互中的计算负担。

1. 基于 Elasticsearch 的关键词检索

Elasticsearch 作为一种高效的分布式搜索引擎，能够快速索引和检索大量文本数据。在 Elasticsearch 5 之前的版本，其文档评分机制基于 TF-IDF 模型实现。从 Elasticsearch 5 之后，默认相似度算法使用 BM25 模型实现。

BM25 是一种概率信息检索模型，它基于与查询的相关性对文档进行排名。作为传统 TF-IDF 模型的优化改进，BM25 在许多检索任务中表现出色，因此被广泛应用。下面是基于 ES 关键词检索的示例的核心代码：

```python
def es_query(index_name, search_query, size):
    logger.debug(f"{index_name=} {search_query=} {size=}")
    res = es_client.search(index=index_name, body=search_query, size=size)
    if len(res['hits']['hits']) < 1:
        logger.error(f"NOTHING FOUND FOR {search_query}")
```

```python
        raise ValueError(f"NOTHING FOUND FOR {search_query}")
    return res
def query_by_keyword(index_name, keyword, size=1):
    """
    通过回答的文本匹配问答 URL
    :param index_name:
    :param keyword:
    :param size:返回个数
    :return:
    """
    # 进行关键词搜索，搜索文本和关键词字段
    search_query = {
        'query': {
            "multi_match": {
                "query": keyword, "fields": ["text", "keyword"],
                "operator": "or"
            }
        }
    }
    try:
        sub_hits = es_query(index_name, search_query, size=size)
    except Exception as err:
        logger.exception(err)
        return []
    return sub_hits
```

这段代码的核心功能是从 Elasticsearch 索引中搜索与给定关键词相匹配的文档，并返回查询结果。es_query 函数处理了通用的查询逻辑和错误处理，而 query_by_keyword 函数则封装了具体的关键词搜索逻辑。

2. 基于 Rank-BM25 的关键词检索

Rank-BM25 是一个基于 Python 的开源项目，实现了经典的 BM25 算法。该项目为用户提供了一组算法工具，能够在大量文档中高效检索出与查询匹配度最高的结果。下面通过一个简单的示例，展示如何在关键词检索场景中应用 BM25 算法。

首先，安装 Rank-BM25 和 jieba 库，jieba 库用来处理中文分词。

```
pip3 install rank_bm25 jieba
```

导入相关库并定义语料库后，对语料库进行分词处理。使用函数 jieba.lcut_for_search() 对每个文档进行分词，该函数返回一个列表，其中每个元素代表句子中的一个词。

```python
import jieba
from rank_bm25 import BM25Okapi

corpus = [
    "我们发顺丰快递。",
    "我们的包裹是从北京发货的。",
    "我们的商品都是有正品保障的，支持七天无理由退换货。",
    "护手霜男女生都适用，适用效果非常好。",
]
```

```
tokenized_corpus = [jieba.lcut_for_search(doc) for doc in corpus]
```

使用分词后的语料库来初始化 BM25Okapi 模型。这个模型会基于 BM25 算法对文档进行索引，以便后续根据查询进行文档排序。

```
bm25 = BM25Okapi(tokenized_corpus)
```

定义一个简单的查询"快递？"，并对查询进行分词，得到 tokenized_query，这是一个词的列表。

```
query = "快递？"
tokenized_query = jieba.lcut_for_search(query)
```

计算每个文档与查询的相似度分数。输出的是一个与语料库长度相同的列表，每个值代表对应文档的得分。

```
doc_scores = bm25.get_scores(tokenized_query)
print(doc_scores)
```

获取最相关的文档，返回与查询最相关的前 n 个文档，这里 n=1。

```
results = bm25.get_top_n(tokenized_query, corpus, n=1)
print(results)
```

最后得到输出结果，如下所示。

```
['我们发顺丰快递。']
```

可见，通过 BM25 算法，我们能够对一组文档进行评分，并返回最相关的结果。首先，对语料库和查询进行分词处理，以提高匹配的精度。接着，使用 BM25 模型计算查询与各文档之间的相似度得分。最后，根据得分筛选出与查询最相关的文档并返回。

14.3.3 基于 RAG 向量库检索的互动问答实现

在传统的关键词检索中（如 BM25 算法），模型依赖于对文本进行分词，并基于词频和逆文档频率计算文档与查询的相似度。然而，随着自然语言处理技术的发展，向量检索逐渐成为主流。

向量检索通过将文本映射为高维向量，利用向量之间的距离来度量语义相似性。这种方法不仅能够处理关键词匹配，还可以捕捉到更深层次的语义关系，使得检索结果更加精确和符合用户意图。

根据 14.1 节中的 RAG 知识库构建流程，在将资料离线存储到向量数据库中后，可以进行实时在线问答。以 FAISS 库为例，用于处理向量检索任务的核心代码如下：

```
def get_similarity_search(question, k=3):
    top3_results = faiss.similarity_search(question, k=k)
    return top3_results
```

在这个函数中，参数 question 表示要进行相似性搜索的查询或问题。它通常是一个文本字符串，代表用户输入的内容。参数 k 是一个整数，表示返回的相似文档的数量，默认值为 3，意味着默认情况下，函数将返回与查询最相似的前 3 个结果。当普通向量检索效果不佳时，可以采用 Rewrite 和 Rerank 技术进行优化。

Rewrite 技术侧重于从问题的角度对查询进行改写，以提高与检索目标的匹配度。具体来说，它通过改写或扩展问题的表达方式，使检索系统能够更准确地理解用户的意图，从而提升检索结果的相关性。

而 Rerank 技术则关注对已检索出的答案进行重新排序。它通过对初步检索结果进行进一步的评分和排序，确保最终呈现给用户的答案是最相关的。这两种技术相辅相成，能有效提升向量检索的整体效果。

14.3.4 基于 RAG 混合检索的互动问答实现

在关键词检索和向量检索各自优势的启发下，混合检索方法应运而生，结合了两者的优点。关键词检索通过精确的匹配提高了检索效率和可解释性，而向量检索则通过语义理解增强了检索的准确性和上下文捕捉。混合检索通过利用关键词检索的高效性和向量检索的语义深度，能够生成更全面和准确的检索结果。这种方法在处理复杂查询时，能有效克服单一方法的局限，提供更优质的用户体验。

而倒数秩融合（RRF）作为一种排名聚合方法，可以将多个检索模型的排名合并，生成一个统一的排名结果。特别是在 RAG 系统中应用时，不同的检索模型会生成不同的文档排名，RRF 可以将这些排名融合为一个统一的结果。

RRF 中常用的 k 值为 60，这是一个经验值。尽管 $k = 60$ 是常用的选择，但最佳值可能因具体应用和数据特性而异。某些系统可能需要调整这个参数以获得更好的表现。

使用 RRF 的工作流程，一般包括如下几个步骤：

①用户查询：用户输入一个查询。

②多重检索器：查询被发送到多个检索器，这些检索器可能使用不同的检索模型（如密集检索、稀疏检索、混合检索）。

③独立排名：每个检索器对相关文档进行排名。

④ RRF 融合：使用 RRF 将所有检索器的排名结果合并。

⑤生成最终排名：根据 RRF 分数生成一个统一的文档排名。

⑥生成答案：生成模型使用排名最高的文档生成最终答案。

根据 RRF 的原理和公式，可以给出 RRF 的定义代码如下：

```
def reciprocal_rank_fusion(datasets, doc, k=60):
    """
    RRF 算法
    datasets = {
    "query1": ['doc1', 'doc2', 'doc3'],
    "query2": ['doc2', 'doc3', 'doc4'],
    }
    :param datasets:
    :param doc:
    :param k:
```

```python
    :return:
    """
    queries = list(datasets.keys())

    def result_func(q):
        return datasets[q]

    def rank_func(results, d):
        return results.index(d) + 1

    rank_score = 0.0
    for q in queries:
        results = result_func(q)
        if doc in results:
            rank = rank_func(results, doc)
            rank_score += 1.0 / (k + rank)
    return rank_score
```

在混合检索中，假设通过关键词检索 query_by_keyword 和向量检索 query_by_vector 方法，分别查询到了关键词检索和向量检索的结果集。关键代码如下：

```python
# 关键词检索
kw_responses = query_by_keyword(question, size=5)
# 向量检索
vec_responses = query_by_vector(question, k=5)
```

利用 RRF 算法将两个结果集的排名合并和同质化为单个结果集，并最终返回得分最高的内容。代码如下：

```python
kw_responses = ['doc1', 'doc2', 'doc3', 'doc4', 'doc5']
vec_responses = ['doc2', 'doc3', 'doc5', 'doc6', 'doc7']
k = 60
datasets = {
    "kw": kw_responses,
    "vec": vec_responses
}

docs = []
for key, values in datasets.items():
    docs.extend(values)

scores = {}
for doc in docs:
    score = reciprocal_rank_fusion(datasets, doc, k=60)
    scores[doc] = score

sorted_scores = sorted(scores.items(), key=lambda item: item[1], reverse=True)
hit_text = sorted_scores[0][0] if len(sorted_scores) > 0 else None
print(hit_text)
```

最后得分最高的结果为：

doc2

RRF 是 RAG 系统中一种强大的排名聚合工具，能通过有效结合多个检索器的排名结果，生成更加稳健和相关的文档排名。

14.3.5 基于大语言模型微调的互动问答实现

在直播间互动问答场景下，通常采用"提示词+RAG知识库"的解决方案，并通过关键词检索、向量检索以及混合检索等技术方法来优化信息检索的准确性和效率，从而达到理想的效果。然而，随着问答场景的复杂化以及检索需求的多样化，目前仍然存在一些挑战和优化空间，例如复杂提示的不稳定性、边界处理不完善以及回答风格基调不理想等问题。

在这种情况下，大模型微调成为关键技术之一。通过对大规模预训练模型进行定制化微调，可以针对特定领域或任务进行优化，从而解决上述潜在问题，并进一步提升推理效果。大模型微调不仅增强了模型在特定任务上的表现，还能够综合考虑语义理解和上下文信息，实现更智能、更精准的检索和推荐。这种方法弥补了传统检索方法在处理复杂查询时的不足，为用户提供了更加全面和个性化的服务。

关于大模型的微调，可参考本书第9章的内容，这里不再赘述。

14.4 小结

本章首先阐述了检索增强生成（RAG）知识库的基本概念及其构建流程，包括如何通过向量化技术将大量文档转化为可检索的知识库。然后，详细说明了构建过程中的关键步骤，如数据预处理和向量存储与检索。最后，讨论了RAG技术的未来发展方向和面临的挑战，这些挑战不仅推动了RAG技术的创新和优化，也为其在更广泛的应用场景中带来了新的机遇。

接下来，本章进一步探讨了多种优化技术以提升RAG知识库的性能。这包括非结构化文档解析技术、文档分块策略、中文Embedding优化的应用以及Rewrite和Rerank技术在提高检索精度中的作用。特别是在混合检索策略的应用方面，本章展示了如何结合不同技术优化信息检索的效果，以提升系统的整体表现。

最后，本章通过对数字人直播间互动问答项目的全面分析，揭示了当前技术应用的实际效果及面临的挑战，展示了3种检索方法（关键词检索、向量库检索和混合检索）的实际应用效果，并引入了基于大语言模型（LLM）的微调技术，最终实现了理论与实践的有效结合。

CHAPTER 15

第 15 章

数字人直播间数据分析 Text2SQL

本章将以数字人直播间经营数据为例,首先简单探讨数据分析的本质,然后介绍常见的数据分析思维。通过离线和实时两种数据分析场景,我们将总结常见的企业级大数据分析流程和架构方案。最后,我们将利用大型语言模型开发基于 Text2SQL 的辅助工具,帮助业务人员更轻松地进行数据分析,实现用自然语言进行数据库的交互查询,从而将时间和精力聚焦在主业务上,取得更好的业绩。

本章主要涉及的知识点有:

❑ 数据分析的本质:取之于业务,用之于业务。
❑ 数据分析的思维和方法论:掌握常见的数据分析思维和方法论。
❑ 数字人直播间数据分析 Text2SQL 项目实战:简要了解 Text2SQL 技术及其开源项目,并结合数字人直播间数据分析项目的实战经验,掌握大语言模型在数据分析中的实际应用。

15.1 数据分析的本质

在人类进化过程中,很早就出现了数据分析的案例。不同的时期,人们对数据分析的需求也不同。最初是为了生存,后来是为了安全。随着时间的推移,数据分析的需求不断演变,数据分析如今被广泛应用于商业活动中,通过分析和挖掘有价值的信息,辅助决策、降低成本、提高企业利润以及实现个人的自我价值。

2019 年是国内外大数据发展的高峰期。国内推出的一部古装悬疑剧《长安十二时辰》中提到了一种独创算法"大案牍术",由靖安司徐宾发明。该算法利用案牍中记录的各种信息(以人口档案信息为主),通过梳理分析人物的习惯和爱好,发掘有用的信息,准确推断事情的真相。这种大案牍术可以被视为剧中唐朝的大数据分析、信息挖掘和预测平台。

自古至今,人们一直在利用数据和分析数据,但不同的时期对数据的需求各不相同。

在旧石器时代，部落在树枝或猎物的骨头上刻下凹痕来记录食物交易信息，以估算食物可维持的时间。在春秋时期，人们已经意识到"天道皇皇，日月已为常"，因此遵守规律，日出而作，日落而息。而在现代社会中，商业智能（Business Intelligence）被认为是第一次将数据分析用于商业目的的研究。

从人类生存和社会活动的发展来看，数据分析需求的发展与马斯洛需求层次也是比较吻合的，马斯洛需求层次理论如图15-1所示。马斯洛认为，人的需求由生理需要、安全需要、社会需要、尊重需要和自我实现五个等级构成。数据分析需求的演进也可以对应这一理论，从最初为了生存，到后来为了安全。

在商业活动中，数据分析完成了大数据应用的闭环。在全球企业数字化转型的浪潮中，数据分析发挥出更大的作用，不仅可以用不同的数据分析思维帮助企业理解客户需求、优化运营和提高效率，还可以为决策提供可靠的依据。通过数据分析，企业可以更好地了解市场趋势、预测需求、降低风险，并实现持续的创新，维持竞争优势。

图 15-1 马斯洛需求层次理论

15.2 数据分析的思维和方法论

15.2.1 费米估计

在科学研究中，存在这样一类估算问题，在初次接触时，人们可能会觉得已知条件太少，无法得出答案。然而，通过对分析对象进行常识性知识替换，问题就会迎刃而解，这就是费米问题，用来对给定信息有限的问题做出清晰的验证估算。

1. 费米估计的起源

1945年世界上第一颗原子弹爆炸时，费米在感觉到震波的同时，把举过头顶的笔记本碎纸屑松开，碎纸屑落在身后2.5米的距离。通过心算后，费米得出结论，认为原子弹的能量相当于10000吨TNT的量。后来通过精密科技仪器的计算，证明了费米的估算是正确的。类似的问题还有：

❏ 地球的周长是多少

使用费米估计的解决方法是：已知纽约到洛杉矶的距离约3000英里[⊖]（陆地开车的线路距离），时差为3小时，而一天（即地球自转一周）的时间为24小时，即3小时的8倍。所以，地球的周长就是3000乘以8，等于24000英里。与精确值24902.45英里相比，该结果的误差不到4%。

⊖ 1英里 = 1.609344千米。

❑ 芝加哥有多少钢琴调音师

使用费米估计的解决方法是：如果芝加哥居民有 300 万人，平均每户 4 人，拥有钢琴的家庭占 1/3，则全市有 250000 架钢琴。如果一架钢琴每 5 年调音一次，则全市每年有 50000 架钢琴要调音。如果一个调音师一天能调 4 架钢琴，一年工作 250 天，那么芝加哥市大约有 50 个调音师。

2. 费米估计的原理

费米估计的原理是，将给定少量信息的复杂估算问题，拆解成已知的常识性小问题，进而进行计算得到结果。因此，解决费米估计的关键主要有两个方面：

- ❑ 拆解问题：将未知的复杂问题拆解成已知结果的简单子问题。如何拆解呢？可以使用麦肯锡分析思维中的议题树（也叫逻辑树或 MECE 原则）。这样可以做到不重不漏，把复杂问题层层拆解为简单的子问题。
- ❑ 准确的常识数据：拆解的子问题必须确保是客观的或有实际生活经验的数据支撑，切不可凭空捏造。这样可以确保我们的分析和推断建立在可靠的基础上，避免主观臆断或虚构的情况发生。

3. 费米估计的步骤

下面是一个具体的费米估计案例分析。假设某个创业团队计划开展外卖业务，请帮忙进行分析：在北京地区，需要多少个骑手才能满足用户的外卖需求。

（1）明确问题

根据需求，需要计算并分析出北京地区的骑手数量。对于一家外卖平台，提前估算所需的骑手人数可以节省人力资源成本，并为业务提供决策依据，如定价、订单分发、补贴和骑手支出等。

（2）问题拆解

为了计算出北京地区所需的骑手数量，我们将问题转化和拆解为：北京地区每天的外卖需求量是多少？一个骑手一天能够完成多少单任务？一个骑手完成一单任务所需的时间是多少？（每单任务所需的时间 = 骑手到商家的时间 + 排队等待时间 + 配送时间 + 等待用户的时间）

（3）明确常识性数据

根据北京市政府公布的数据，2022 年年末全市常住人口为 2184.3 万人；根据中国智慧城市服务平台发展报告，2021 年网民渗透率达 90% 以上，此处记为 90%；外卖的目标用户锁定在 20～40 岁人群，假设这部分人群占比为 50%，则：

目标人群规模：2184.3 万人 × 90% × 50% ≈ 982.9 万人

目标人群需求频率：每人平均 5 天点 1 次外卖

骑手每天的有效工作时间：假设 10 小时，不包括吃饭和休息时间

骑手到商家的距离：正常是 3km 以内，默认取 3km 为基数

骑手的速度：以电动车限速 25km/h 计算

排队等待时间：一般等待 10～20 分钟，取均值 15 分钟，即 0.25 小时

商家到用户的距离：正常是 3km 以内，默认取 3km 为基数
等待用户的时间：大部分外卖是送餐上门，等待用户的时间为 0 小时
（4）设计计算公式
所需的骑手总数 = 每天订单总数 / 每人每天可配送的订单数
（5）计算并得出结果

每天订单总数 = 目标人群规模 × 目标人群需求频率 = 982.9 万人 × $\left(\frac{1}{5} 单/人\right)$ = 196.58 万单
每人每天可配送的订单数 = 每天有效工作时间 / 完成一个订单需要的时间
= 每天有效工作时间 /（骑手到商家的时间 + 排队等待时间 + 配送时间 + 等待用户的时间）
= 每天有效工作时间 /（骑手到商家的距离 / 骑手的速度 + 排队等待时间 + 商家到用户的距离 / 骑手的速度 + 用户等待时间）
= 10 /（3/25 + 0.25 + 3/25 + 0）
≈ 20.4 单
所需的骑手总数 = 每天订单总数 / 每人每天可配送的订单数
= 196.58 / 20.4 × 10000
≈ 96363 人
最终的结论是：北京地区需要大约 9.6 万名外卖骑手。

15.2.2 辛普森悖论

在现实生活中，我们常常会遇到这样一种现象，当尝试研究两个变量是否具有相关性的时候，会进行分组研究。然而，在分组比较中都显示非常有优势的一方，在总评时却成了失势的一方。

直到 1951 年，英国统计学家 E.H. 辛普森发表论文对此现象做了描述解释，后来人们就以他的名字命名该现象，即辛普森悖论。

1. 辛普森悖论的数学原理

有 a、b、c、d 四个变量，分成 1 组和 2 组，在 1 组比率占优势的情况下，总体占优势却不成立。辛普森悖论的数学表达式如下：

$$\begin{cases} \dfrac{a_1}{b_1} > \dfrac{a_2}{b_2} \\ \dfrac{c_1}{d_1} > \dfrac{c_2}{d_2} \end{cases} \Rightarrow \dfrac{a_1 + c_1}{b_1 + d_1} > \dfrac{a_2 + c_2}{b_2 + d_2}$$

接下来，我们来看一个实际案例。假设某平台对 6 月和 7 月活跃人群的活跃时长进行了对比。结果显示，虽然男性用户和女性用户的活跃时长在 7 月都有所上升，但整体上，7 月的活跃时长却低于 6 月。出现这种现象可能的原因是什么？

先看下面这组示例数据，见表 15-1。

表 15-1 辛普森悖论示例数据

月份	性别	比例	平均时长（单位：小时）	整体平均结果
6月	男	20%	1.2	1.44
	女	80%	1.5	
7月	男	60%	1.3	1.42
	女	40%	1.6	

通过分析数据，我们可以迅速找出导致这一现象的原因。在 6 月，活跃男性用户占比为 20%，其平均使用时长为 1.2 小时；而活跃女性用户占比为 80%，其平均使用时长为 1.5 小时。因此，6 月的整体使用时长为 1.44 小时。对于 7 月，假设活跃男性用户占比上升至 60%，平均使用时长为 1.3 小时；活跃女性用户占比降至 40%，平均使用时长为 1.6 小时。那么，7 月的整体使用时长计算为 1.42 小时。尽管 7 月的男女用户平均使用时长有所增加，但整体使用时长却有所下降，这表明问题主要出现在活跃男女用户的比例变化上。

2. 如何避免出现辛普森悖论

辛普森悖论无法完全避免，尤其是在复杂的实际生产环境中。由于各种潜在变量的存在，单纯依赖统计学推导因果关系往往难以实现精确分析。尽管我们可以通过细化数据画像来提高准确性，但无法排除其他分类方式和理论上的无限潜在变量。

为了尽量减少辛普森悖论的影响，我们应当深入研究各种可能的影响因素，避免笼统地看待问题。尤其是在数据分析过程中，细化数据拆解能够显著提升分析效果。一种有效的策略是对个别分组的权重进行斟酌，以一定系数消除因分组基数差异所造成的影响。同时，需要综合考虑是否存在其他潜在因素，并进行综合分析。

虽然不能从根本上消除辛普森悖论，但至少我们可以理解：在因果关系的研究中，量与质并非等价。尽管量比质更易测量，人们往往习惯用量来评定结果的好坏，但这并不一定代表数据的全面性或重要性。

15.2.3 必知必会的两个原则

在解决数据分析问题和优化数据分析工作流程时，有两个必知必会的原则，它们分别是帕累托原则和 MECE 原则。这两个原则对于有效地分析和解决问题至关重要，有效地应用这两个原则，能够引导我们以系统化的思维和方法论来处理复杂问题。这不仅提升了工作效率，也确保在面对复杂数据分析挑战时，我们能够从容应对，并制定出最佳的解决方案。

1. 帕累托原则

什么是帕累托原则呢？其实就是我们耳熟能详的二八原则，也叫巴莱特定律、朱伦法则（Juran's Principle）、关键少数法则（Vital Few Rule）、不重要多数法则（Trivial Many Rule）、最省力的法则、不平衡原则等，被广泛应用在商业活动分析中。

帕累托原则，从宏观层面出发，强调在任何问题中 80% 的成果通常来自 20% 的关键因素。通过识别这些核心因素，能够更有效地把握问题的重点与核心。

例如，当我们面对一系列庞杂的数据或问题时，如果逐一穷尽地去解决，可能会耗费大量时间和精力，甚至让人感到难以完成。然而，运用帕累托原则，我们可以迅速识别出关键因素与次要因素，从而有效地确定问题解决的优先级。通过优先解决主要问题，随后再处理次要问题，不仅能够提高效率，还能更有针对性地推动整体进展。

根据一些学者的研究，对于帕累托原则，普遍有这样一些被认可的结论：
- 80% 的销售额来自 20% 的渠道。
- 80% 的订单来自 20% 的顾客。
- 80% 的营业利润来自 20% 的成交订单。

在进行数据分析时，我们最容易犯的错误就是被平均数迷惑，聪明的人往往不会只关注平均值。通过运用二八原则审视数据，在实际业务中你会发现很多意想不到的问题和机遇，这些情况有好有坏，但往往会成为解决问题的突破口和契机，值得我们去重视并加以利用。

2. MECE 原则

MECE（Mutually Exclusive Collectively Exhaustive）原则的含义是拆解问题时要做到相互独立，完全穷尽。这确保了问题拆解的全面性和系统性。保证信息分类的相互独立和覆盖所有可能性，能帮助我们系统化地组织思路，确保分析过程的全面性和准确性。

通常在遇到复杂的问题或面对关键性的顶层指标时，为了避免以偏概全或因重叠而无法理清问题的真正原因，我们会选择使用 MECE 原则进行问题的系统化拆解。

以销售某产品为例，假设某天产品的 GMV 出现了大幅波动，下降幅度超出了预期。在这种情况下，如何运用 MECE 原则来进行分析呢？

第一步，明确当前的问题，GMV 下降，且超出预期，并非数据错误。那么，我们的目标就是找出问题的根本原因，并提出优化建议。

第二步，找到符合 MECE 原则的切入点，进行分类分析。这里我们可以使用公式法对问题进行拆解。

```
GMV = 订单数 × 客单价
    = (渠道 A 订单数 × 转化率 + 渠道 B 订单数 × 转化率 +…+ 渠道 N 订单数 × 转化率) × 客单价
    = (渠道 A 流量 × 转化率 + 渠道 B 流量 × 转化率 +…+ 渠道 N 流量 × 转化率) × 客单价
    = …
```

通过这样的拆解，我们可以系统性地分析各个环节，找到 GMV 下降的具体原因，并为优化方案提供科学依据。

15.2.4 三种思考模型

数据分析的核心是思维分析模型。我们都知道，程序 = 算法 + 数据。在数据分析领域，数据分析 = 思维模型 + 数据。对于数据分析来说，真正重要的两个因素是思维模型和数据，其余的工具只是帮助我们完成数据分析的辅助手段，如 Excel、SQL 和 Python 等，它们只是在不同场景下拥有不同效率的工具。

有效的数据分析思维模型能够将复杂问题简化，帮助我们条理清晰地梳理复杂关系，并对问题进行全面系统的思考。下面介绍 3 种常用思维模型。

1. 5W2H 模型

5W2H 模型，也被称为七问分析法，最早由美国陆军兵器修理部在二战期间首创。该模型以其简单、直观且易于理解和使用的特点，具有很强的启发性，广泛应用于企业管理和技术活动。此外，5W2H 模型在决策和执行过程中也非常有帮助，有助于弥补在问题考虑方面的疏漏。5W2H 模型的具体解释如下：

① WHY：为什么？为什么要这么做？理由何在？原因是什么？
② WHAT：是什么？目的是什么？做什么工作？
③ WHO：谁？由谁来承担？谁来完成？谁负责？
④ WHEN：何时？什么时间完成？什么时机最适宜？
⑤ WHERE：何处？在哪里做？从哪里入手？
⑥ HOW：怎么做？如何提高效率？如何实施？方法怎样？
⑦ HOW MUCH：多少？做到什么程度？数量如何？质量水平如何？费用产出如何？

在数据分析中，5W2H 可以作为一个有效的框架，帮助分析师系统化地思考问题，确保分析的全面性和深度。

2. 金字塔模型

金字塔模型由美国匹兹堡大学商学院的 John E. Prescott 教授提出，主要用于对竞争对手进行跟踪分析，是企业进行竞争对手监测的指导工具。Prescott 的金字塔模型提供了"竞争信息到竞争决策"的系统化思路。

特别推荐大家阅读《金字塔原理》这本书，它内容全面，详细解释了为什么要使用金字塔模型（包括归类分组、自上而下表达和自下而上思考）、金字塔模型的内部结构（纵向关系、横向关系和序言结构）、如何构建金字塔（自上而下法、自下而上法），以及推理与归纳的思考逻辑。

金字塔原理的核心在于通过逻辑的表达、思考和演示来解决问题。它的 4 个基本特征是：结论先行、以上统下、归类分组和逻辑递进。

3. 鱼骨图模型

鱼骨图，又被称为特性因素图或石川图，由日本管理大师石川馨先生创立。鱼骨图是一种用于发现问题"根本原因"的工具，因此也被称为"因果图"。

在实际工作中，鱼骨图常用于会议讨论和头脑风暴，能够帮助团队有效地梳理和分析问题，找出问题的核心原因，从而更好地制定解决方案。

假如某工厂在某段时间内产品不良率突然升高，为找出原因，部门紧急召开会议并采用鱼骨图分析法展开讨论。通过从人员、机器、方法、材料、环境和其他原因等 6 个方面进行深入分析，使用排除法、定性分析以及产品数据的定量分析，最终找到了产品不良率升高的原因。这一过程不仅提高了问题识别的精确度，还为制定有效的解决方案奠定了基础。

15.2.5 四大战略分析工具

战略,最早主要用于军事领域,意指战争("战")与谋略("略")的结合。战略被认为是一种长远规划,旨在设定宏大的目标,并通过全局视角进行系统性规划。战略的制定离不开深入的战略分析,通常涉及对各类因素的全面收集与分析,从而最终达成一个可实现的目标。

例如,在我国古代,由于战火连绵,精通军事战略的人常常成为改变历史的关键人物。像《孙子兵法》这样的经典著作,通过从道、天、地、将、法5个方面进行军事战略分析,成为流传千古的军事宝典。

随着近现代社会的和平发展,战略分析的应用已不再局限于军事领域,而是扩展至经济、教育和企业管理等领域。特别是在企业管理和营销方面,战略分析被视为一种科学的分析工具,可以明确企业的发展方向并优化业务模式。通过建立正确的决策机制,企业得以不断提升其核心竞争力。

接下来将重点介绍四大常用的战略分析工具,这些工具会频繁地被数据分析师使用。

1. SWOT 模型

SWOT是一种常用的战略分析模型,用于评估和研究某一目标或项目的内部优势和劣势,以及外部机会和威胁。

① S(Strengths):优势。
② W(Weaknesses):劣势。
③ O(Opportunities):机会。
④ T(Threats):威胁。

使用SWOT可以研究某一目标的各种内部优势、劣势和外部的机会与威胁。步骤是通过调查分别将上述因素列举出来,并依照矩阵形式排列,然后用系统分析的思想,把各种因素相互匹配起来进行分析,从中得出一系列具有一定决策性的结论。运用这种方法,可以对研究对象所处的情景进行全面、系统、准确的研究,从而根据研究结果制定相应的发展战略、对策等。

一般来说,当公司新开发一款产品,或者需要进行竞品分析的时候,SWOT分析都是比较好的工具。

2. BCG 矩阵

波士顿矩阵,也称为市场增长率—相对市场份额矩阵、波士顿咨询集团法、四象限分析法、产品系列结构管理法等。该矩阵通过市场引力与企业实力两个关键因素,帮助企业评估产品结构的合理性。

市场引力主要包括市场销售增长率、竞争强度和利润水平等指标,其中销售增长率作为综合反映市场引力的重要指标,是决定产品结构是否合理的外部因素。

企业实力则包括市场占有率、技术水平、设备与资金利用能力等要素,其中市场占有率直接反映企业的竞争实力,是影响产品结构的内部关键因素。

销售增长率和市场占有率相互作用、相辅相成，高市场引力与高市场占有率表明产品具备良好的发展潜力和企业实力。若市场引力大但市场占有率低，则企业可能面临发展挑战；反之，企业实力强但产品的市场引力小，市场前景也不乐观。

3. 波特五力模型

波特五力模型是迈克尔·波特（Michael Porter）在20世纪80年代初提出的经典战略管理工具。他指出，行业中的5种关键力量共同决定了竞争的强度与广度，从而影响整个行业的吸引力以及企业的竞争战略决策。这5种力量包括：行业内现有竞争者的竞争实力、潜在进入者的威胁、替代品的替代能力、供应商的议价能力以及购买者的议价能力。

波特五力模型主要用于分析行业竞争环境，它提供了一种静态的行业盈利能力和吸引力的评估方法。通过五力分析，企业可以更清晰地理解行业中的竞争动态，从而制定更有效的竞争战略。然而，这一模型侧重于对行业整体盈利空间的衡量，而非针对个别企业能力的评估。

4. PEST 模型

PEST是一种用于分析企业宏观环境的模型，它涵盖了企业所处的外部环境因素，这些因素通常不受企业的直接控制。

（1）P（Politics）：政治

政治会对企业监管、消费能力以及其他与企业有关的活动产生十分重大的影响。一个国家或者地区的制度、政策、体制和法律法规，常常制约和影响着企业的长期发展。

（2）E（Economy）：经济

指国民经济发展的总概况，比如GDP、人均国民收入、利率和汇率等。企业经常需要从短期和中长期等角度来看待全球或者一个国家的经济与贸易。

（3）S（Society）：社会

指整个社会发展的一般状况，主要包括社会道德风尚、宗教信仰、文化教育、人口变动趋势、价值观念和社会结构等。不同国家和地区的社会与文化对企业的影响是不尽相同的，但对于企业的发展来说，这些因素至关重要。

（4）T（Technology）：技术

指社会技术总水平及变化趋势。技术变迁、技术突破等都会对企业产生影响。科技不仅是全球化的驱动力，更是企业的竞争优势所在。

15.2.6 五大生命周期理论

自古以来，人类从未停止对宇宙的探索。从陆地到海洋，从天空到宇宙，再到暗物质和黑洞，尽管我们仍然对宇宙和生命充满未知与迷茫，但在探索过程中，人类总结出了许多关于生命周期的理论。简而言之，生命周期指的是万事万物的始末循环。例如，人类会经历生老病死，花朵会经历花开花落，宇宙中的一切都在进行着有始有终的周期性演变。

老子在《道德经》中说"道生一，一生二，二生三，三生万物。"这句话表达了万物变幻的规律，最终回归本源。如今，生命周期的概念被广泛应用于社会、政治、经济、企业和技术等领域。通俗地说，生命周期就是事物从诞生到消亡的过程。

接下来将介绍数据分析领域中常见的五种生命周期理论，分别是企业生命周期、产品生命周期、用户生命周期、技术生命周期和数据生命周期。

1. 企业生命周期

美国《财富》杂志报道，美国中小型企业的平均寿命不足 7 年，而在中国，这一数字仅为 2.5 年。如果你是创业者或求职者，必然会对此高度关注。作为创业者，你需要深入思考如何确保企业的持续生存，甚至打造一个伟大的百年企业；作为求职者，你需要谨慎评估企业的前景，因为这直接影响到你的职业选择和未来的生存保障。

什么是企业生命周期？简单来说，企业生命周期就是企业创建与成长的动态轨迹，包括初创期、成长期、成熟期、衰退期和死亡期。

在《企业生命周期》一书中，伊查克·爱迪思把企业生命周期分为 10 个阶段，即孕育期、婴儿期、学步期、青春期、壮年期、稳定期、贵族期、官僚化早期、官僚期和死亡。他生动准确地总结出了企业不同发展阶段的特征，并给出了相应的应对策略，推荐大家阅读这本书来了解详细内容。

企业生命周期与数据分析有什么关系呢？当然有重大的关系了。我们知道企业在不同的发展阶段，从企业战略规划来看，其短中期目标是不一样的，比如企业初期更看重快速占领市场份额和获取更多的流量，而不太关注利润；在成长期，企业可能既要注重市场发展，又要打磨产品，提升用户体验；等到了成熟期，由于市场份额相对固定，这个时候企业更看重收入和利润；而当企业处于衰退期，伴随而来的可能是转型或者二次创业。

因此，数据分析师对于业务的理解就要与企业的发展战略吻合，在搭建业务指标体系的时候，每个阶段的北极星指标可能是不一样的。找出北极星指标是我们开始进行数据分析和搭建指标体系的大前提，如果脱离了这个大前提，那后面的工作无异于空中楼阁。

2. 产品生命周期

企业老板或者产品经理都会非常重视产品的发展和产品生命周期，没有一款产品是经久不衰的。

产品生命周期，简称 PLC，由美国哈佛大学教授雷蒙德·弗农提出。他认为，产品生命是指产品在市场上的营销生命，和人的生命要经历形成、成长、成熟、衰退这些周期一样，产品也要经历开发、引进、成长、成熟、衰退的阶段。

产品的生命周期和用户活跃数之间存在一定的关系，从产品冷启动开始，用户活跃数在爆发期呈指数级增长，再逐步走向稳定成熟期，最后走向衰减期，直至消亡。然而，在产品发展过程中，外力的突然出现可能导致一些产品发生巨大转变和衰退，比如 P2P 类和 K12 教培类等公司。

典型的产品生命周期一般可以分成 4 个阶段。

（1）第一阶段：新生期

新生期是指产品从设计到投入市场的阶段。新产品投入市场，便进入了新生期。此时产品品种少、功能单一，顾客对产品还不了解，除少数追求新奇的顾客外，几乎无人实际购买该产品。生产者为了扩大销路，不得不投入大量的广告和营销资源，对产品进行宣传推广。该阶段由于生产技术方面的限制，产品生产批量小，制造成本高，广告费用大，产品销售价格偏高，销售量极为有限，企业通常不能获利，反而可能亏损。

（2）第二阶段：成长期

成长期是指产品被购买者逐渐接受，在市场上站住脚的阶段。这是需求增长阶段，需求量和销售额迅速上升，生产成本大幅度下降，利润迅速增长。与此同时，竞争者看到有利可图，将纷纷进入市场参与竞争，使同类产品的供给量增加，价格随之下降，企业利润增长速度逐步减慢，最后达到生命周期利润的最高点。

（3）第三阶段：成熟期

成熟期是指产品开始大批量复制并稳定地进入市场，随着购买产品的人数增多，市场需求趋于饱和。此时，产品普及并日趋标准化，成本低而产量大。销售增长速度缓慢直至转为下降。同类产品企业之间的竞争加剧，在一定程度上增加了成本。

（4）第四阶段：衰退期

衰退期是指产品进入了淘汰阶段。随着科技的发展以及消费习惯的改变等原因，产品的销售量和利润持续下降，产品在市场上已经老化，不能满足市场需求，市场上已经有其他性能更好、价格更低的新产品，足以满足消费者的需求。此时成本较高的企业就会由于无利可图而陆续停止生产，该类产品的生命周期也就陆续结束，最后完全撤出市场。

所以，对于数据分析来说，数据分析师不仅要对数据敏感，还要对自己公司的产品敏感，比如给产品冷启动的活动分析提供更有价值的策略。进行产品流量分析、路径分析、A/B测试等，都需要了解产品，了解产品最好的方式，就是基于产品生命周期进行产品定位，多去使用和体验产品，脱离产品的数据分析都是无稽之谈。

3. 用户生命周期

用户生命周期指的是一个用户从接触企业到最终停止使用其产品或服务的全过程，类似于生命的诞生、成长、成熟、衰老和死亡的自然周期。在这个过程中，用户经历了多个关键阶段，对企业而言，每个阶段都蕴含着不同的机会与挑战。

在用户生命周期中，用户不仅是产品的直接使用者，更是企业价值的核心来源之一。现阶段的企业不仅关注产品本身的质量与创新，更加重视用户的增长与维护。用户不仅是流量的代表，也是实现产品变现的关键因素，这直接关系到企业的整体利润。

比如，总收入可以通过以下公式表示：总收入 = 用户数 × 转化率 × 客单价。

因此，若要最大化产品的价值，企业必须致力于增加用户数量和提高转化率。许多初创企业会将用户增长作为首要任务，而用户增长分析也成为数据分析中至关重要的组成部分。

AARRR 是一个典型的用户生命周期管理模型，也被称为"海盗指标"或"海盗模型"，该模型由创业顾问 Dave McClure 提出，用于帮助企业系统性地管理和优化用户生命周期的每个阶段。AARRR 代表 5 个关键阶段，分别是获取、激活、留存、收入和推荐。

对用户生命周期进行管理，归根结底就是为了让用户价值最大化。处于不同生命周期内的用户，其价值是不同的，因此企业需要运营部门来专门进行精细化运营。

4. 技术生命周期

在技术领域，摩尔定律被广泛应用，它揭示了信息技术进步的速度。其核心内容是集成电路上所能容纳的晶体管数量大约每 24 个月便会增加 1 倍。换句话说，处理器的性能大约每 2 年就会翻 1 倍。目前，关于摩尔定律，常见的 3 种解释分别如下：

①集成电路芯片上所集成的电路数目每 18 个月翻一番。
②微处理器的性能每 18 个月提高 1 倍，而价格则会下降一半。
③用 1 美元购买的计算机的性能，每隔 18 个月会翻两番。

关于技术生命周期，这一概念在 1962 年由埃弗雷特·罗杰斯（Everett Rogers）出版的《创新的扩散》一书中首次得到了学术界的广泛关注。根据罗杰斯的研究，技术生命周期表现为一个钟形曲线（Bell Curve），该曲线将消费者采用新技术的过程划分为 5 个不同阶段，每个阶段的技术使用者具有独特的特点。

- 创新者（Innovator）：占比 2.5%，他们通常是冒险家，受过良好教育，信息来源广泛，具有较高的风险承受能力。
- 早期采用者（Early Adopter）：占比 13.5%，这些人是社会领袖，受人尊敬且受过教育，他们在社会中拥有较大的影响力。
- 早期大众（Early Majority）：占比 34%，他们深思熟虑，拥有众多非正式的社会联系，通常在仔细评估后才会采用新技术。
- 晚期大众（Late Majority）：占比 34%，这类人较容易怀疑新事物，偏向传统，通常经济地位较低。
- 落后者（Laggard）：占比 16%，他们主要依赖邻居和朋友作为信息来源，害怕负债，通常是最后一批采用新技术的人群。

技术生命周期的钟形曲线清晰地展示了新技术在不同阶段被不同类型的消费者所接受的过程。

5. 数据生命周期

对于分析师而言，没有数据，就像"巧妇难为无米之炊"。数据正是数据分析师赖以生存的"米"。当然，数据的含义丰富，包含了大量的信息和价值。因此，如何有效地管理数据至关重要。

数据生命周期，就是一种按照策略对数据进行管理的方法，它定义了数据的 6 个阶段，各阶段的具体定义如下：

①数据申请：也称数据采集，指新数据产生的阶段。采集方式包括内部埋点收集、外部爬虫采集和购买数据等。
②数据传输：指数据通过网络系统传输的过程。
③数据存储：对数据进行持久化物理存储的阶段。
④数据分析：从数据中探寻有价值的信息，包括数据分析和挖掘建模等。
⑤数据归档：对数据进行整理、保存和归档的阶段。

⑥数据销毁：对失去意义的数据进行彻底的删除销毁，包括对数据和存储数据介质的销毁，使其无法恢复。

不同的阶段对于数据有不同的意义。数据所经历的生命周期由实际的业务场景所决定，并非所有的数据都会完整地经历 6 个阶段。

15.2.7　数字化营销的"六脉神剑"

随着大数据的发展，越来越多的企业开始重视数据化运营。与传统的粗放型管理运营相比，精细化运营已成为企业发展的必然趋势。在此背景下，数据分析和数据挖掘技术已成为企业保持市场核心竞争力的关键手段。对于数据分析师而言，他们通常需要与运营团队紧密合作。为了避免因职能差异而导致的沟通障碍，了解并掌握数据运营中涉及的营销理论显得尤为重要。

本小节内容主要介绍 6 大营销理论，分别是 4P、4C、4R、4S、4V 和 4I 理论。

1. 4P 营销理论

4P 营销理论的起源可以追溯到 1960 年，由杰罗姆·麦卡锡在其著作《基础营销》中首次提出。1967 年，现代营销学之父菲利普·科特勒在其经典著作《营销管理》中进一步完善并确认了以 4P 为核心的营销组合方法论。自此，该理论成为过去半个世纪以来现代营销的核心思想。

4P 指的是产品（Product）、价格（Price）、渠道（Place）和促销（Promotion）。由于 4P 的核心是产品，因此，4P 的核心理论也简称为产品的营销策略。

①产品（Product）：表示注重产品功能，强调独特卖点。
②价格（Price）：指根据不同的市场定位，制定不同的价格策略。
③渠道（Place）：指要注重分销商的培养和销售网络的建设。
④促销（Promotion）：指企业可以通过改变销售行为来刺激和激励消费者，以短期的行为（如让利、买一送一、调动营销现场气氛等）促成消费的增长，吸引其他品牌的消费者前来消费，或者促使老主顾提前来消费，从而达到销售增长的目的。

随着时代的发展，商品也逐渐丰富起来，市场竞争日益激烈，在当今这个商业性很强的时代，传统的 4P 理论在营销的广度、复杂性和丰富性，以及产品、价格、渠道、促销等方面，已无法准确地反映全部营销活动。营销界开始研究新的营销理论和营销要素，其中，最具有代表性的就是 4C 理论。

2. 4C 营销理论

4C 营销理论，是由美国营销专家劳特朋教授（R.F. Lauterborn）在 1990 年提出的，它以消费者需求为导向，重新设定了市场营销组合的 4 个基本要素：消费者（Customer）、成本（Cost）、便利（Convenience）和沟通（Communication）。

①消费者（Customer）：主要指顾客的需求。企业必须首先了解和研究顾客，根据顾客的需求来提供产品，建立以顾客为中心的零售观念，将"以顾客为中心"作为一条红线，

贯穿于市场营销活动的整个过程。

②成本（Cost）：不单是企业的生产成本，或者说 4P 中的 Price（价格），它还包括顾客的购买成本，同时也意味着，理想的产品定价，应该是既低于顾客的心理价格，又能够让企业有所盈利。

③便利（Convenience）：即为顾客提供最大的购物和使用便利。

④沟通（Communication）：用以取代 4P 中对应的 Promotion（促销）。企业应通过同顾客进行积极有效的双向沟通，建立基于共同利益的新型企业/顾客关系。

4C 营销理论强调企业应将顾客满意度作为首要目标，其次努力降低顾客的购买成本。此外，企业需要充分考虑顾客在购买过程中的便利性，而不应仅从企业的角度决定销售渠道策略。最后，企业还应以消费者为中心，实施有效的营销沟通。4C 理论并不完美，但相较于以产品为中心的 4P 理论，4C 营销理论更加注重以消费者需求为导向，标志着营销理念的进步与发展。

随着社会的进步和科技的发展，大数据时代的到来促使企业不断寻求更为合适、可量化、且具备预测性的营销思路与方法。在这种需求的驱动下，融合 4P 和 4C 的 $nPnC$ 理论应运而生，其中，互联网领域最具代表性的便是 3P3C 模型。

3. 4R 营销理论

4R 营销理论是 2001 年艾略特·艾登伯格在其《4R 营销》一书中提出的，理论核心是关系营销，注重企业和客户的长期互动，重在建立顾客忠诚。它阐述了 4 个全新的营销组合要素：关联（Relativity）、反应（Reaction）、关系（Relation）和回报（Retribution）。既从厂商的利益出发又兼顾消费者的需求，是一个更为实际、有效的营销制胜术。

①关联（Relativity）：即认为企业与顾客是一个命运共同体。建立并发展与顾客之间的长期关系是企业经营的核心理念和最重要的内容。

②反应（Reaction）：在相互影响的市场中，对经营者来说最难实现的问题不在于如何控制、制订和实施计划，而在于如何站在顾客的角度及时地倾听和从推测性商业模式转变为高度回应需求的商业模式。

③关系（Relation）：在企业与客户的关系发生了本质性变化的市场环境中，企业抢占市场的关键已转变为与顾客建立长期而稳固的关系并与此相对应地产生了 5 个转向：从一次性交易转向强调建立长期友好合作关系；从着眼于短期利益转向重视长期利益；从顾客被动适应企业单一销售转向顾客主动参与到生产过程中来；从相互的利益冲突转向共同的和谐发展；从管理营销组合转向管理企业与顾客的互动关系。

④回报（Retribution）：任何交易与合作关系的巩固和发展，都离不开经济利益。因此，一定的合理回报既是正确处理营销活动中各种矛盾的出发点，也是营销的落脚点。

4R 营销理论的最大特点是以竞争为导向，在新的层次上概括了营销的新框架，根据市场不断成熟和竞争日趋激烈的形势，着眼于企业与顾客的互动与双赢，不仅积极地适应顾客的需求，而且主动地创造需求，运用优化和系统的思想去整合营销，通过关联、关系、反应等形式与客户形成独特的关系，把企业与客户联系在一起，形成竞争优势。

当然，4R营销同任何理论一样，也有其不足和缺陷，如与顾客建立关联、关系，需要实力基础或某些特殊条件，并不是任何企业都可以轻易做到的。

4. 4S营销理论

4S营销理论的4个核心要素分别是：满意（Satisfaction）、服务（Service）、速度（Speed）和诚意（Sincerity）。这4个要素强调企业在营销过程中不仅要关注客户的满意度，还要提供优质的服务，保持高效的速度，并以诚意对待客户，从而实现更加全面的客户关系管理，提高市场竞争力。

①满意（Satisfaction）：指顾客的满意程度，强调企业要以顾客需求为导向，以顾客满意为中心，企业要站在顾客立场上考虑和解决问题，要把顾客的需要和满意放在一切考虑因素之首。

②服务（Service）：服务包括几个关键方面。首先，企业营销人员需要提供详细的商品信息，并与顾客保持频繁联系，了解他们的需求。其次，企业营销人员要以友好的态度和细致入微的服务打动顾客，把每位顾客都视为重要人物。服务结束后，要邀请顾客再次光临，并以优质的服务、产品和合理的价格吸引他们。最后，企业应创建温馨的服务环境，加强文化建设。工作人员在服务过程中需用眼神和语言表现出对顾客真正的体贴和关怀。

③速度（Speed）：要迅速接待和处理顾客请求，避免顾客久等。只有以最快的速度开展服务，才能吸引更多的顾客。

④诚意（Sincerity）：指要以顾客利益为重，以真诚之心服务顾客。要赢得顾客的信任，首先需要用真情打动他们。真情服务能够使企业在激烈的竞争中脱颖而出，赢得顾客的心。

4S理论严格意义上来说并不是一项针对市场的营销理论，更多的是对营销人的一种要求和标准。营销人在通晓4P、4C、4R营销理论之后，随着经验的积累，需要进一步以4S理论来深化自己的营销思维及相关知识。

5. 4V营销理论

随着高科技产业的迅速崛起，高新技术企业、产品与服务不断涌现，营销理念和方式也在不断丰富和发展，形成了独具特色的新型营销理念。基于这一背景，国内学者吴金明等人提出了4V营销理论。4V指的是差异化（Variation）、功能化（Versatility）、附加价值（Value）和共鸣（Vibration）。

①差异化（Variation）：指企业通过产品差异化、市场差异化、形象差异化等方式，满足顾客多样化的需求，树立独特的品牌形象。

②功能化（Versatility）：根据消费者的不同需求，提供不同功能的系列化产品，匹配消费者的习惯和经济承受能力。

③附加价值（Value）：通过创新和技术提升，为产品或服务增加附加价值，满足消费者的期望和需求。

④共鸣（Vibration）：通过持续的市场占有和价值创造，实现顾客价值最大化和企业利润最大化的目标。

4V 营销理论首先强调企业应实施差异化营销，不仅要与竞争对手区分开来，树立独特的品牌形象，还要针对消费者的个性化需求，提供差异化的产品或服务。其次，4V 营销理论要求产品或服务应具备更高的灵活性，以便根据消费者的具体需求进行组合和调整。

6. 4I 理论

4I 理论出现于 20 世纪 90 年代，由美国西北大学市场营销学教授唐·舒尔茨（Don Schultz）提出，并迅速流行开来。4I 理论包括 4 个关键原则：趣味原则（Interesting）、利益原则（Interests）、互动原则（Interaction）以及个性原则（Individuality）。

① 趣味原则（Interesting）：趣味性是吸引消费者注意力的关键。产品或服务的内容需要具有吸引力，能够引发消费者的兴趣和好奇心，从而促使消费者进一步探索和了解。

② 利益原则（Interests）：天下熙熙，皆为利来，天下攘攘，皆为利往。消费者的利益是所有营销活动的出发点。企业需要明确地展示出其产品或服务能为消费者带来的实际利益和价值，使消费者感到购买是有益的和有回报的。

③ 互动原则（Interaction）：现代营销强调与消费者的双向沟通。通过互动，企业不仅能够更好地理解消费者的需求，还能建立更紧密的关系，提高用户忠诚度。

④ 个性原则（Individuality）：每位消费者都是独特的个体，企业应根据不同消费者的需求和偏好，提供个性化的产品或服务，提升消费者的满意度和体验。

4I 理论为现代营销提供了一种更为人性化和个性化的思考框架，强调了在数字化时代如何与消费者建立更深层次的联系，为企业提供了新的方法与策略，助力其在不断变化的消费趋势中保持竞争优势。

15.3 数字人直播间数据分析 Text2SQL 项目实战

15.3.1 Text2SQL 概述

大型语言模型在自然语言处理领域取得了革命性进展。LLM 在理解语义、捕捉上下文信息以及执行复杂推理任务方面表现出色，因而在 Text2SQL 任务中展现出巨大的潜力。相比传统的基于模式匹配和机器学习的方法，LLM 更加擅长处理复杂且多样化的自然语言表达，从而生成更为准确和高效的 SQL 查询。这种能力使得 LLM 在应对复杂查询场景时，能够超越传统方法的局限性，为从自然语言到 SQL 的生成提供更加智能化的解决方案。

1. Text2SQL 的定义

Text2SQL 是一种自然语言处理技术，其目标是将自然语言问题转换为等效的 SQL 查询语句，使用户能够直接使用自然语言对数据库进行查询，无须具备 SQL 专业知识。

这一技术的核心在于准确理解用户意图，利用 LLM 理解自然语言问题的语义，建立问题与数据库模式之间的关系，并根据上下文生成正确的 SQL 查询语句。这一过程涉及自然语言理解、语义解析、上下文推理和 SQL 生成等多个环节，确保从用户的自然语言输入到数据库的查询操作之间的准确转换。

2. Text2SQL 的历史演变

Text2SQL 的研究起源于 20 世纪 90 年代初期,最早的工作集中在简单的查询场景和固定语法结构的转换上。随着自然语言处理和机器学习技术的发展,特别是深度学习的兴起,Text2SQL 逐渐从基于规则的方法向数据驱动的模型转变。近年来,预训练语言模型(如 BERT、GPT 系列和国内的 GLM 系列等)在 Text2SQL 任务中的应用,使得模型在复杂查询、模糊语义解析方面的能力得到了显著提升。这一技术的演进体现了从早期有限域的应用到现在广泛适应多种数据库结构的跨领域应用的转变趋势。

3. Text2SQL 的流程和原理

Text2SQL 任务的核心目标是将用户对数据库提出的自然语言问题转化为相应的 SQL 查询语句。随着 LLM 的发展,基于 LLM 的 Text2SQL 已成为一种新的范式,其基本流程如图 15-2 所示。

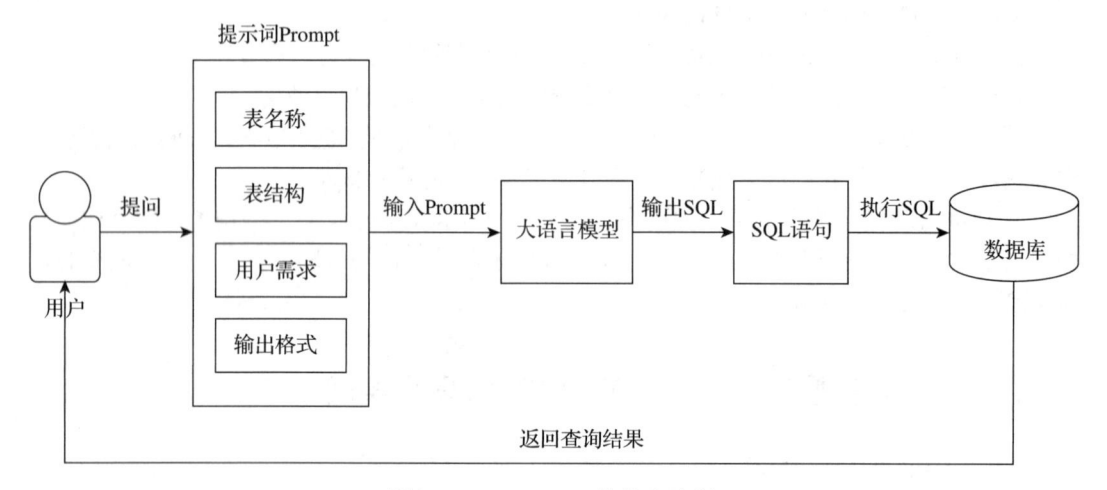

图 15-2 Text2SQL 的基本流程

首先,用户向系统提问,输入查询需求(可能包括表名),系统根据用户输入获取相应的表结构信息,并将这些信息加工成提示词,然后将提示词输入大语言模型中,由 LLM 生成相应的 SQL 语句。接下来,生成的 SQL 语句会经过检查和审核,确保其正确性,最后输入数据库查询引擎中执行,并将查询结果返回给用户。

在实际生产环境中,这一工作流的各个环节通常会有多次人工干预。例如,查询的表可能需要人工预先确定;生成的 SQL 语句可能需要人工审核以确保准确性;查询结果也可能需要人工进一步检查以验证数据的正确性。通过这种流程,可以提高系统的可靠性和查询结果的准确性。

接下来通过一个具体的提示词案例,简要介绍上述过程。假设,用户提问之后的提示词已经生成,结果如下:

```
# 角色
```

现在你是一个资深数据分析师，精通各类数据分析场景。

技能
  - 精通中文，具备出色的中文阅读与理解能力
  - 熟练掌握MySQL数据库，能够根据"任务"中的用户需求，结合"表信息"，快速编写出准确且高效的SQL语句

任务
  - 用户需求：统计一下内部用户和外部用户分别有多少人？

表信息
  - 表名称：t_user
  - 表结构：
        CREATE TABLE 't_user' (
          'id' int NOT NULL AUTO_INCREMENT COMMENT '主键ID',
          'login_name' varchar(30) COLLATE utf8mb4_general_ci DEFAULT ''
              COMMENT '登录名',
          'password' varchar(255) COLLATE utf8mb4_general_ci DEFAULT ''
              COMMENT '密码',
          'user_type' tinyint DEFAULT '0' COMMENT '0 内部用户；1 外部客户',
          'nickname' varchar(30) COLLATE utf8mb4_general_ci DEFAULT ''
              COMMENT '客户昵称',
          'head_img' varchar(128) COLLATE utf8mb4_general_ci DEFAULT ''
              COMMENT '头像',
          'mobile' varchar(11) COLLATE utf8mb4_general_ci DEFAULT ''
              COMMENT '手机号',
          'status' tinyint DEFAULT '0' COMMENT '状态：0 正常；1 删除；2 禁用',
          'create_time' timestamp NULL DEFAULT CURRENT_TIMESTAMP COMMENT
              '创建时间',
          'update_time' timestamp NULL DEFAULT CURRENT_TIMESTAMP ON
              UPDATE CURRENT_TIMESTAMP COMMENT '更新时间',
          PRIMARY KEY ('id'),
          UNIQUE KEY 'idx_login_name' ('login_name') USING BTREE,
          KEY 'idx_mobile' ('mobile') USING BTREE
) ENGINE=InnoDB AUTO_INCREMENT=2 DEFAULT CHARSET=utf8mb4
            COLLATE=utf8mb4_general_ci COMMENT='用户表'

输出
  - 要求仅输出SQL语句，不需要输出分析过程。SQL以#开头，以#结尾，样例如下：#SELECT * FROM TABLE LIMIT 10#
  - 只输出与该任务相关的信息，其他信息自动忽略

将上述提示词输入大语言模型，得到如下结果：

#SELECT SUM(CASE WHEN user_type = 0 THEN 1 ELSE 0 END) AS internal_users, SUM(CASE WHEN user_type = 1 THEN 1 ELSE 0 END) AS external_users FROM t_user#

4. Text2SQL 的应用场景

在数据分析和商业智能领域，Text2SQL 的应用场景非常广泛，主要有以下几个领域：

（1）商业智能（BI）工具

通过 Text2SQL 技术，企业中的非技术人员可以直接使用自然语言提出问题，并获得相

关的数据分析结果，大大降低了数据查询的门槛。

（2）数据驱动的决策支持

管理层或业务分析师可以通过自然语言快速查询企业数据库中的信息，从而支持日常决策和战略规划。

（3）智能问答系统

Text2SQL 可以增强问答系统的功能，使其不仅能够回答基于静态知识库的问题，还能实时查询数据库中的最新数据，提供更加动态和精确的答案。

（4）客户支持和服务系统

在客户服务领域，Text2SQL 技术可用于分析客户反馈、查询客户历史记录等，从而为客户提供更加个性化和精准的服务。

5. Text2SQL 的发展与挑战

尽管 Text2SQL 技术已经取得了显著进展，但要实现广泛的工业应用，仍需在模型的泛化能力、语义解析的准确性和跨领域应用等方面继续深入研究。在实际应用中，Text2SQL 仍然面临诸多挑战，主要体现在以下几个方面：

①自然语言的多样性：用户的自然语言表达可能非常多样，这要求模型具备强大的语言理解能力，以准确解析不同的语义表达。

②复杂查询的生成：对于包含多表关联、嵌套查询等复杂语法结构的 SQL 生成，当前的模型仍然难以完全胜任，往往需要进一步优化和调试。

③语义解析与数据库模式的匹配：Text2SQL 模型需要理解用户意图并与数据库模式（Schema）进行准确匹配，这在数据库结构复杂或用户查询不明确的情况下，可能会出现解析错误。

④跨领域迁移：目前的 Text2SQL 模型大多针对特定领域进行了优化，如何实现模型在不同领域之间的迁移和适应，是一个急需解决的问题。

随着 Text2SQL 技术的进步，BI 领域也得到了同步发展。传统的 BI 定制工作往往需要工作人员数月的辛勤付出，即便采用低代码技术，客户仍需等待较长时间。而 ChatBI 的出现将每次查询的响应时间缩短至近乎实时，实现了"所想即所得"，大幅提升了工作效率。

15.3.2 Text2SQL 开源项目简介

在传统的数据分析工作中，数据查询通常需要数据分析师先进行需求分析，然后编写 SQL 语句，执行查询并提取所需的数据。这一过程往往烦琐且耗时。而如今，随着 Text2SQL 技术的应用，数据用户无须掌握任何 SQL 或数据库知识，便可以直接使用自然语言进行数据查询。这种技术大大简化了查询流程，使得数据获取变得更加便捷和高效，满足了用户对数据即时性和灵活性的需求。

1. Chat2DB 项目

根据官方文档，Chat2DB 是一款集数据管理、开发、分析于一体的 AI 工具，其核心功能是能够将自然语言转化为 SQL，也可以将 SQL 转换为自然语言，并且自动生成报表，大幅提升工作效率。即使不具备 SQL 知识的业务人员，也可以通过 Chat2DB 快速查询业务数据并生成报表。

Chat2DB 提供了网页端和客户端两种使用方式。网页端操作简便，开箱即用，适合快速访问和使用；而客户端则提供更为流畅的使用体验，尤其在处理部分私有数据库或本地数据无法通过公网访问的情况下，客户端可以直接连接本地数据库，免去代理设置的麻烦，使用更加便捷。用户可以根据自身场景灵活选择使用网页端或客户端。

以网页端使用为例，输入自然语言就可以生成 SQL 语句，帮助那些不熟悉 SQL 语法的用户更轻松地查询数据库中的数据，如图 15-3 所示。

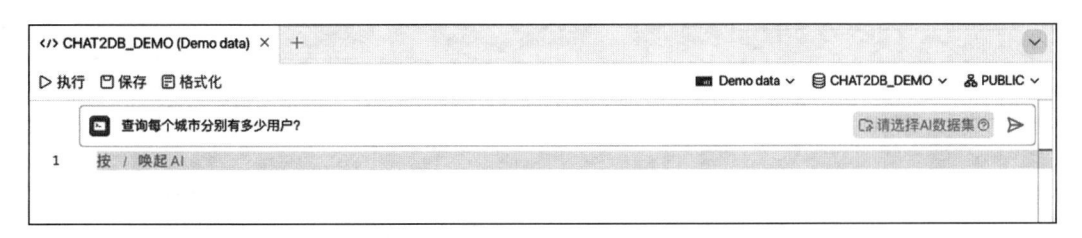

图 15-3　Chat2DB 自然语言生成 SQL 语句

Chat2DB 支持 MySQL、PostgreSQL、ClickHouse、Hive 和 MongoDB 等各种数据库，同时会将数据存储在安全的数据中心，数据中心有严格的安全措施，能够保证数据不被窃取。同时对于用户的核心机密数据，Chat2DB 会进行非对称加密存储，平台也无法访问用户的核心机密数据。

2. Vanna 项目

Vanna 是一个基于 Python 编程语言实现的 Text2SQL 优化框架。通过 RAG 方案对输入 LLM 的提示词进行增强优化，以最大限度地提高自然语言转换 SQL 的准确率，提高数据分析结果的可信度。

Vanna 的核心原理是利用数据库的 DDL 语句、元数据、相关文档说明以及示例 SQL 等资源，训练出一个 RAG 知识库（Embedding + 向量库）。当用户输入自然语言描述的问题时，系统会通过语义检索从 RAG 模型中找到相关内容，并将其组装进提示词，然后交由大语言模型生成相应的 SQL 查询语句。具体工作流程如图 15-4 所示。

Vanna 的工作流程可以简化为两个步骤：首先在数据集上训练 RAG 知识库，然后模型根据用户提出的问题返回相应的 SQL 查询语句。由于篇幅所限，关于 Vanna 的详细应用，请参考官方文档（https://vanna.ai/docs/postgres-openai-standard-vannadb/）。

15.3.3　Text2SQL 项目实战

1. 需求分析

在数字人直播间，随着直播时长的积累和业务需求的不断增加，产品和运营岗位的人员会越来越依赖前期积累的数据来做出业务决策。然而，这些岗位的人员通常对数据库和SQL并不熟悉。每当需要获取特定数据时，他们不得不依赖技术团队进行提取，这不仅增加了技术人员的工作负担，还导致了低效的工作。数据需求的多变会导致整个流程烦琐复杂，耗费大量的人力资源，严重影响团队的敏捷性。

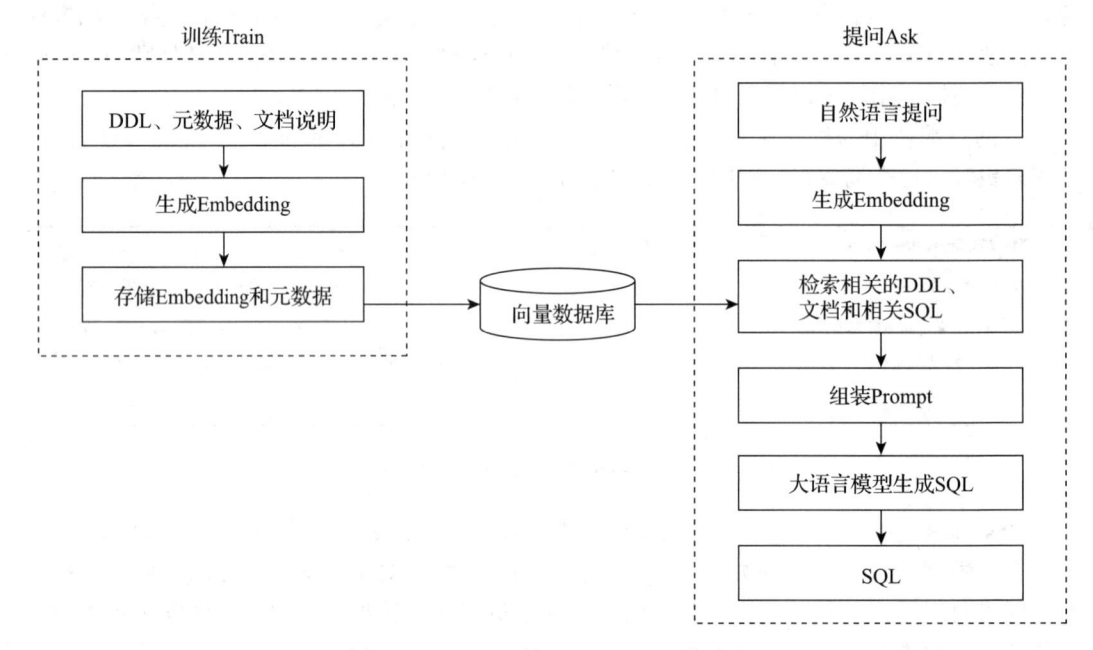

图 15-4　Vanna 的 Text2SQL 工作流程

如今，随着大语言模型技术的成熟，企业可以借助 LLM 的强大推理能力开发出智能的数据工具。这些工具能够自动将产品和运营团队的查询需求转换为标准的 SQL 语句。这样一来，产品和运营人员无须深入了解数据库的底层结构和 SQL 语言，便可以自行完成数据的提取和分析。这种自主性不仅减少了产品和运营人员对技术团队的依赖，还显著提高了整个团队的工作效率，使得决策过程更加快捷和精准，推动了业务的高效发展。

2. 方案设计

根据上面的需求，技术团队给出了一个利用 Text2SQL 的数据库查询初版方案，如图 15-5 所示。在该方案中，用户通过自然语言提出查询请求，系统利用 Text2SQL 技术将用户的查询转化为 SQL 语句，并从数据库中提取所需的数据，然后将查询结果返回给用户。这一过程可以显著简化非技术人员的数据查询流程，使他们能够轻松地从数据库中获取所需的信息，而无须掌握 SQL 语言的相关知识。

首先，技术团队需要将以下数据存入数据库：
- 业务数据：系统日常运营过程中产生的数据。
- 第三方数据：由外部提供，用于业务参考的数据。
- 爬虫数据：通过网络爬虫从互联网中抓取的相关数据。

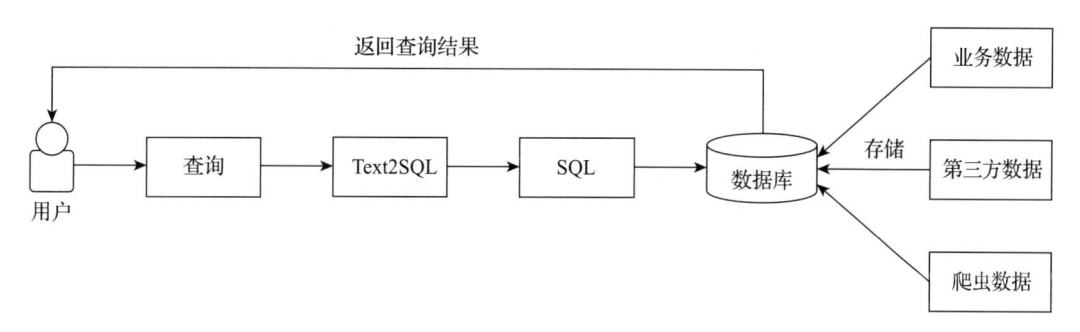

图 15-5 直播间 Text2SQL 数据库查询初版方案

然后,产品和运营团队可以使用自然语言进行查询和提数,过程如下:

① 用户查询:用户使用自然语言输入查询需求,例如"查询×××品牌过去 1 周的销售数据"。

② Text2SQL 转换:系统接收到用户的查询后,通过 Text2SQL 技术将自然语言转化为标准的 SQL 查询语句。

③ SQL 审核:将生成的 SQL 进行自动化或者人工审核,确保 SQL 的正确性。

④ 数据库查询:数据库包含多种来源的数据,包括业务数据、第三方数据和爬虫数据。通过执行 SQL 语句,系统从这些数据源中获取相关数据。

⑤ 返回查询结果:查询结果从数据库中提取后,系统将其返回给用户,以满足用户的查询需求。

3. 具体实现

要实现 Text2SQL,最核心的步骤就是组装提示词,并通过大语言模型生成 SQL 查询,步骤如下。

(1)准备业务数据

以 MySQL 数据库为例,假设我们所有的数据都存储在名为"live_db"的数据库中。在拥有数据之后,我们需要在应用程序中进行数据库操作,以获取数据库名称、表名称、表的元数据以及数据等信息。具体代码如下:

```
from loguru import logger
from sqlalchemy import create_engine, text
from sqlalchemy.orm import Session
from urllib.parse import quote_plus as urlquote

class DBUtils:
    def __init__(self, **kwargs):
        self._username = kwargs.get('username', 'admin')
        self._password = kwargs.get('password', 'admin')
        self._host = kwargs.get('host', 'localhost')
        self._port = kwargs.get('port', '3306')
        self._database = kwargs.get('database', 'test')
        self._charset = kwargs.get('charset', 'utf8mb4')
        self._database_connection = (
```

```python
                    f"mysql+pymysql://{self._username}:{urlquote(self._password)}@"
                    f"{self._host}:{self._port}/{self._database}?charset={self._"
                        charset}&autocommit=true"
            )
            self.engine = self.engine = create_engine(
                self._database_connection,
                pool_pre_ping=True,
                pool_size=10,
                pool_timeout=20,
                pool_recycle=3600
            )
            self.session = Session(self.engine)

    def connect_db(self):
        """
        创建数据库连接
        :return:
        """
        try:
            connection = self.engine.connect()
            connection.close()
            return True
        except Exception as err:
            logger.exception(f"连接数据库异常: {err=}")
            return False

    def show_databases(self):
        """
        查询所有数据库
        :return:
        """
        show_databases_sql = f"SELECT schema_name FROM information_schema." \
            schemata"
        database_names = self.execute_all(show_databases_sql)
        database_names = [database[0] for database in database_names]
        return database_names

    def show_tables(self, database=None):
        """
        查询指定数据库的所有表
        :param database: 数据库名称
        :return:
        """
        if not database:
            return []
        show_tables_sql = f"SELECT table_name FROM information_schema.tables " \
                         f"WHERE table_schema = '{database}'"
        table_names = self.execute_all(show_tables_sql)
        table_names = [table[0] for table in table_names]
        return table_names

    def get_table_schema(self, table_name=None):
```

```python
    """
    查询指定表的 schema 信息
    :param table_name: 表名称
    :return:
    """
    if not table_name:
        return None
    show_sql = f"SHOW CREATE TABLE {table_name}"
    create_table_statement = self.execute_first(show_sql)
    if len(create_table_statement) < 2 or create_table_statement is None:
        logger.exception(f" 表不存在：{table_name=}")
        return None
    return create_table_statement[1]

def get_database_tables_schema(self, database=None):
    """
    查询指定数据库的所有表的 schema
    :param database: 数据库名称
    :return:
    """
    if not database:
        return None
    table_names = self.show_tables(database)
    table_schema_mapping = {}
    for table_name in table_names:
        create_table_statement = self.get_table_schema(table_name)
        table_schema_mapping[table_name] = create_table_statement
    return table_schema_mapping

def execute_first(self, sql: str):
    """
    执行 SQL，返回第一个结果
    :param sql:
    :return:
    """
    return self.session.execute(text(sql)).first()

def execute_all(self, sql: str):
    """
    执行 SQL，返回所有结果
    :param sql:
    :return:
    """
    return self.session.execute(text(sql)).all()
```

（2）定义提示词模板

设计合适的提示词模板，将用户意图转换为一种结构化的提示格式，以便大语言模型理解并生成相应的 SQL 语句，提示词模板如下：

```
# 角色
现在你是一个资深数据分析师，精通各类数据分析场景。

# 技能
```

- 精通中文，具备出色的中文阅读与理解能力
- 熟练掌握 MySQL 数据库，能够根据"任务"中的用户需求，结合"表信息"，快速编写出准确且高效的 SQL 语句

任务
　　- 用户需求：{提问}

表信息
　　{填充表信息，包括表名称、表 Schema 信息}

输出
　　- 要求仅输出 SQL 语句，不需要输出分析过程。SQL 以 # 开头，以 # 结尾，样例如下：
#SELECT * FROM TABLE LIMIT 10#
　　- 只输出与该任务相关的信息，其他信息自动忽略

（3）组装提示词生成 SQL

结合用户输入的自然语言查询，利用表信息组装提示词，并将其输入大语言模型中，模型将生成相应的 SQL 查询语句，核心代码如下：

```python
def generate_sql(question: str, table_info_str: str):
    """
    生成 SQL 语句
    :param question: 用户提问
    :param table_infos:
    :return:
    """
    prompt_template = """
        # 角色
        现在你是一个资深数据分析师，精通各类数据分析场景。

        # 技能
            - 精通中文，具备出色的中文阅读与理解能力
            - 熟练掌握 MySQL 数据库，能够根据"任务"中的用户需求，结合"表信息"，快速编写出
            准确且高效的 SQL 语句

        # 任务
            - 用户需求：{question}

        # 表信息
            - {table_info_str}

        # 输出
            - 要求仅输出 SQL 语句，不需要输出分析过程。SQL 以 # 开头，以 # 结尾，样例如下：
            #SELECT * FROM TABLE LIMIT 10#
            - 只输出与该任务相关的信息，其他信息自动忽略
    """
    prompt_format = PromptTemplate.from_template(prompt_template)
    prompt = prompt_format.format(
        question=question,
        table_info_str=table_info_str
    )
    response = llm.invoke(prompt)
```

```
    return response.content
```

（4）执行 SQL 得到结果

执行 SQL 语句，得到查询结果，并将其呈现给用户。这可能包括格式化数据、生成报表等操作，以确保用户能够清晰地理解查询结果。

```
final_sql = sql.replace("#", "")
results = db.execute_all(final_sql)
```

以上是 Text2SQL 的初始版本。在这一版本中，经过简单的工程化处理，基本可以满足中小型公司大部分产品和运营人员的查询需求。然而，如果希望在生产环境中获得更优的效果，就需要进一步优化和完善。以下是一些迭代思路和建议：

- 应对口语化与不规范输入：由于用户提问时可能存在口语化和不规范表达，生成的 SQL 查询可能不准确。因此，需要对数据库查询采取一些安全措施，例如定期备份数据库、使用只读模式连接数据库、默认限制返回结果的条数，并设置查询重试、异常处理等容错机制，以避免对线上业务造成影响。
- 限流与缓存优化：LLM 的 API 服务通常存在限流机制。为此，可以增加缓存机制，对频繁的查询设定限流限速策略，以提高系统的响应能力和稳定性。
- 提升工具的易用性：为了提高 Text2SQL 工具的易用性，可以开发简化操作的工作流和前端工作台，方便用户进行操作，提高工具的普及性和使用效率。
- 多数据库支持与持续升级：尽管当前示例基于 MySQL，但实际业务环境中可能涉及多种数据库。因此，需要不断迭代和升级 Text2SQL 工具，以满足不同数据库的需求。

15.4 小结

本章首先介绍了数据分析的本质，其核心理念在于"取之于业务，用之于业务"。数据分析不只是对数据进行处理与解析，更重要的是在业务决策中的实际应用。通过深入理解业务需求，数据分析能够为业务的优化和提升提供有力支持。

接着，本章讨论了常见的数据分析思维和方法论，这是进行有效数据分析的关键。掌握这些思维与方法，能够帮助分析人员更高效地解决实际问题，为业务决策提供科学依据。

最后，本章简要介绍了 Text2SQL 技术及其开源项目，并结合直播间数据分析项目的实战经验，帮助读者进一步理解和掌握大语言模型在数据分析中的应用。Text2SQL 作为一种将自然语言查询转化为 SQL 查询的技术，极大地简化了数据分析的过程，使得非技术人员也能便捷地进行复杂的数据查询和分析。这种实战经验对于深入理解大语言模型的实际应用具有重要意义。

推荐阅读

推荐阅读